本书在完成过程中受到“江苏高校优势学科建设工程三期项目”、国家自然科学基金资助项目“土地重划带动城市老工业区公共空间系统的更新改造研究”（项目批准号: 52078114）的联合资助。

People-oriented Urban Design
Transformation and Restructuring

以人为本的城市设计
转型与重构

段进　易鑫　等　著

东南大学出版社
·南京·

内容提要

近年来，我国采取以人为本的发展方式，城市发展呈现出多样化的特征。以人为本的城市设计在技术上更为复杂，所需要的时间更多、成本更高，人们必须与当地居民进行更深入的互动，并充分反映当地的发展需求。各个城市面临的具体问题不尽相同，城市设计的行动框架也千差万别，因此有必要探索创新性的策略。

本书所载的19篇论文，是2021年第三届“以人为本的城市设计”国际会议所征集的优秀论文。在各个篇章中，各位作者结合不同国家城市的具体情况进行了详尽的阐述，并结合具体的城市设计案例，对以人为本的城市设计的实践、策略与政策进行了讨论。

本书既可作为城市设计、国土空间规划、风景园林等领域的研究资料，又可作为高等学校和社会各界人士了解城市设计发展变迁的参考用书和读物。

图书在版编目(CIP)数据

以人为本的城市设计：转型与重构/段进等著. —南京：东南大学出版社，2023.8
(以人为本的城市设计系列丛书/段进主编)
ISBN 978-7-5766-0489-4

Ⅰ. ①以… Ⅱ. ①段… Ⅲ. ①城市规划—建筑设计—研究—中国 Ⅳ. ①TU984.2

中国版本图书馆CIP数据核字(2022)第231557号

责任编辑：丁丁　责任校对：子雪莲　封面设计：王玥　责任印制：周荣虎

以人为本的城市设计：转型与重构

Yirenweiben De Chengshi Sheji：Zhuanxing Yu Chonggou

著　　者：段　进　易　鑫　等
出版发行：东南大学出版社
社　　址：南京市四牌楼2号　邮编：210096　电话：025-83793330
网　　址：http://www.seupress.com
电子邮件：press@seupress.com
经　　销：全国各地新华书店
印　　刷：江苏凤凰数码印务有限公司
开　　本：787 mm×1 092 mm　1/16
印　　张：19
字　　数：462千
版　　次：2023年8月第1版
印　　次：2023年8月第1次印刷
书　　号：ISBN　978-7-5766-0489-4
定　　价：98.00元

序　言

改革开放以来，中国经历了一个史无前例的快速城镇化进程，2019 年起城镇化率已突破 60%。从城市发展宏观背景来看，我国的城市发展已经进入以快速发展与结构性调整并行互动为特征的城镇化中后期阶段，正逐步由增量为主的规模外延扩张向增量存量结合并逐渐以存量为主的城市内涵式更新转型发展，此时，城市设计正成为这一转型发展的重要支撑，关于它的探讨也持续升温。《国家新型城镇化规划(2014—2020 年)》根据世界城镇化发展普遍规律和我国发展现状，明确提出要全面提升城市居民的生活质量，完善城市功能，提升公共服务水平和生态环境质量。

与西方国家的城镇化经历了多个世纪不同，中国的快速城镇化是在近几十年里发生的。面对这种快速发展的局面，人们需要更加系统地总结这个过程，基于历史的视角来把握各方面的经验。在当前社会、经济与文化要素急速转型的背景下，中国城市的空间结构、历史、文化等要素都面临转型与重构的要求。如何在尽可能尊重现有空间肌理的同时，发掘并释放城市空间新的活力，为社会、经济和文化的需求提供充满价值和吸引力的城市空间框架，无论在战略层面，还是在日常性的规划实践层面，都是无可回避的基本命题。

城市设计的发展向来都与国际经验密切相关，无论是历史上的还是今天的城市设计实践和构想，都是基于当地情况所做出的创造性活动。向国际学习，在本土行动！这里必须指出的是，城市设计不仅仅是寻找新的空间形式，城市设计本身必须综合社会各方面的诉求，把社会的整体需求、经济发展和尊重历史文化等问题放在一起综合考虑。对于城市设计也不能仅仅从学术角度思考，而是要始终应对当前的迫切任务。“以人为本的城市设计”国际会议提供了一个中外交流的重要平台，旨在探讨城市设计在世界范围内的重大意义，这也是我们主办本次会议的初衷所在。

在可持续发展背景下，全球正兴起重新关注城市设计的潮流。本书正是基于“以人为本的城市设计”国际会议交流而汇集的成果，入编论文的各位作者探讨了城市设计的前沿发展及一系列重要问题，从不同的学术或者实践视角开展了卓有成效的研究并取得了成果。本书希望激发大家的讨论，促进广泛的交流，同时加强城市设计师在追求可持续城市发展中的责任意识。我相信，本书能够为城市设计的转型提供学术导向性帮助，使这一非常重要的专业工具向着兼具经济活力、环境安全且社会包容性的模式发展。

王建国

东南大学教授，中国工程院院士

目　录

第四部分 城市设计的新挑战

第五部分 作者简介

第一部分

主旨论述

城市设计在国土空间规划领域的应用
——从《国土空间规划城市设计指南（TD/T 1065—2021）》谈起

The application of urban design in the field of territorial planning
—From the "Urban design guideline for territorial Planning" (TD/T 1065—2021)

段 进 兰文龙
Duan Jin Lan Wenlong

摘 要：2019年5月，中共中央、国务院发布了《关于建立国土空间规划体系并监督实施的若干意见》，提出建立全国统一、责权清晰、科学高效的国土空间规划体系。规划体系的变革引发了城市设计研究和实践中的一些困惑，本文以"解惑"为出发点，结合笔者主持编制的自然资源部行业标准《国土空间规划城市设计指南》（TD/T 1065—2021），对城市设计与国土空间规划的关系、国土空间规划中城市设计方法的分类应用等进行了系统性思考。

关键词：城市设计；国土空间规划；规划标准；空间品质

Abstract: In May 2019, the Central Committee of the CPC and the State Council issued Opinions on Establishing a Territorial Planning System and supervising. Its implementation, aiming to establish a nationally unified, scientific and efficient territorial planning system with clear responsibility and authority. The transformation of the planning system leads to some perplexities to research and practice in urban design. In this article, the starting point is to "solve confusion". With the newly issued standards "Urban Design Guideline for Territorial Planning (TD/T 1065—2021)" by the Ministry of Natural Resources, the authors have systematically discussed the relationship between urban design and territorial planning system, the classification and application of urban design methods in territorial planning system.

Key words: Urban Design; Territorial Planning; Planning Standard; Spatial Quality

1 新的国土空间规划体系

为解决各级各类空间规划类型过多、内容重叠冲突,审批流程复杂、周期过长,地方规划朝令夕改等问题,2019 年 5 月,中共中央、国务院发布了《关于建立国土空间规划体系并监督实施的若干意见》(简称《意见》),提出将主体功能区规划、土地利用规划、城乡规划等相关空间规划融合,建立全国统一、责权清晰、科学高效的国土空间规划体系,以推进生态文明建设、实现国土空间高质量发展和人民群众高品质生活、促进国家治理体系和治理能力现代化。

新的国土空间规划体系的主要变化体现在两个方面:在纵向分级方面,形成国家—省—市—县—乡镇的五级体系;在横向分类方面,形成总体—详细—专项的三种类型,并由此衍生出实施监督、编制审批、法规政策、技术标准四方面的规划管理体系。“五级三类四体系”总体框架的确立,其目的在于实现五个方面的发展目标:第一是实现“多规合一”,通过编制统一的国土空间规划,将主体功能区规划、土地利用规划、城乡规划以及各个部门的专项规划整合,形成协同效应;第二是体现国家意志,从国家到地方自上而下地编制规划,使下位规划能够精准落实上位规划的约束性指标和管控要求,确保国家意志不走偏、不走样;第三是强化规划权威,特别强调国土空间规划的法定性,不仅各项建设活动要符合规划,而且规划调整和修改都有严格限制;第四是先进技术支撑,全国统一的国土空间规划基础信息平台的建立,有助于全国范围内国土空间规划“一张图”的形成;第五是落实“放管服”,统筹规划、建设、管理三大环节,推动“多审合一”“多证合一”,达成规划管理和规划运行的有序衔接[1]。

城市设计是营造美好人居环境和宜人空间场所的重要理念与方法,因其在国土空间品质提升方面的积极作用,《意见》特别指出“运用城市设计、乡村营造、大数据等手段,改进规划方法,提高规划编制水平”,这也使得“城市设计作为国土空间规划体系重要组成部分”的观点被广泛接受。然而面对国土空间规划这一全新领域,城市设计在其中该扮演什么角色,如何发挥其“改进规划方法、提高编制水平”的作用,成为当下城市设计研究与实践中亟待解决的关键问题。

2 国土空间规划体系下城市设计的困境

英、美等国的实践经验表明,城市设计作为一种非法定的规划设计类型,其编制和实施往往需要依附于特定的法定规划[2],这在中国近 30 年的城市设计实践中亦有体现。此次规划体系的改革,意味着城市设计政策环境发生变化,长期以来“作为城乡规划和建筑、景观设计之间桥接工具”的城市设计运作机制[3]已不适用,这也给其编制、管理和实施带来诸多问题。

首先是城市设计与“五级三类”规划编制体系的关系问题。相较于以往的城乡规划,国土空间规划体系跨度大、范围广,涵盖从全国、省到县、乡的全空间尺度和从总体规划、详细规划到专项的全规划类型,已远远超出了过去城市设计主要与城市总体、详细规划对接的范畴。特别是跨区域总体规划、特定区域和特定领域专项规划是否需要城市设计？如何进行城市设计？目前相关研究和实践均显不足，在这方面存在一些疑问。

其次是城市设计全域全要素管控的问题。过去城市设计的内容以“城市三维形体环境的构思与安排”为主，研究城市物质空间要素居多，城市以外要素考虑得少，学界不乏“城市设计就是设计城市”的观点。而国土空间规划坚持山水林田湖草生命共同体理念，其对象不仅包括建筑、街区、道路等建设要素，还包括森林、农田、水域等非建设要素。若以传统“重城轻乡”的思维进行城市设计，不仅会造成与国土空间规划的不匹配、不协调，城市设计本身的系统性亦会受到影响。

再次是城市设计与规划建设管理过程的结合问题。基于笔者团队“常州市城市设计评估”(2015 年)课题的研究发现，是否进入规划建设管理环节是影响城市设计实效性的主要因素之一[4]。考虑到近年来上海、南京、成都等地将城市设计纳入用地规划条件，使宏观形态构思落实到微观操作层面的探索成效不一，国土空间规划体系改革又触及城镇开发边界内、外有别的用途管制新规则，还需要规划工作者拓宽思路，探索更为适用且高效的城市设计与规划建设管理的结合方式。

最后是城市设计进入国土空间规划“一张图”的问题。《意见》提出“以国土空间基础信息平台为底板，结合各级各类国土空间规划编制……逐步形成全国国土空间规划‘一张图’”。达成此目标有一个客观前提，就是各级各类规划的空间管控要素能够精准落地，但传统以空间形态构思为主要内容的城市设计并不具备此条件。在此情形下，是否需要为城市设计厘清一个更为清晰的管控界限，通过定性、定边、定量等刚性管控方式[5]，填补“一张图”中城市设计专业的空白，同样存在争议。

因应困境，自然资源部于 2019 年 12 月委托东南大学、清华大学、同济大学等 9 家研究团队联合编制了《国土空间规划城市设计指南》(TD/T 1065—2021)(简称《指南》)。该指南于 2021 年 7 月 1 日正式发布，成为我国城市设计领域实施的首部行业标准。《指南》汇聚了国内城市设计及相关领域近百位专家的集体智慧，笔者也有幸以首席专家身份参与其中，本文即以编制过程中的讨论和《指南》内容为基础，就城市设计与国土空间规划的关系建构、国土空间规划中城市设计方法的分类运用两个关键问题作出解答，以期为各省市国土空间规划中的城市设计工作提供可行思路。

3　城市设计与国土空间规划的关系建构

《指南》编制之初讨论的重点是城市设计“地位”问题。有专家建议将城市设计列为专项规划，通过提供其法定地位来解决城市设计的实效性问题；也有专家指出，升格为专项规划可能会影响其作为一种“设计”的灵活性，造成城市设计与总体规划、详细规划的关系混乱，甚至再次出现部分城市用城市设计修改、替代法定规划的状况。笔者认为，《意见》中“运用城市设计、乡村营造、大数据等手段，改进规划方法，提高规划编制水平”的表述已将城市设计的地位概括得较为确切，作为一项手段，其重要性不在形式，而在内容。通过在各层级、各阶段规划中对设计思维的灵活运用，发挥“改进规划方法、提高规划编制水平”的关键性作用。最终，《指南》被定位为指导各地规划编制和管理中城市设计方法运用的规范性文件，这也是由城市设计在国土空间规划体系中的特殊定位所决定的。在此定位的指引下，《指南》在组织架构、工作对象和方法等方面均进行了一定的创新：

在组织架构上，《指南》结合规划建设管理全过程，建立了一套依托"五级三类"规划编制体系并桥接用途管制程序的城市设计运行机制。具体而言，通过城市设计方法的运用，在总体规划中协同构建出自然与人文并重、生产生活生态空间相融合的国土空间开发与保护整体格局；在详细规划中统筹优化片区的功能布局、空间结构和景观风貌；在专项规划中将融合自然、保护人文及实现美学要求体现到选址、选线和设施建设等过程中。相应地，这些城市设计内容传导进入国土空间用途管制程序中，通过建设项目用地预审、选址、土地出让条件、建设工程规划许可等多个环节，将宏观的规划设计推进至微观的实施层面(图 1)。

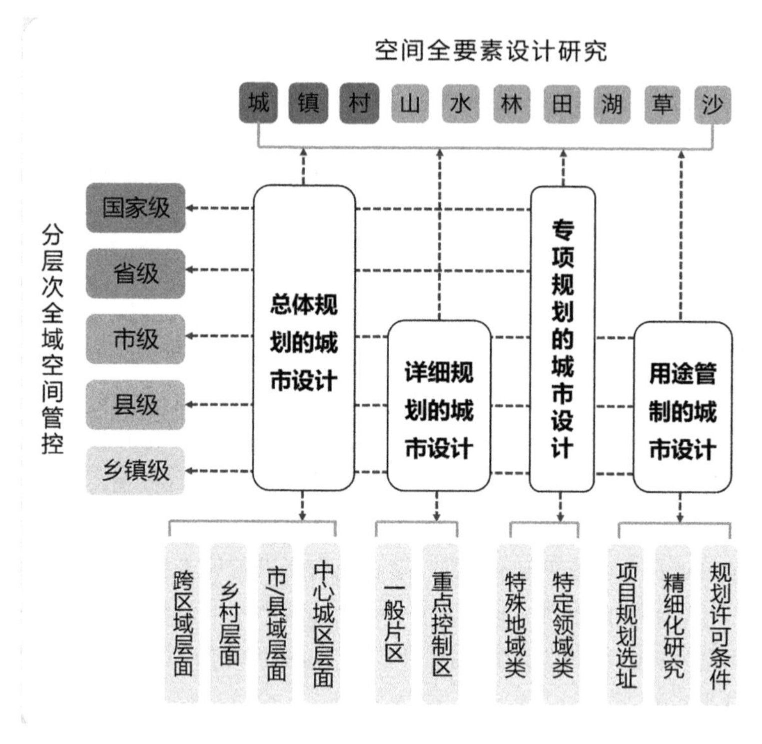

图 1　城市设计的组织架构与工作对象

(来源：作者自绘)

在工作对象上，《指南》遵循国土空间规划全域全要素管控要求，对城市设计工作边界进行相应拓展：突破原有城镇建设区范围，覆盖城乡全域并统筹城镇乡村与山水林田湖草沙全要素。其突出体现在跨区域、市县域和乡村三个层面：跨区域层面通过对大尺度自然山水的研究，提出跨区域山脉、水系、风景区等空间类型的导控框架；市县域层面协调城镇乡村建设与山水林田湖草沙的整体空间关系，优化城镇空间结构和布局形态；乡村层面保护自然生态本底，营造富有地域特色的"田水路林村"景观格局，传承空间基因并延续当地空间特色(图 1)。

在工作方式上，《指南》强调城市设计与规划的同时编制、互为联动，从塑造高品质国土空间的角度提升“一张图”制定的科学性。以总体规划中城市设计方法的运用为例,除了特色资源保护、总体风貌特色定位、景观风貌与公共空间系统构建、重点控制区划定等常规总体城市设计内容外,还要在发展目标战略、底线约束、总体格局、空间结构、公共服务与基础设施、国土整治修复、城市更新等方面与总体规划有效衔接,并对总体规划中有关城镇乡村与山水林田湖草沙的整体空间关系、蓝绿空间网络等内容提出建议,全方位、多层次体现城市设计对国土空间规划的优化提升作用(图 2)。

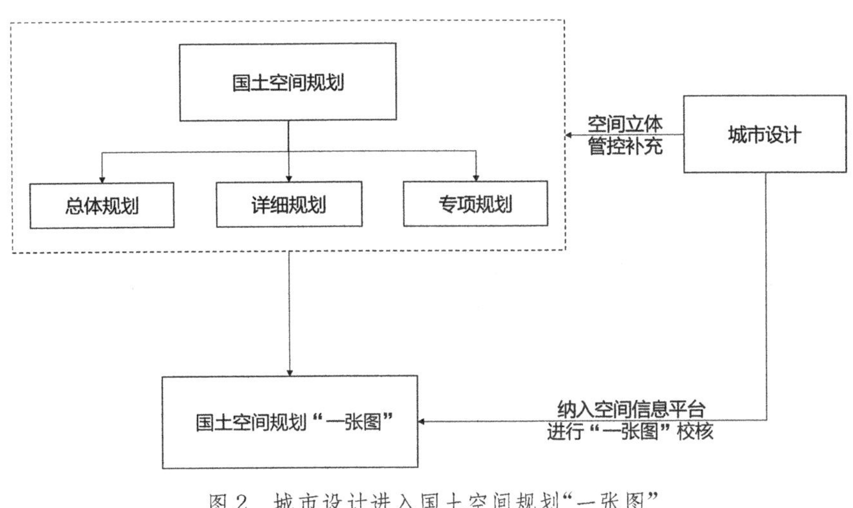

图 2　城市设计进入国土空间规划“一张图”
(来源:作者自绘)

4　国土空间规划中城市设计方法的分类应用

不同类型国土空间规划所要解决的问题不同,这也决定了相应城市设计的侧重点有所不同。《指南》根据总体规划、详细规划、专项规划和用途管制的特点,制定了城市设计方法分类应用的具体策略。

4.1　总体规划中城市设计方法的运用

城市设计与总体规划的结合首先体现在都市圈、城镇群等跨区域层面,这也是对城市设计研究尺度的一次重要拓展。根据我国大运河遗产保护、环太湖绿道建设等经验证明,跨行政区的自然、文化特色资源保护利用有其必要性。因而《指南》提出加强对跨区域自然山水、历史文化等方面的研究,协同构建自然与人文并重、生产生活生态空间相融合的国土空间开发保护格局,具体举措包括:①优化重大设施选址及重要管控边界确定;②提出自然山水环境保护开发的整体要求;③提出历史文化要素的保护与发展要求等。同时,因为跨区域层面往往涉及多个行政主体,规划的实施和管理相较于单一行政主体更为复杂,《指南》特别强调形成共识性的设计规则和协同行动方案,在跨区域层面汇集各地区的相关诉求并根据区域空间组织与空间营造特点,拟定需要共同遵守的空间设计规则,建立协同行动的机制。

其次是乡村层面，《指南》设置此章节的初衷是与《市县国土空间总体规划编制指南》的篇章结构保持一致，通过城市设计方法的运用，保护乡村自然本底，营造富有地域特色的"田水路林村"景观格局，展现独特的乡村建设风貌。一些专家曾对此表示疑虑，认为乡村并非城市设计的研究范畴，乡村设计与城市设计于基础理论和技术方法上均有显著差异。笔者认为，将城市设计对象局限于城镇建设空间具有狭隘性，其忽略了人居环境品质提升是一项系统工程的客观事实，且城镇建设区内外空间对于城市设计构思而言有着难以分割的整体性。因而，《指南》更倾向于美国学者埃德蒙·N. 培根(Edmurnd N. Bacon)"任何地域规模上的天然地形的形态改变或土地开发都应当进行城市设计"[6]的观点，但亦申明乡村层面忌简单套用城市空间的设计手法。

在市县域和中心城区层面，《指南》以常规总体城市设计中有关大尺度空间特色、山水格局、景观风貌、开放空间和重点控制区导控的内容为基础，从改进规划方法、提高规划编制水平的角度，增加了对城市中心、空间轴带和功能布局等规划内容的优化要求，以更好地通过城市设计与总体规划的互动，优化资源环境底线约束，提升总体规划用地、设施布局的科学性，强化公共空间对于城市发展的引领作用，从而塑造出具有特色和更加优质的国土空间格局和空间形态。

4.2 详细规划中城市设计方法的运用

城市设计与详细规划的结合因对象差异分为重点控制区和一般地区两类。

重点控制区是总体城市设计划定的、对城市风貌有重大影响的区域。由于规划条件各异、需要解决的核心问题也各不相同，笔者认为，《指南》有必要根据不同重点控制区的特点制定差异化的城市设计管控要求，以进一步突显区域特色。如针对门户、中心区、重要轴线、节点等对城市结构有重要影响作用的区域，提出建立与城市整体框架相衔接的空间结构与形态，在设施布局、公共空间、路网密度、街道尺度、建筑高度、开发强度等方面进行精细设计，使空间秩序与区位特征相匹配。又如针对交通枢纽、商务中心、产业园、教育园区等具有特殊属性的功能片区，提出强化与周边组团的区域联动，合理进行业态布局引导，倡导土地多元混合、高效使用、弹性预留。

一般地区并不意味着其重要性的降低，作为城市形态和风貌构成的重要基底，它是城市设计建构清晰有序空间秩序、营造人性化空间场所的关键。

4.3 专项规划中城市设计方法的运用

城市设计与专项规划的结合是《指南》的重要探索之一。回顾规划体系改革前的专项规划，单一的工程技术逻辑往往带来生态破坏、风貌紊乱、邻避效应等问题，如一些地区铁路、高速公路、国道横穿自然山体、湖面和特色景观农田，造成了难以挽回的损失。《指南》提出在专项规划中运用设计思维的要求，其目的是树立一种"设计观"，确保其在满足基本的工程技术要求外，尽可能实现经济、适用、美观等多元价值。具体指：①在选址、选线过程中不仅要考虑便利与造价等工程因素，还应考虑融合自然、保护人文及美学要求(图 3)；②在设施建设中应有相关设计指引，不仅要满足设施的基本功能要求，还应考虑美观、隐蔽与结合自然；③近人尺度的设施建设应兼顾考虑人的活动行为。

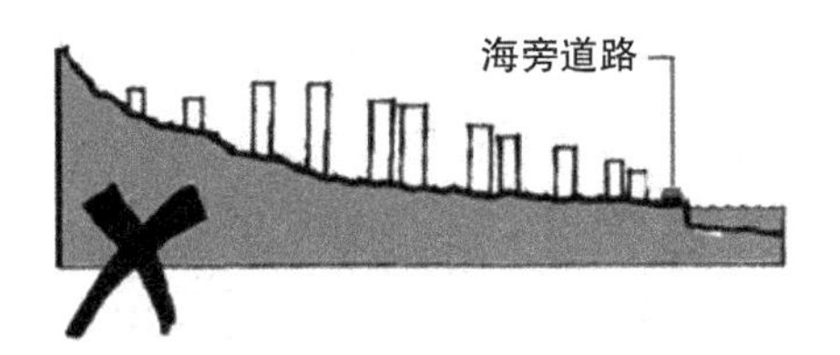

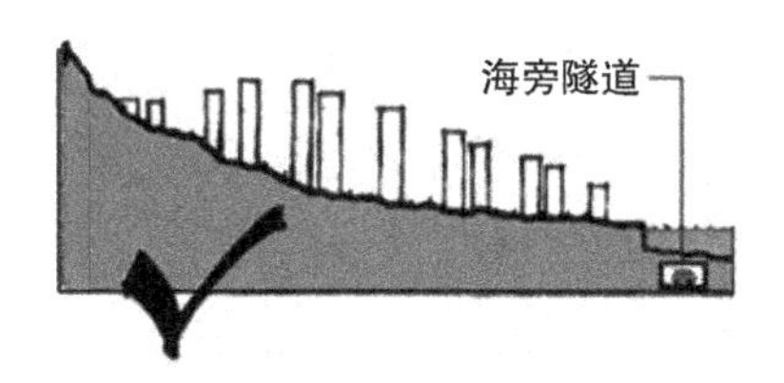

图3　选址、选线中城市设计思维的运用[7]
（来源：香港特别行政区政府规划署，《香港规划标准与准则》）

4.4　用途管制中城市设计方法的运用

城市设计与用途管制的结合按照流程的先后顺序分为生态、农业空间用途管制、建设项目规划选址、地块精细化研究和规划许可四个方面。具体指：①在用途管制中处理好生态、农业和城镇的空间关系，注重生态景观、地形地貌保护、农田景观塑造、绿色开放空间与活动场所以及人工建设协调等内容；②从空间形态、风貌协调性和功能适宜性等角度提出建设项目选址建议，为建设项目用地预审和选址提供决策依据；③针对有特殊要求的地块，引导结合发展意愿、产业布局、用地权属、空间影响性、利害关系人意见等，开展编制面向实施的精细化城市设计；④提出规划许可中建议的城市设计内容，包括界面、高度、公共空间、交通组织、地下空间、建筑引导、环境设施等。可以看出，以上四个方面兼顾了城镇开发边界内、外的建设和管制的主要环节，城市设计与用途管制结合的广度和深度较以往均有了较大提升。

5　结语

2019年的规划体系改革意在解决以往各级各类空间规划中的问题，但也带来了城市设计研究和实践中的一些困惑，如城市设计与国土空间规划体系、规划建设管理全过程以及规划“一张图”的关系等等。笔者以《指南》的编制为契机，对城市设计在国土空间规划领域的应用进行了系统性思考。

笔者认为：新时期的城市设计在价值导向上，不仅关注景观风貌特色，还要以人为本、追求社会经济文化生态的综合价值最优；在工作对象上，突破城镇集中建设区范围，逐步拓展至区域规划尺度及乡村规划层面；在规划内容上，解决规划中面临的实际问题，而非刻意求大求全、无所不包；在实施路径上，融入“五级三类”国土空间规划编制体系及其用途管制程序，并将其贯穿规划管理建设的全过程。归纳起来，就是将城市设计真正视为国土空间规划方法改进和编制水平提升的一种工具，利用其在“营造美好人居环境和宜人空间场所”方面的特长，更加科学、艺术地推进生态文明建设，实现国土空间高质量发展和人民群众高品质生活。

参考文献

[1] 中华人民共和国中央人民政府.新闻办就《中共中央 国务院关于建立国土空间规划体系并监督实施的若干意见》有关情况举行发布会[EB/OL].(2019-05-27)[2022-06-07].http://www.gov.cn/

xinwen/2019-05/27/content_5395102.htm.
[2] 唐子来,付磊.发达国家和地区的城市设计控制[J].城市规划汇刊,2002(6):1-8.
[3] 金广君."桥结构"视角下城市设计学科的时空之桥[J].建筑师,2020(3):4-10.
[4] 季松,段进,黄朔柑.多项城市设计整体评估方法及其常州实践[J].规划师,2016,32(6):51-57.
[5] 段进,兰文龙,邵润青.从"设计导向"到"管控导向":关于我国城市设计技术规范化的思考[J].城市规划,2017,41(6):67-72.
[6] 培根.城市设计[M].黄富厢,朱琪,译.北京:中国建筑工业出版社,2003.
[7] 香港特别行政区政府规划署.香港规划标准与准则[Z].香港:香港特别行政区政府规划署,2020.

后疫情时代德国城市工作的未来

The Future of Work in German Cities after COVID-19

[德]克劳斯·昆兹曼
Klaus R. Kunzmann

摘　要:这场全球性的疫情使得许多规划师开始思考其带来的长期影响。在近两年的封锁期间里,人们探讨的重点集中在对内城未来的影响和居家办公活动的长期影响。这些观点各不相同,有的浪漫地期待疫情成为巩固居民关系的催化剂,有的则假设疫情过后城市的生活和工作将逐渐恢复正常。在媒体、政治领域和规划师眼中,内城的未来是一个备受青睐的主题,但却没有多少人讨论疫情被控制以后城市未来的工作任务有何变化。大多数观察人士意识到,在新型冠状病毒封锁的两年间,生活和工作的数字化速度加快。本文探讨了城市经济及其就业市场中将受新冠疫情更长期影响的五个领域,分别是智慧城市经济、内城经济、城市健康经济、文化经济和旅游经济。

关键词:新冠疫情;工作的未来;德国;数字经济;内城经济;旅游经济;文化经济;健康经济

Abstract: The worldwide pandemic has caused many members of the community of planners to speculate about its longer-term implications. The anticipated impacts on the future of inner cities and the longer-term implications of home office practice during almost two years of lockdown dominated the speculations. The discourse varies between romantic hopes that the pandemic will be a catalyst for new solidarity among citizens and assumptions that after the pandemic life and work in cities will gradually return to normal. While the future of inner cities is a much-favoured theme in the media, in political arenas and among planners, the future of work in cities once the pandemic has been tamed is not much discussed. Most observers realize that the digitalization of life and work has accelerated during two years of COVID-19 lockdowns. The essay explores five fields, in which COVID-19 will have longer-term implications on the urban economy and its job market. These five fields are the smart city economy, the inner-city economy, the urban health economy, the cultural economy and the tourist economy. The essay will conclude with reflections on the future of work in German cities after COVID-19.

Key words: COVID-19; the future of work; Germany; digital economy; inner city economy; tourist economy; cultural economy; health economy

1 关于后疫情时代城市发展的大量猜测

全球性的疫情已经引起了规划师群体对城市长期影响的大量猜测。规划师属于最早关注城市将如何变化的群体之一,他们还明确表达了自己的期待。基于最初的设想和一些很表面的定量证据,从诸如"什么都不会改变"一直到"后疫情时代之后世界会不同"的猜测比比皆是[1-11]。只有经过长期过程,人们才能了解城市的建成环境是否会被疫情所改变,德国城市的工作和生活到底发生了哪些变化,以及等到疫情得到控制以后,一切是否会恢复正常。

在2020年和2021年期间,围绕疫情对中国和大多数西方富裕国家城市所产生的影响,公众和学术界的讨论围绕以下几个假设展开:

① 内城将受到影响。因为电子购物已经成为人们喜欢的购物方式,一旦各种商店被迫关闭(除了提供食物原料的设施以外),那么办公空间、购物和餐饮店的租金将停止上涨甚至下降。

② 由于持续的居家办公和大量办公楼被迫关闭,内城的密度将下降。

③ 郊区化将重新获得居民的认可,他们更喜欢在更安全、绿色的生活环境,受益于居家办公,减少了前往市中心办公区和购物区的通勤时间。

④ 在核心城市周边有吸引力的乡村地区,人们对第二居所的需求将增长。

⑤ 出行模式将发生变化,城市中的自行车出行将更受欢迎,这将导致汽车保有量的下降;

⑥ 在线教学的经验将使得混合教育形式成为新常态,这对学生的住宿和城市知识空间的扩大产生影响。

⑦ 公共卫生系统,特别是方便前往附近医院的,将得到更多的政治支持。

⑧ 智慧城市政策将大大受益于旨在促进和加速当地基础设施数字化的公共政策。

⑨ 城市发展中的公众参与过程将部分地转向在线实践,并带来各种积极的和消极的影响。

⑩ 新冠疫情将进一步扩大城市内部、城市之间以及发达国家和发展中国家之间在社会、经济和空间方面的差距。

我的假设并不依赖实证研究方面的支持。一旦人们开展更多基于实证的研究项目,并结合各种关于疫情对空间影响的假设或猜测,我们就会知道德国的城市是否会改变,新冠疫情是否会对城市的工作模式和工作岗位的区位产生长期和可持续的影响。我更感兴趣的是疫情对城市经济和当地就业市场的影响。我认为新冠疫情将对当地就业市场产生空间影响,特别是对当地经济的五个领域:新冠疫情将进一步加快城市基础设施数字化,改变内城的功能,进一步促进健康产业发展,改变文化和娱乐产业,并将改变旅游业。我只会给出定性的说明,未来的研究将展示这些变化的经验证据。

数字产业、健康行业以及这些行业的求职者肯定会在疫情中成为赢家。尽管其他经济部门也将经历就业机会的变化,这主要是由于公共服务、物流和教育等领域引入数字化的影响。

2 德国在新冠疫情之前的空间发展趋势

早在新冠疫情成为媒体炒作的日常题材之前，公众和政治就已经开始关注未来城市发展的趋势。20多年前，日常生活和社交媒体的数字化已经开始改变城市和区域。亚马逊成立于1994年，脸书(Facebook)成立于10年后的2004年。在亚马逊(Amazon)的引领下，向电子购物的消费转变已经影响到了内城。物流中心如雨后春笋般出现在交通便利的城市群边缘地区。市中心的街道就充斥着越来越多的快递服务。工业则开始数字化生产，并大力推动自动化(工业4.0)。越来越多的城市提出了智慧城市的构想，以实现城市基础设施和城市服务的数字化和现代化[12-19]。

公共行政部门逐渐引入了线上服务，从而为居民交流提供便利，但这也减少了行政人员的数量。近10年来的许多研究表明，创新工作越来越多地集中在大学、技术中心和科学园区发展起来的城市聚集区，扩大了城市化地区和位于边缘的乡村区域之间的差距。城市规划师和建筑师也开始在已经建成的环境中为新的住房寻找空间。他们大力游说出台相关的城市政策，让已经建成的城市住宅区更加密集。此外，气候变化和新一代城市居民价值观的改变，促使全球汽车行业重新思考他们的政策，并提供机动性，而不仅仅是生产汽车。健康已成为一个日益令人关注的问题。越来越多的居民在反增长环境中践行健康的生活方式。具有环保意识的年轻先锋者们已经开始在城市地区开创新的生态农业生产方式，以提供健康的食物并避免长途物流。饱受城市公寓高租金之苦的城市居民开始在附近的郊区村庄寻找住所，使得衰落的乡村地区产生绅士化现象。所有这些趋势已经将城市地区转变为多功能空间，城市和乡村的功能融合在一起，使日益扩大的城市地区成了多中心系统。早在新冠疫情袭击世界之前，越来越多的居民(主要是保守派)已经表达了他们对移民和世界主义的担忧。他们对"Heimat"(家园)的热爱使政治家们尊重他们的保守价值观，使家庭重新考虑生活在半独立式住宅和绿色的郊区环境中。除了所有这些空间上的重要趋势外，许多研究显示，在各级规划和决策中，社会和经济差距越来越大。新冠疫情在未来几年会被作为支持各种数字变化的借口。但是新冠疫情并没有引发这些趋势，它加速了现有的趋势，并加强了人们和政客对生活和工作需要数字化的认识。

在本文中，我将重点探讨德国的地方经济和城市就业市场中将受新冠疫情长期影响的五个领域。这五个领域是：智慧城市经济、内城经济、城市健康经济、文化经济和旅游经济。为了提供一些关于本地经济的背景资料，我将简要地思考未来的工作可能会是什么样子，以及哪些因素会影响未来的工作。

3 工作的未来

近几十年来，经济学家、智库专家和知名作家对第四次工业革命后的未来工作写了很多文章。国际劳工组织发表了一份全面的文献综述，重点关注结构性变化对劳动力市场的影响[20]。在报告中，人们把未来的工作与经济未来、第四次工业革命、数字经济的思考联系在一起，并预示了数字时代的到来[21-24]。有大量的文献探讨了数字全球化时代地方经济的转型、经济结构变化、人工智能(AI)和集装箱化的影响,以及美元主导的全球金融体系的力量。总部设在瑞士的国际劳工局讨论了对未来工作有影响的五个方面内容。

"工作的未来、工作的质量、工资和收入的不平等、社会保护制度,以及社会对话和产业关系。工作的未来指的是就业机会的创造、就业机会的丧失或未来劳动力的构成……工作质量的未来关系到未来工作条件或社会保障体系的可持续性等问题。关于工资和收入不平等的讨论,既涉及工资和收入的平均增长,也关系到其在各个家庭中的分配问题。最后,社会对话和产业关系的未来是指在未来几年内,有组织的劳工机构如何在这种变革的驱动下发展。"[20]

麦肯锡公司不断为其全球客户提供关于未来工作的建议,该公司在 2020 年发表的一份讨论文件中认为:

"萎缩的劳动力市场需要有针对性的经济发展战略:对于政策制定者来说,就业、国内生产总值和人口增长更加两极化的前景有可能加剧社会紧张和不平等的问题。政策制定者将需要决定是否以及如何吸引公共资金或私人资金投入到相对衰退的地区以振兴当地经济。"[25]

一旦经济从新冠疫情危机中恢复过来,麦肯锡公司建议:

"……可能有必要提高劳动参与率,以应对工作年龄人口的减少。为了提高就业率,各国政府可能必须考虑到广泛的劳动力市场和养老金改革问题。一个合乎逻辑的开始是让更多有意愿的工人脱离旁观者的行列,重点关注有增长空间的人口群体,包括 55 岁以上的劳动者和妇女人群。雇主可以通过提供更灵活的时间表、兼职工作和远程工作选择来吸引和留住女性群体。政府还可以为家庭中的第二收入者提供税收优惠,并确保公共的儿童保育和老人保育项目得到广泛使用。政府和公司在为后疫情时代做准备时,需要关注长期劳动力市场趋势。随着自动化应用的加速普及,人口结构可能对欧洲有利。帮助个人抓住新的机遇,并为未来的工作做好准备,这将是对整个欧洲大陆每个社区的挑战。"[25]

50 多年来,在德国、法国、意大利、奥地利和智利等经济较为发达的国家,工作的未来也一直是市民社会其他群体关注的问题。人们探索了各种不同的工作实践,新形式的劳动协作、生产和服务,同时还讨论减少工作时间或弹性工作时间的价值,梦想塑造一个更好的资本主义世界。人们还试图摆脱正式就业和控制,梦想在一个非资本主义社会或至少是不那么资本主义的社会中实现新的相互支持与团结;他们讨论了有偿劳动和无偿劳动相结合的好处,并提倡为每个人引入基本收入,这一策略已经在芬兰和柏林等地进行了试验[26-29]。这些实验部分根植于早期探索不同生活和工作模式的传统,例如 100 多年前由美国的阿米什教派或门诺派所践行的路线。在德国,反增长社区的数量正在增加,这些社区正受益于人们对乡村生活的新兴趣。

在探讨城市和区域工作的未来、工作和就业条件及其对土地利用规划和建筑规章的影响时,必须考虑到许多方面。工作的未来取决于价值观、技术和工具,以及环境和工作空间。环境的作用非常重要。通过技术创新,脑力劳动取代传送带上的工作,并影响工业生产,服务只是其中最重要的因素之一。影响当地和区域劳动力市场状况的其他因素还包括:

① 薪资水平及其管理规章,例如最低工资。

② 社会保障制度,以应对工人被解雇。

③ 妇女参与劳动力市场的程度。

④ 退休制度,特别是退休年龄。

⑤ 高等教育和专业/职业培训的声誉,以及一个城市中知识场所的区位。

⑥ 工会在谈判工资、工作时间和工作条件方面的作用和权力。

⑦ 本地工商会和行业协会的作用和权力。

⑧ 一个国家的经济对出口或旅游业的依赖程度。

还有一些因素与城市中的工作区位有关。这些因素包括:

① 欧盟和各国的环境法规影响着投资者和地方政府对建设场地的决定。

② 土地所有权和房产税在投资决策中的作用程度。

③ 居民与工业企业之间在噪声、空气和水污染方面的冲突。

④ 律师在有关建筑许可的地方政治纠纷中的作用。

⑤ 历史上关于内城建设高层建筑的争论。

⑥ 在报道新的投资项目时,媒体报道在地方意见构建过程中的重大影响。

所有这些或者更多的因素都对未来的工作、劳动力和劳动力市场产生影响。这个复杂的领域远远超出了城市规划师的权限范围。未来的实证研究将揭示新冠疫情是否对上述所有层面都产生影响。规划师将会特别关注这些因素在哪里以及通过何种方式影响全球和地方投资者以及地方政府的选址决定。这样我们就能更多地了解后疫情城市的工作前景。

4 新冠疫情对德国城市经济部分领域工作的影响

自20世纪初以来,全球化和第四次工业革命(工业4.0)正在改变地方和区域经济。数字技术正在对生产和服务进行创新。它们减少了生产中的劳动力,但也在广泛的服务领域创造了新的、具备各种特殊资质的劳动力。新冠疫情期间的封锁对世界各地的地方经济和区域经济都造成了冲击。有很多证据表明,新冠疫情将加速这一变化,对就业市场和城市经济的五个部分的区位偏好产生长期影响。这五个领域是:智慧城市经济、内城经济、城市健康经济、文化经济和旅游经济,当然,欧洲的城市和区域各自受到的影响显然因国家而异。

4.1 智慧城市经济

在21世纪初,IBM推出的智能城市概念让规划师、工程师和市长们兴奋不已。他们希望展现出他们的城市已经为数字化的未来做好了充分准备。媒体、智库、顾问和数以千计的数字创业公司都在宣传推广智慧城市的概念。许多学者探讨了这个概念对城市发展的潜在作用,并提出了将智能技术引入城市发展进程的方法和手段[6, 13-14],那么什么是智慧城市?是什么让城市智能化?在智慧城市中,新一代的公共基础设施网络(水、能源、污水、垃圾处理、通信)可以更有效地运行和控制。其结果是帮助节省一些劳动力成本和资源。此外,广泛的公共服务可以在线提供给居民、商业和地方企业。这使得获取公共信息和服务更加方便。公共场所的安全也可以得到更好的控制。居民与地方政府的沟通以及公众对城市发展项目和进程的参与可以得到更好的组织。所有这些内容都非常受到居民的欢迎,他们可以一天24小时从相关服务的便利和安全中受益,但人们也忽略了智慧城市发展的阴暗面,如隐私的丧失、速度和压力、网络攻击、风险、失业、对公众参与的滥用和少数全球公司的权力[30]。在智慧城市中，公共企业获得了更多的权力、利润和高薪。私营企业和数字经济企业可以从更高的效率中受益。此外，不能忽视的还有城市智能基础设施网络将有助于减少资源消耗。

新冠疫情是智能城市发展政策的完美润滑剂[7]。城市中越来越多的工作依赖于数字技术，因此越来越多的从事城市基础设施的开发、建设、运营和维护的职业需要应用数字技术的能力。这反过来又对劳动力的教育和培训产生了巨大影响。它扩大了城市中受过训练和未受过训练的劳动力之间的差距。虽然越来越多的任务由人工智能接管，但那些没有接受新技术使用培训的人，那些年龄太大、不能或不愿接受再培训的人正在失去工作，一旦这种政策在政治上被接受并在一些国家推行，他们将依靠失业救济、政府援助或基础收入。城市中智能基础设施网络的开发、运营和管理需要不同资质的劳动力。用数字技术取代体力劳动，使非熟练或低技能的劳动力陷入不稳定的工作关系，甚至失业。随着新兴智慧城市的发展，这种差距正在迅速扩大。与亚洲相比，大多数欧洲国家（除了芬兰和爱沙尼亚）在数字化生活和工作方面落后于亚洲国家，特别是中国。隐私的丧失和对学校和大学中获得的数字能力的忽视被认为是欧洲数字落后的主要原因。

新冠疫情迫使居民、企业和公共机构在日常生活、电子购物和线上学习中接受数字技术。特别是地方公共行政部门和学校还没有及时为数字时代做好准备。他们既没有在年度预算中列入必要的计算机硬件采购计划，也没有考虑在招聘中加入具有数字操作和服务能力的年轻人才。如果地方自治团体想要成功地与民间部门竞争，就必须改变工资等级，提高数字能力公务员的工资。他们还必须改变工程师、规划师或律师的招聘条件，这反过来将迫使大学更好地培养他们的学生，使其具备更强的数字能力。这将改善大学在信息和通信研究课程方面的形象，并迫使其他课程更加重视数字能力和处理数据和信息流方面的技巧。数字化转变将增加专门的私立大学数量，这些大学能够更灵活地应对不断变化的需求。此外，随着数字技术的迅速提高，持续教育和培训将变得更加重要。所有领域对更多数字能力的需求上升，将鼓励该领域的许多年轻企业家提供令人耳目一新的课程。在新冠疫情期间，提供数字服务的业务蓬勃发展。以 Delivero 为例，这家为客户送餐的德国初创企业目前在法兰克福交易所上市。该公司报告称，2020 年其营业额增长了 67%。由于大多数年轻的数字“网虫”更加喜欢大城市的生活，数字经济在理论上去中心化的潜力将不会被利用。这将进一步提高内城的住房需求，同时也将增加人们对在较大范围内拥有第二居所的兴趣，以平衡城市压力和乡村闲暇时间。

4.2 内城经济

规划师和政治家们非常担心，作为欧洲城市心脏的内城地区在疫情之后会变得不同。大多数被锁在家里的居民不得不将他们的消费行为转向电子购物。封锁城市的结果是，许多商店、餐馆和咖啡馆被迫关闭，特别是那些无法向线上转型的小型时装店，以及为购物者、游客和市内上班族提供食物的餐馆和咖啡馆。人们不得不在家中工作。尽管许多雇主可以从临时短期工作津贴（Kurzarbeitergeld）中受益，仍然不得不解雇员工。受害者是那些只有临时工作合同的雇员和通过在服务部门做兼职来维持生活的移民和学生。许多小商店不得不申请破产。销售国际品牌的大型专业时装店迅速做出反应，为客户提供方便的电子购物服务。例如，意大利时尚帝国普拉达（Prada）在封锁期间的财报没有出现亏损，甚至还显示盈利。然而，受害者还包括位于市中心的房地产公司和私人业主。他们被迫因降低租金进行谈判，或为空置场所寻找新的用户。

一般来说，大城市的市中心是公司总部、银行保险公司、律师事务所、房地产公司或旅行社的办公场所。但是人们不再需要这些大型办公楼。在新冠疫情中，居家办公吸引了许多规划师和记者的好奇心。在新冠疫情之后，居家办公的临时做法很可能会继续下去，尽管往往是采取混合形式。内城的工作数量不会因为疫情而明显减少，但传统的办公室工作形式将被混合形式的居家办公形式所取代，并对办公空间的管理产生影响。有创意的建筑师和开发商以及业主将把大型办公大楼改造成城市初创企业的小型联合办公空间、小型会议场所或公寓提供给富裕的单身和国际化人士作为第三居所。市民组织和社会活动家将与那些房产所有者协商他们的创造性倡议，把空置的办公室(和商店)变成容纳灵活的文化、教育和健康服务以及售卖有机食物设施的空间。不会被改变的地方，包括内城的时装店、餐馆和办公室的雇员，还有那些公共行政部门的终身雇员，他们仍然在公共行政部门的办公室工作，这些办公室通常位于内城，只有少数工作将以混合形式进行。有一点必须要说明，这种新的在家工作的做法受到受教育程度较高的居民欢迎，他们住在独立的房屋或大型城市公寓里，也受到那些在家受家庭教育或照顾老人的负担较轻的居民的欢迎。但在家工作的做法会给那些不得不在小公寓里的人增加压力，他们不得不兼顾工作、家庭教育、做饭、打扫卫生等活动。通常情况下，移民群体是利益受损的一方。

在媒体的支持下，政治家和规划师们表达了他们的担忧，并推动地方、区域和国家政府启动内城恢复计划。为了使城市中心更有吸引力，他们提出了一揽子的方案。这些建议包括改造内城的公共空间。最终，这意味着产生更多的娱乐活动，人们会用树木和休憩场所来美化城市中心那些空置的地块。在英国，甚至有人提议将缺乏吸引力的内城变成老年人的住所，至少为行动不便的老年人建成15分钟的城市生活圈。很多证据表明，一旦封锁结束，大多数城市中心将很快恢复。内城的生活将恢复到新冠疫情之前的时代，并受益于慷慨的公共支持。国际品牌商店将进一步优化他们的营销实践，为他们的客户提供新的服务，他们将使购物成为一项活动，提供卡布奇诺和音乐，甚至文化表演。从创意经理人的创意中学习，幸存下来的百货商店和其他商店将很快跟进解决未来当地和城市游客的问题。餐饮业将慢慢恢复。国际食品连锁店的门店将幸存下来。随着它们的复苏，那些仍然依赖这些食品店提供的临时工作机会的人的工作将逐渐恢复。所有这些都将发生在大都市的中心城区，如巴黎、阿姆斯特丹、慕尼黑、法兰克福、米兰、维也纳或小城镇的热门旅游地区。国际时装和家具品牌将利用内城来推销他们的电子购物业务。

新冠疫情也加速了电子购物活动和中小城镇的次级中心的衰落。在后疫情时代，这些城镇的地方政府将不得不与房地产、商店业主以及市民团体沟通，探讨如何帮助城市中心通过在时尚店以外创造多功能的用途来维持下去，让这些新功能能够更好满足年轻一代城市消费者的时代精神，把饮食与文化、娱乐与继续教育、新型城市生产与手工艺结合起来。其中的赢家将是这些外卖公司的股东，以及那些薪酬微薄的外卖公司员工，比如柏林的Lieferando，这家初创企业现在甚至在法兰克福交易所上市。相比之下，在消费预期的变化中，失利者将是那些学生和低素质的移民，他们靠在市中心的餐馆和俱乐部打零工为生，更不要说位于孟加拉国、摩洛哥或秘鲁时装厂的工人了。

4.3 健康经济

老龄化、对长寿的渴望、医疗的创新力量和财富促进了发达经济体医疗部门的增长,这是由于人们越来越希望追求城市和区域中更健康的生活和更高的生活质量。新冠疫情加速了社会和政治对健康重要性的认识,它提高了在管理国家卫生系统方面给予公共部门更多权力的意愿,即使在疫情得到控制后,卫生部门仍将是公共政策和经济的一个重要领域。在新冠疫情期间,医疗保险只报告了巨额损失。除了数字经济以外,公共和私营的健康经济是疫情期间的大赢家。面对新冠疫情的挑战,运作良好和社会平衡的卫生系统显示了极其重要的意义。除了人口缓慢老龄化的影响,新冠疫情还进一步提高了人们对公共卫生系统的认识。在这种意识中,健康经济以及公共和私营卫生部门将进一步受益。诸如德国生物、强生或阿斯利康等提供疫苗的制药业享有可观的利润,他们受益于之前的研发投资,以及疫情期间各州政府的大批量订单。由于人们普遍认为该病毒将在未来几年内与我们同在,健康产业肯定会继续蓬勃发展。

即使在疫情袭击全世界之前,健康产业也是国家和区域经济中一个稳步增长的部门。在许多国家,健康经济提供了经济中最高的薪资,比大多数其他经济部门都要高。但不得不提的是,近几十年来,健康经济中的医学专家、核心研究人员与其他的辅助人员和护士之间的差距已经增大。这种情况在未来不会有太大的改变,即使明显的人员短缺会导致健康经济的雇主提高工资和薪水。很多拥有强大出口产业的国家(如德国、美国、中国、印度、瑞士或以色列)将会从中受益,健康经济在这些国家的国民生产总值中占很大的比例。然而,2021 年,国际劳工组织在报告中称,全球需要数以百万计的工作岗位来确保基本卫生保健。据估计,为满足基本的卫生需求,有 5 000 万个体面的工作岗位正在流失,而健康经济中的大部分护理工作是由 5 700 万无薪的家庭成员完成的。

在德国,新冠疫情大大提高了该国制药业和公共卫生系统的公众形象和政治支持。

全国几乎每 6 个工作岗位中就有一个属于健康经济,这个行业对劳动力市场影响最大。在这方面,医疗技术是一个重要的工作驱动力。在德国,雇佣超过 20 人的医疗设备制造商有大约 1 350 家,共雇佣了超过 14.3 万名员工。此外,德国还有大约 1.1 万家微型企业,他们雇用了 6 万名员工。这样算起来,德国的医疗技术产业共雇用了 20 多万人。93%的医疗科技公司的雇员人数少于 250 人。这表明,即使是中等规模的医疗行业也在蓬勃发展。大约 15%的员工从事研发工作,而且这一趋势还在上升。

德国未来的健康经济将经历劳动力的显著增长,原因有很多:

① 健康经济在未来几年将得到更多的政治支持,城市的公共卫生设施将扩大。

② 私人家庭用于健康的支出将进一步增加。

③ 以前存在的医院和医疗服务私有化的趋势将停滞不前。

④ 欧洲的医科大学将扩招,以满足公共和私营机构对医生和健康相关专业不断增长的需求。

⑤ 公共和私营机构的医务人员的工资将提高,以吸引更多的学生进入该学科并满足乡村地区的医疗需求。

⑥ 护士的工资和地位将提高,使该职业对男性和女性均更有吸引力。

⑦ 对于那些能够负担得起与健康有关的先进技术和服务的人们来说,人群内部获得健康服务的差距将进一步扩大。

⑧ 受益于数字化的电子医疗将获得更多的认可。

⑨ 全欧洲与健康有关的旅游和温泉以及对替代医学的兴趣将为乡村地区提供更多的机会,这些地区仅可以提供自然、新鲜空气和基本医疗。

⑩ 健康保险将从这一流行病中获益。他们会毫不犹豫地提高保费以支付日益增长的开支。

⑪ 公立和私立大学将从慷慨的公共预算和研究基金会以及私人基金会的慷慨捐赠中受益。

⑫ 健康旅游将继续蓬勃发展。

⑬ 为了填补赤字,欧盟国家将邀请和雇用那些来自叙利亚、阿富汗、罗马尼亚或保加利亚的合格医生,以及来自印度、越南或埃塞俄比亚等低薪国家的护士。

尽管出现了电子医疗,但卫生部门在后疫情时代的重要性日益增加,这也将对城市区域的卫生服务区位产生空间影响。

4.4 文化经济

在德国,广义的文化经济包括与文化和娱乐有关的活动行业,是这场疫情的最大输家之一。新冠疫情已经将大部分文化生产转移到了网上。在封锁期间,大多数公共剧院、管弦乐队和博物馆都关闭了。节日和文化活动不得不被取消。除非在家里消费,否则文化娱乐就会停滞几个月。学校几乎没有开展文化教育。大多数没有被当地、区域或国家政府长期雇用,或没有获得短期工作津贴的文化工作者失去了工作。他们不得不依靠失业救济金、自己的储蓄或家庭收入维持生活。当地报纸报道了无数艺术家和音乐家的故事,他们甚至放弃了自己的文化工作,去当地经济的其他部门赚取基本生活费。与文化产业的这一较为正规的部门一起,依靠项目合同管理文化项目和活动的私营活动管理部门也遭遇了暂时的停滞。在这个对地方经济非常重要的领域,许多工作岗位被剥夺,员工的能力也随之丧失。很明显,电影院也因新冠疫情的造成的停业而受到了很大的影响。和其他欧盟国家一样,德国的电影院经历了相当大的营业额损失。然而,令人惊讶的是,很少有电影院会因此倒闭。

另一部分文化经济也饱受新冠疫情的摧残。自20世纪初以来,长期被传统经济学家和地方经济发展机构所忽视的文化和创意产业在较大的城市区域经历了显著的繁荣。在理查德·佛罗里达(Richard Florida)或查尔斯·兰德里(Charles Landry)等著名作家的鼓励和大力推动下,文化和创意产业成为后工业经济中在本地就业的希望[31-33]。

许多年轻人投身于文化和创意的大潮。地方政府和州政府推出了慷慨的计划以支持其城市的文化和创意产业的发展。空置的工业建筑成为当地文化和创意经济的新中心。专门从事新创意产品和服务的数字技术的创业公司从数字化加速发展中获益,而其他的创业公司则失去了工作或放弃了新事业。一些人甚至决定在文化创意经济之外寻找工作,而不是等到新冠疫情结束。在德国,联邦政府和大多数州政府启动了文化援助计划,以拯救文化经济。

文化对于城市生活质量、城市经济和城市旅游的关键作用在后疫情时代不会减弱。不过,一旦疫情被成功克服,城市的文化生活只需很短的时间就会恢复到新常态。然而,新常态将有所不同。公共预算将因加快数字化和加强卫生系统的政策而负担沉重。预算优先次序将不得不重新审查。因此,在许多文化主要被视为娱乐的地区,政府将被迫裁员和解雇长期工作人员,并将长期节目变成个别的文化项目。一些政府甚至会效仿美国的坏榜样,将文化机构和项目移交给私营部门和私人赞助商,从而使文化就业市场更加依赖于市场的条件和价值观。这可能会对文化的教育层面产生影响,这在欧洲国家仍然是一个备受尊敬的传统。封锁期间的数字传播经验将鼓励博物馆、图书馆等文化机构和市场参与者提供数字文化教育作为在线服务。然而经验告诉我们,这样的产品和服务很快就会越来越多地被少数大公司所垄断。对文化人才的数字化再认正将是其结果。

4.5 旅游城市经济

2020—2021 年期间,封锁和旅行限制极大地打击了世界各地的旅游业,特别是城市和区域,旅游业是当地和区域经济的最大组成部分。这场危机导致旅游经济中的许多企业纷纷裁员或取消分包合同。资质较差的员工首先失业并申请失业救济。旅游业的变化将对该领域的就业市场产生影响。在封锁期间,航空公司、旅游公司、旅行社、酒店、餐馆、纪念品商店和所有为旅游业服务的供应链都面临着相当大的损失,现在仍然如此。汉莎航空(Lufthansa)等航空公司不得不解雇一些高薪员工,尽管他们可以将一些员工改派到封锁期间繁荣的货运航空服务部门。机场由于依赖度假和商务旅行者经历了严重的亏损,特别是较小的机场和机场所在地的企业。铁路部门受到的影响较小,但也不得不接受大大减少的客运量。

在旅游胜地为员工提供旅游和培训套餐的公司很快被迫转向在线会议。由国际研究组织和欧盟委员会慷慨的研究项目推动的国际科学合作不得不减少它们用于科学旅游的费用,并转向在线会议。嘉年华(Carnival)、途易(TUI)或阿伊达(Aida)等提供区域或全球邮轮旅游的公司报告称,在封锁期间邮轮旅游的数量大幅下降,尽管他们在疫情期间将自己的大型邮轮宣传为安全场所。位于帕彭堡、罗斯托克和芬兰图尔库的德国迈耶码头公司共有 7 000 名员工,由于新冠疫情而不得不解雇 450 名员工,并将定制建造的游轮工作从每年 4 艘改为 3 艘。剩下的员工同意每年在没有薪水和补贴的情况下为公司额外工作 100 小时。此外,邮轮预订和建设的停滞也影响了该领域许多上游和下游的行业。当强大的邮轮公司设法承受封锁期间的巨大损失时,船上来自南亚的低薪服务人员失去了工作。

在这场新冠疫情中也有赢家。旅游部门的一些行业出现了意想不到的巨大需求。例如,生产自行车、露营车和露营用品的行业,他们可以从疫情和不断变化的旅行模式和目标中受益。在德国,许多这样的行业不得不将其交货时间推迟到一年以上。

有很多证据表明,旅游业将在未来几年逐渐恢复正常。未来的争论点与其说是新冠疫情,不如说是气候变化。疫情仍将只是社会学家、经济学家和历史学家的研究课题,但一旦各国对来自中国、美国、俄罗斯和德国的游客重新开放边界,全球度假旅游将缓慢复苏。然而,“后疫情时代”仍将经历一些重大变化。在德国,长途旅行(例如到泰国、中国或哥斯达黎加的)将略有减少,取而代之的是前往地中海阳光海岸的旅游区的城市和区域旅游。除非有吸引力的旅游城市像阿姆斯特丹已经宣布的那样,采取限制游客的数量并约束爱彼迎(Airbnb)等民宿平台的措施,否则人们的度假习惯和城市旅游将恢复。有些城市实在太有吸引力,在这些城市漫步的诱惑力非常大。

商务旅行肯定会减少。在封锁期间,讨论日常问题的在线会议已被证明是同样有效的。因此,商务旅行将越来越多地局限于公司首席执行官那些层面,他们需要面对面会议和非正式晚餐,以谈判合同、兼并和收购,此外就是工厂建设行业高技术人员的现场维修旅行,他们必须确保新的生产线能够启动,或在被迫停产后能够继续生产。尽管旅行习惯发生了变化,空中客车(简称“空客”)公司仍对未来持乐观态度。他们乐观地认为对飞机的需求不会减少。他们更希望货运服务需求的增长能够弥补大型客机需求的下降。无论如何,空客的 A380 大型客机的组装和交付早在新冠疫情之前就已经停止了。国际科学会议的蓬勃发展将放缓。在线技术和互动平台将确保国际交流和研究继续下去,从而使人们放弃把科学工作与城市旅游联系起来的习惯。游客习惯的改变也将对建筑业及其上下游产业产生影响。同样,位于机场和火车站附近的商店和服务肯定会经历商务旅客数量的减少。

还有一个影响是可以预见的,大城市中的中产阶级家庭对购买和使用第二居所的兴趣,这将影响到附近乡村地区的房地产市场,这些地区拥有迷人的风景、新鲜的空气和接近自然和湖泊的机会。受年轻劳动力外流影响的乡村可能会经历某种振兴,并为当地手工业和服务业提供新的工作。居家办公的工作机会帮助减少工作时间,并带来了更灵活的工作合同,这将增加人们对在更广泛的城市区域拥有或分享第二居所的兴趣,以便更接近自然和水域。虽然对气候变化的关注也可能改变未来的旅游习惯,但它的影响仍然不确定,新冠疫情加速了家庭数字化的水平,这将成为新型虚拟旅游的起点。

5 由新冠疫情加速的数字化,将改变城市的工作和生活

如上所述,新冠疫情以及生活和工作的数字化将对地方经济、工作模式和工作时间产生多重空间影响。然而人们可能会忘记,多年前正是疫情和对气候变化威胁的日益认识,推动了城市发展的一些转变。疫情只是加速了数字化和城市转型进程。如上所述,它促进了城市经济及其劳动力市场的转型。其影响将包括:

① 数字技术和人工智能的广泛应用将逐渐减少对人类劳动的需求。只要可以转变生产过程,只要公共和私人服务可以数字化,生产和服务领域的工作数量就会永久减少。机器和计算机将逐渐取代人类劳动。这种转变将进一步拉大受教育程度更高的劳动力与服务性劳动力之间的差距,后者负责承担那些尚无法数字化的工作。

② 被新冠疫情加速的数字经济,将引发关于灵活与混合的新工作形式,个性化的工作预算以及每月、每年的休假安排,将每周的工作时间缩短到 35 小时甚至 25 小时的新辩论。考虑到百岁人口数量正在成倍增长,且发达经济体的医疗水平正在变得越来越高,数字经济将导致平均退休年龄延长至 70 岁甚至 75 岁。

③ 更多的休闲时间将改变城市的消费模式和生活,从而改变城市的特征。他们将不得不提供更多的机会,在城市中度过自由时间,无论是休闲、运动还是娱乐。尽管他们的目的是提高消费。

④ 未来的就业将越来越没有保障。这可能会导致劳动者寻求 1 份以上的工作。更多的人将有 2 份甚至 3 份工作,以便在城市中谋生。许多人将在生活中改变他们的职业。

⑤ 早在新冠疫情之前,人们就意识到教育是成功应对结构性变革的关键。有些人认为这是促进大学教育的理由,而另一些人(德国、奥地利或瑞士)也相信职业培训的价值。然而,疫情让最后一个怀疑论者相信,无论是在日常生活还是在工作中,数字知识都是不可或缺的。如果没有数字化能力来处理通信、数据或机器方面的工作,人们可以胜任的工作将会越来越少。

⑥ 新冠疫情让人们重新信任公共部门，公共部门负责控制病毒的传播，管理居民的疫苗接种，封锁以及开放企业的时间。公共部门将重新获得更多的权力，尽管为此必须增加工作岗位的数量，以执行所有的管理和控制任务，这对寻求居民的人身安全和当地企业的网络安全是必要的。这场危机也可能导致城市当局反思公共企业私有化的新自由主义战略，例如会将医院重新交回公共部门手中。这反过来可能导致更多的居民在公共卫生部门寻求更安全的工作。

⑦ 与新冠疫情无关，关于未来空间机动性（创新的关键因素和气候变化的因素）的讨论会继续在城市社会中产生分歧。一方期，人们期待着无人驾驶的（电动）汽车（包括私人和公共汽车）在城市和高速公路上沿着预定的轨道行驶；另一方面，人们出于安全和健康的考虑，提倡在城市使用自行车。

⑧ 关于一般基本收入的辩论将在新冠疫情后继续并加剧，因为大多数欧盟国家的政府将不得不改革国家养老金制度。

⑨ 人们认识到需要不断探索和管理洞察经济循环的潜力，以减少资源的消耗和浪费，以及避免不必要的流动性，以免增加环境的负担。城市区域的创意先锋和初创企业将运营众多平台，向企业和居民介绍如何从区域产品和服务中获利。那些成功地将创新和有创造力的企业家吸引到自身边界内的城市将会从中受益。在后疫情时代，面对全球化压力出现的狭隘主义和怀旧情绪，将进一步支持区域经济圈的加速发展。城市修复经济的趋势也将促进经济循环，而且这种趋势将与非增长战略相互呼应，后者越来越受到年轻城市居民的青睐。它肯定会导致更多的功能混合的城市街区，并将结束长期以来受到鼓励的城市功能分离。小规模的城市生产和新形式的手工艺可能会重新回到市中心。

新冠疫情对城市和区域的影响将继续，并在未来很长一段时间内在欧洲（以及外部其他区域）所有规划和决策层面的政治活动中发挥影响。经济复苏将是首要任务。为此，欧盟委员会和欧洲各国政府将花费数十亿欧元。最终，这些城市和城市区域将从慷慨的公共资助中受益。在危机之前，他们就已经展示出自己能够通过创造性和创新性的城市发展战略进行国际竞争。

有许多证据表明，疫情不会在 2022 年结束。世界仍将继续运转下去。中国和西半球的大多数国家似乎通过严格和有效的国家管控、复苏基金以及对公共和私人卫生系统巨额公共投资方法，来应对疫情对城市工作的影响。输家将是南方国家、城市和居民，尤其是非洲、南亚和拉丁美洲的国家。

参考文献

[1] Bertz D F. Die Welt nach Corona：Von den Risiken des Kapitalismus，den Nebenwirkungen des Ausnahmezustands und der kommenden Gesellschaft[M]. Berlin：Bertz und Fischer，2021.

[2] Bundeszentrale für Politische Bildung（bpb）. Corona-Krise[J]. Aus Politik und Zeitgeschichte，2020：35-37.

[3] Coucleis，H. There will be no post-COVID city[J]. Environment and planning B：Urban analytics and city science，2020，47(7)：1121-1123.

[4] Florida R，Rodríguez-Pose A，Storper M. Cities in a post-COVID world[J/OL]. Urban Studies [2021-06-27]. https://journals.sagepub.com/doi/10.1177/00420980211018072.

[5] Galloway S. Post corona：From crisis to opportunity[M]. London：Penguin Randon House，2020.

[6] Kunzmann K R. Smart Cities after COVID-19: Ten narratives[J]. Disp-the Planning Review, 2020,56(2):20-31.

[7] Kunzmann K R. Was bleibt nach Corona? Urbane Digitalisierung zur Freude der Smart-City-Fangemeinde[J]. Planerin, 2011(2).

[8] Sharifi A, Khavarian A. The COVID-19 Pandemic: Impacts on cities and major lessons for urban planning, design and management[J]. Journal of urban and regional planning (Beijing), 2021, 13(1): 187-213.

[9] Sinn H-W. Der Corona-Schock. Wie die Wirtschaft überlebt[M]. Herder: Freiburg, 2020.

[10] Volkmer M, Werner K, et al. Die Corona-Gesellschaft: Analysen zur Lage und Perpektiven für die Zukunft[M]. [S.l.]: Bielefeld, 2020.

[11] Zizek S. Pandemie! COVID-19 erschüttert die Welt[M]. Wien: Passagen, 2021.

[12] Adom-Mensah Y. Smart cities: A systems approach primer to city utopianism[M]. [S.l.]: Send Clan Press, 2016.

[13] Bauriedl S, Strüver A. Smart City: Kritische Perspektiven auf die Digitalisierung in Städten[M]. Bielefeld: Transcript Verlag, 2018.

[14] Campell T. Beyond smart cities: How cities network, learn and innovate[M]. London: Routledge, 2012.

[15] Colletta C, Evans L, Heaphy L, et al. Creating smart cities[M]. London: Routledge, 2018.

[16] Greenfield A. Against the smart city — The city is here for you: Book 1 to use[M]. New York: Do Projects, 2013.

[17] IBM. IBM's Smarter Cities Challenge. Dortmund Report. Dortmund is getting shorter[M]. Frankfurt: Büchergilde Gutenberg, 2012.

[18] Morozov E. "Smarte neue Welt". Digitale Technik und die Freiheit des Menschen[M]. Munich: Blessing, 2013.

[19] Townsend A M. Smart cities: Big data, civic hackers, and the quest for a new utopia[M]. New York: W. W. Norton & Company, 2013.

[20] Balletser T, Elsheikhi A. The future of work: A literature review[R]. Geneva: ILO, 2018.

[21] Alfred Herrhausen Gesellschaft für Internationalen Dialog. Arbeit der Zukunft: Zukunft der Arbeit[M]. Stuttgart: Schäfer Poeschel, 1994.

[22] Attali J. L'avenir du travail[M]. Paris: Fayard, 2007.

[23] Castells M. The informational economy and the new international division of labor[M]//Carmoy M, et al. The new global economy in the Information Age: Reflections on our changing world. University Park, PA: State University Press: 15-44.

[24] Fontanella E. The long-term outlook for growth and employment[M]//Societies in Transition: The Future of Work and Leisure. Paris: OECD, 1994.

[25] IzR. Smarter cities: Better Life? [J]. Bonn: BBSR, 2017.

[26] Allemand S. Les nouveau utopistes de l'économie[M]. Paris: Editions Autrement, 2005.

[27] Bayon D, et al. La Décroissance[M]. Paris: La Découverte, 2010.

[28] Lange B, et al. Postwachstums: Geographien. Raumbezüge diverser und alternativer Ökonomien [M].[S.l.]: Bielefeld, 2020.

[29] Magnaghi A. Le project local[M]. Sprimont: Mardarga, 2000.
[30] Kunzmann K R. Smart cities: A new para-digm of urban development? [J]. CRIOS (Critica degli Ordinamenti Spatiali), 2014(7):8-19.
[31] Florida R. The rise of the creative class: And how it is transforming work, leisure, community, and everyday life[M]. New York: Basic Books, 2002.
[32] Landry C. The creative city: A tool kit for urban innovators[M]. London: Earthscan, 2000.
[33] Landry C. The art of city making[M]. London: Routledge, 2006.

The Future of Work in German Cities after COVID-19

Klaus R. Kunzmann

1 Abundant speculations about urban development after COVID-19

The worldwide pandemic has caused the community of planners to speculate boundless about its longer-term impacts on cities. Planners have been among the first to articulate both their concerns and aspirations of how cities will change. Based on the first armchair view and some, though often quite superficial quantitative empirical evidence, abundant speculations range from "*Nothing will change*" to "*the world will be different after COVID-19*"[1-11]. In the longer term only, we will learn whether the built environment of cities will be transformed by the pandemic, how work and life in cities in Germany have really changed and whether everything will have returned to normal, once the pandemic is tamed.

During 2020 and 2021 the public and academic discourse on the pandemic's consequences for cities in China as well as in most affluent Western countries centres around a few assumptions. These are among others:

- Inner cities will suffer because e-shopping has become a favourite mode of shopping once shops that did not provide food had to be locked. Consequently rents of office space, shops and gastronomy will stagnate or even decline;
- Due to continuing home-office practice and the closure of large office buildings, the density of inner cities will decrease;
- Suburbanization will regain new acceptance among those citizens, who prefer to live in safer, green environments and benefit from home-office practice and less time spent in commuting to inner city offices and shopping districts;
- The demand for second homes in attractive rural areas within easy reach of core cities will grow;
- Mobility patterns will change, favouring bicycle mobility in cities, contributing to a decline in car ownership;
- Experience with online teaching will make new hybrid forms of education the new normal, with implications for students' accommodation and the expansion of knowledge spaces in the city;

- The public health system, particularly with easy access to nearby hospitals will receive more political support;
- Smart city policies will considerably benefit from public policies aiming to promote and accelerate the digitalization of local infrastructure;
- Public participation processes in urban development will partially shift to online practice with positive and negative consequences;
- COVID-19 will further widen social, economic and spatial disparities in cities and between cities, as well as between developed and developing countries.

My assumptions are not supported by reference to empirical studies. Once the thousand and more empirically supported research projects will have been carried out and published on these and other assumptions or speculations on the spatial implications of the pandemic, we will know, whether cities in Germany will change, whether COVID-19 will have a long-term and sustainable impact on working modes and the location of work places in cities. My interests are rather the implications of the pandemic on the urban economy and the local job market. I assume that COVID-19 will have spatial implications and impacts on the local job market, particularly in five fields of the local economy: COVID-19 will further speed up the digitalization of urban infrastructure, it will change the functions of inner cities, it will further boost the health industry, it will modify the cultural and entertainment industry, and it will transform the tourist industry. I will only give qualitative indication; future research will show the empirical evidence of these changes.

Digitals industries and health industries as well as job seekers in these industries will certainly be the winner of the pandemic. Though other sectors of the economy, too, will experience changes in job provision, primarily because of the speed, with which digitalization will have to be introduced, among others in public services, logistics and education.

2 Spatial development trends in Germany ahead of COVID-19

COVID-19 flagged-up public and political attention to trends that had an impact on urban development already long before the pandemic became a daily media hype. More than two decades ago digitalization of daily life and social media had already begun to change cities and regions. Amazon had been established in 1994, and Facebook ten years later in 2004. Spearheaded by Amazon the transition to e-shopping practice had already affected inner cities. Logistic centres mushroomed on easily accessible places on the fringe of urban agglomerations. Inner city streets tended to be more and more blocked by delivery services. Industries had started to digitalise production and promote robotization (Industry 4.0). A growing number of cities had initiated smart city concepts to digitalize and modernize urban infrastructure and urban services[12-19].

Public administration had gradually introduced online services to make communication with citizens more convenient, though, too, reduced the number of administrative staff. Many studies in the recent decade have shown that innovative jobs are more and more concentrated at places in urban agglomerations, where universities, technology centres and science parks had been developed, widening the gap between urbanized and peripheral rural regions. Urban planners and architects in turn had started to identify vacant spaces for new housing in the already built-up environment. They lobbied for urban policies that allow further densification of already built-up urban quarters. In addition, climate change and changing values of a new generation of urbanites have prompted global automobile industries to rethink their policies and offer mobility rather than just cars. Health has become a growing concern. More and more citizens are practicing healthy lifestyles in de growth environments. Environmentally conscious young pioneers have started to pioneer new forms of biological agricultural production in city regions to provide healthy food and stop long-distance logistics. Urbanites, suffering from high rents for their city apartments have started to seek homes in nearby suburban villages and gentrify declining rural areas. All these trends have already transformed city regions into multifunctional spaces, where urban and rural functions amalgamate and support polycentric systems in increasingly expanding city regions. Long before COVID-19 hit the world, more and more mainly conservative citizens have expressed their concerns against migration and cosmopolitanism. Their love for " Heimat " (homeland) has caused politicians to respect their conservative values and caused households to reconsider living in semi-detached houses and green suburbanized environments. Apart from all these spatially significant trends, much research revealed the growing social and economic disparities at all tiers of planning and decision-making. Even though the pandemic will be used in the years ahead as a pretext for many digital changes. COVID-19 has not triggered off these trends. It has accelerated existing trends and it has raised the awareness of people and politicians about the required digitalization of life and work.

In this paper, I will focus on exploring five fields, in which I feel COVID-19 will have longer-term implications on the local economy and the urban job market in Germany. These five fields are the smart city economy, the inner-city economy, the urban health economy, the cultural economy and the tourist economy. To provide some background information on my understanding of the local economy, I will briefly reflect on what the future of work may look like, and which factors will influence the future of work.

3 The Future of Work

Much has been written in recent decades by economists, think tanks and popular writers about the future of work in the wake of the fourth industrial revolution. The ILO

(International Labour Office), has published a comprehensive literature review focusing on the implications of structural change on the labour market[20]. Reports on the future of works are linked to deliberations on the future of the economy, the fourth industrial revolution and the digital economy, predicting the emergence of a digital era[21-24]. There is plenty of work on the transformation of local economies in times of digitalization globalization, on structural economic change, on the implications of artificial intelligence (AI) and containerization as well as on the power of the US-Dollar-dominated global financial system. The International Labour Office based in Switzerland refers to five dimensions that have an impact on the future of work.

"*The future of jobs; their quality; wage and income inequality; social protection systems; and social dialogue and industrial relations. The future of jobs refers to job creation, job destruction or the future composition of the labour force ..., the future of job quality touches on issues like future working conditions or the sustainability of social protection systems. Discussions on wage and income inequality are concerned about both the average growth of wages and earnings — as well as their distribution across households in the future. Finally, the future of social dialogue and industrial relations refers to how organised worker institutions might evolve in the upcoming years with such drivers of change.*"[20]

In a discussion paper, published in 2020 by McKinsey, the company that continuously advises its clients worldwide on the future of work, argues:

"*Shrinking labor markets need targeted economic development strategies: For policy makers, the prospect of even more polarized job, GDP, and population growth carries the risk of exacerbating social tensions and inequality. ... Policy makers will need to decide whether and how to invest public money or attract private funds into areas in relative decline to revitalize their economies.*"[25]

Once the economy recovers from the COVID-19 crisis, Mc Kinsey suggests:

"*... it may be necessary to raise labor participation to deal with the decreasing working-age population. To boost employment rates, national governments may have to consider broad labor-market and pension reforms. One logical place to start is getting more willing workers off the sidelines, focusing on demographic groups where there is room for growth, including workers over age 55 and women. ... Employers can attract and retain women by offering more flexible schedules, part-time work, and remote-work options. Governments can also provide tax incentives for second earners in a family and ensure that public childcare and eldercare programs are widely available ... Governments and companies need to focus on long-term labor market trends as they prepare for the post-pandemic era. With accelerated automation adoption, demographics could work in Europe's favor. Helping individuals connect with new opportunities and prepare for the jobs of tomorrow will challenge every community across the continent*".[25]

Since more than 50 years ago, the future of work has also been a concern of alternative groups of the civil society in advanced countries, such as Germany, France, Italy, Chile, and Austria. They explored alternative practice of work, new cooperative forms of labour, production and services, they discuss the value of reducing working times or flexible work times, they dream of a better capitalist world, they seek to escape from formal employment and control, they dream of new solidarity of mutual support in a non or at least less capitalist society, and they discuss the virtues of combined paid and unpaid labour and promote the introduction of a basic income for everybody, a strategy which is already experimented in a few places such as Finland and Berlin[26-29]. These experiments are partially rooted in the tradition of earlier efforts to explore different modes of living and working, such as those realized more than 100 years ago by the Amish or the Mennonites in the US. The number of degrowth communities in Germany is increasing. They are benefitting from the new interest in rural living.

When exploring the future of work in cities and regions, conditions of work and employment as well as its implications for land-use planning and building regulation, many dimensions have to be considered. The future of work depends on values, technologies and tools, and on the environment and workspace (FAZ 2019). The context matters. Technological innovations, which replace work on conveyer belts with brainwork and influence industrial production and services are only one though most important factor. Other factors influencing local and regional conditions in the labour market are:

- The level of salaries and wages and their regulation, e.g. for minimum wage,
- The system of social protection, once workers are laid off,
- The extent to which women are participating in the labor market,
- Retirement systems, particularly retirement age,
- The reputation of higher education and professional/vocational training and the location of knowledge sites in a city,
- The role and power of unions in negotiating wages, working times and working conditions,
- The role and power of local chambers of industry and commerce and industrial associations,
- The degree to which the economy of a country is depending on export or tourism.

Still other factors are linked to the location of work in cities. These are:

- European and national environmental regulation influencing decisions of investors and local governments on building sites,
- The degree to which land ownership and property tax play a role in investment decisions,
- The conflicts between citizens and industrial enterprises concerning noise, air and water pollution,
- The role of lawyers on local political-disputes on building permits,
- The controversial discourse on high-rise buildings in historical inner cities,

- The considerable impact of media coverage in local opinion building processes, when reporting on new investment projects.

All these and more factors have an impact the future of work, the labour force and on the labour market. This complex arena is far beyond the competence of urban planners. Future empirical research will show whether COVID-19 had implications on all the dimensions mentioned above. Planners will have particular interests in where and how these factors have influenced the location decisions of global and local investors and local governments. Then we will know more about the future of work in post-COVID cities.

4 The Implications of COVID-19 on Work in Germany in Selected Fields of the Urban Economy

Since the turn of the 20th century, globalization and the Fourth Industrial Revolution (Industry 4.0) are changing local and regional economies. Digital technologies are innovating production and services. They reduce labour in production, though also create new and differently qualified labour in a broad range of services. COVID-19 and the lockdowns during the pandemic have hit local and regional economies all over the world. There is much evidence that COVID-19 will accelerate the change with longer-term implications on the job market and location preferences in five segments of the urban economy. These five fields are: the smart city economy, the inner-city economy, the urban health economy, the cultural economy and the tourist economy, though, obviously, the impacts in European cities and regions vary from country to country.

4.1 The Smart City Economy

At the beginning of the 21st century, launched by IBM, the smart city concept excited planners, engineers and city mayors. They aimed to demonstrate that their cities are well-prepared for the digital future. The media, think tanks, consultants and thousands of digital start-ups promoted the smart city concept. Many academic writers explored the potential of the concept for urban development and suggested ways and means to introduce smart technologies into the urban development process[6,13-14], So what is a smart city? What makes a city smart? In a smart city, a new generation of public infrastructure networks (water, energy, sewage, waste, communication) can be operated and controlled more efficiently. The result is that some labour costs and resources can be saved. In addition, a broad spectrum of public services can be offered online to citizens and businesses and local enterprises. This makes access to public information and services much more convenient. Safety in public spaces can be better controlled. The communication of citizens with the local administration and public participation in urban development projects and processes can be better organized. All this is very much welcomed by citizens who benefit from convenience and security 24 hours a day and neglect the darker sides of smart city development, such as loss of privacy, speed and stress, cyber attacks, risks, job losses and misuse of public participation and power of a few global corporations[30]. In the smart city, public enterprises gain more power, profits and higher salaries. Private businesses and enterprises of the digital economy can benefit from better efficiency. And, not to forget, urban networks of smart infrastructure contribute to reducing the consumption of resources.

The COVID-19 pandemic is a perfect lubricant for smart-city development policies[7]. More and more jobs in a city are depending on digital technologies; consequently, more and more professions involved in developing, constructing, operating and maintaining urban infrastructure require competence in applying digital technologies. This, in turn, has an enormous impact on the education and training of the labour force. And it widens the gap between trained and untrained labour in the city. While more and more tasks are taken over by artificial intelligence, those who are not trained in the use of new technologies or who are too old or not able or unwilling to be retrained, are losing their jobs and rely on unemployment benefits and government aid or basic income, once such a policy is politically accepted and introduced in some countries. The development, operation and management of the smart infrastructure networks in the city require a differently qualified labour force. Replacing physical labour with digital technologies sends unskilled or low-skilled labour into precarious work relationships or even unemployment. With the emerging smart city development, the gap is rapidly widening. In contrast to Asia, most European countries (except Finland and Estonia) are lagging behind Asian countries, particularly China, when it comes to digitalize life and work. The loss of privacy and the negligence of digital competence acquired in schools and universities are considered to be the main reason for digital backwardness in Europe.

COVID-19 has forced citizens, businesses and enterprises and public institutions to accept digital technologies in day-to-day life, in e-shopping as well as in e-learning. Particularly local public administration and schools did not prepare in time for the digital era. They neither did include the necessary purchase of computer hardware in their annual budgets, nor consider including young manpower with digital competence for operation and services in their recruitment practices. COVID-19 will certainly force local governments to change salary classifications, and increase salaries for digital competent public servants, once they want to successfully compete with the private sector. They will also have to change recruitment conditions of engineers, planners or lawyers, which in turn will compel universities and colleges to better prepare their students for more digital competence. It will raise, too, the image of university programmes in information and communication studies but will force other programmes to intensify their efforts in teaching digital competence and the handling of data and information overflow. The digital turn will raise the number of specialized private universities and colleges that can react more flexible to changing demands. Moreover, as digital technologies are rapidly improving, continuous education and training will become more important. The rising demand for more digital competence in all fields will encourage many young entrepreneurs in the field to offer refreshing courses. During COVID-19 businesses, offering digital services boomed. For example, Delivero, a German start-up delivering food to clients, now listed on the exchange in Frankfurt, reported a 67 percent increase in its turnover during 2020. As most young digital nerds prefer the urban flair in large cities the theoretical decentralization potential of the digital economy, will not be used. It will further raise the demand for housing in inner cities, and it will increase the interest in having a second home in the wider conurbation, to combine urban stress with rural time out.

4.2 The Inner-City Economy

There is much concern among planners and politicians that inner cities, the hearts of urban Europe will look different after the pandemic. Most citizens who were locked at home had to shift their consumption practice to e-shopping. As a consequence of the lockdowns, many shops, restaurants and cafes were forced to close, particularly smaller fashion shops which could not shift to e-shopping practice, and restaurants and cafes which provided food to shoppers, tourists and inner-city office workers who were sent home to work from home. Some employees had to be dismissed though many employers could benefit from the temporary short-term work allowance (Kurzarbeitergeld). The victims were employees who had only temporary work contracts, migrants, and students who earned their livelihood by part-time jobs in the service sector. Many smaller shops had to file for bankruptcy. The large and specialized fashion shops selling international brands reacted quickly and provided convenient e-shopping services for their clients. Prada, the Italian fashion empire for example did not report losses during the lockdowns, they even showed profits. Victims, however, too, were corporate and private owners of city property in the city centre. They were forced to negotiate the reduction of rents or find new users for empty spaces.

As a rule, city centres of larger cities accommodate the offices of corporate headquarters, banks, insurances, law firms, real estate firms, or travel agents. Large office buildings in these cities are no longer needed. The COVID-19-induced home office practice nurtures the curiosity of many planners and journalists. After COVID-19, the temporary practice of home-office work will most probably continue, albeit often just in hybrid forms. The number of jobs in inner cities will not significantly be reduced by the pandemic, but traditional office work will be replaced by hybrid forms of home-office work with implications for office space management. Creative architects, developers and property owners will be converted large office buildings into small co-working spaces for urban start-ups, small conference meeting places or flats for wealthy single households and international third-home seekers. Creative initiatives of the civil society and social entrepreneurs will be negotiated with property owners to turn empty offices (and shops) into spaces that accommodate flexible cultural, educational and health services together with alternative organic food facilities. Besides employees in inner city fashion shops, restaurants and offices there are those tenured employees in public administrations who work in offices of public administrations which are usually located in inner cities. This will not change. Only few jobs will be carried out in the hybrid form. One point has to be made. This new work-at-home practice is welcomed by better-educated citizens who are living in single detached houses or large city apartments, and by citizens who are less burdened by home-schooling or care of the elderly. But work-from-home practice will add more pressure on those, who had to combine work, home schooling with cooking and cleaning in a small apartment. As a rule, migrants are the losers.

Much supported by the media, politicians and planners articulated their worries and pushed local, regional and national governments to initiate programmes for inner city recovery. Baskets of recipes are suggested to make city centres even more attractive. The suggestions range from revamping public spaces in inner cities. In the end, this means more entertaining. Non-used plots in city centres will be decorated with trees and places to rest. Proposals in the UK were even made to turn less attractive inner cities in to residences for senior citizens to implement the 15-minute city at least for less mobile senior citizens. There is much evidence, that, once the lockdown is over, most city centres will soon recover. Life in inner cities will return to pre-COVID-19 times and benefit from generous public support. The international brand stores will further optimize their marketing practice and offer new services to their clients; they will make shopping an event and offer cappuccino and music or even cultural performances. Learning from the creativity of creative managers, the surviving department stores and other shops, addressing future local and touristic visitors in the city will soon follow. Gastronomy will slowly recover. The outlets of international food chains will survive. With their recovery, work will gradually return for those, who are still depending on the casual job opportunities these food stores offer. All this will happen in central city centres of metropolitan cities, such as Paris, Amsterdam, Munich, Frankfurt, Milano and Vienna or in touristic hotspots in smaller towns. International fashion and furniture brands will use the inner city for marketing their e-shopping businesses.

COVID-19 has also accelerated e-shopping practice and the decline of second-range city centres in small and medium-sized towns. In post-COVID-19 times, local governments in these towns will have to communicate with property and shop owners and groups of the civil society about how the centres can survive by creative multifunctional uses beyond fashion shops, by functions which can better meet the Zeitgeist of a young generation of urban consumers, combining food with culture, entertainment with further education, new urban production with crafts. Among the winners will be the shareholders of the delivery firms and the though badly paid employees of food delivery corporations, such as Lieferando, he Berlin-placed start-up, now even listed on the Frankfurt exchange. In contrast, losers of anticipated consumption change will be students and low-qualified migrants, who earned their living by casual work in city centre restaurants and clubs, not to forget the workers in fashion factories in Bangladesh, Morocco or Peru.

4.3 The Health Economy

Aging, the desire to live longer, the innovative strength of medical treatment and wealth contributed to the growth of the medical sector in developed economies, nurtured by growing awareness for a healthier and higher-quality life in cities and regions. COVID-19 accelerated social and political awareness of the importance of health, and it raised the willingness to give the public sector more power in managing national health systems. Even after the pandemic has been tamed, the health sector will remain an important field of public policy and economy. During COVID-19 health insurances only reported huge losses. Besides the digital economy, the public and private health economy is the big winner of the pandemic. COVID-19 has shown how essential are well functioning and socially balanced health systems. In addition to the impacts of a slowly aging population, COVID-19 has further raised the awareness of people towards the public health system. From this awareness, the health industries, as well as public and private health sectors will further gain. Pharmaceutical industries such as BioNTech, Johnson & Johnson or AstraZeneca providing the vaccines enjoy considerable profits. They benefitted from previous investments in research and development, as well as from generous orders from state governments during the pandemic. As it is widely assumed that the virus will be with us for years ahead, the health industry will certainly continue to flourish.

Even before the pandemic hit the world, health industries were a steadily growing sector of national and regional economies. In many countries, the health economy offers the highest paid salaries of the economy, more than most other sectors. Though it has to be mentioned that the disparities between medical specialists and key researchers within the health economy on one side and support staff and nurses on the other side have risen in recent decades. This will not change much in the future, even if the apparent shortage of staff will cause employers in health industries to raise salaries and wages. Countries where health industries contribute much to the production of the national GNP (such as Germany, the US, China, India, Switzerland or Israel) will certainly continue to benefit from their strong export industries. In 2021, the ILO, however, reported that millions of jobs are needed globally to ensure essential health care. An estimated 50 million decent jobs are missing to address essential health requirements, while much of the care in the health economy is done by 57 million unpaid family workers.

In Germany, COVID-19 has considerably raised the public image and the political support of the pharmaceutical industries and the public health system in the country.

Almost every sixth job in the country belongs to the health economy. It is the sector with the greatest labour market effect. Medical technology is an important job driver in this regard. Medical device manufacturers in Germany employ over 143,000 people in about 1,350 companies with more than 20 employees. In addition, there are about 11,000 micro-enterprises with another 60,000 employees, so that the MedTech Industry in Germany employs over 200,000 people. 93 percent of the MedTech Industry companies employ fewer than 250 people. This illustrates that even medium-size medical industries flourish. Around 15 percent of employees work in research and development (R&D) and the trend is rising.

The future health economy in Germany will experience a significant rise in labour force for a number of reasons:

- The health economy will receive more political support in the years ahead and public health facilities in cities will expand;
- Private household expenditures for health will further increase.
- Previous trends to privatize hospitals and medical services will stagnate;
- Medical universities in Europe will be expanded to meet the rising demand for doctors and health-related professions in public and private institutions;
- Salaries of medical workers in public and private services will rise to attract more students to the discipline and to meet the demand for medical treatment in rural areas.
- Salaries and status of nurses will rise, making the profession more attractive to men and women.
- Disparities in health services will further grow between those who can afford health-related state-of-the-art technologies and services;
- E-medicine, benefiting from digitalization will receive more acceptance;
- All over Europe health-related tourism and spas and the interest in alternative medicine will offer more chances for rural areas, where can just offer nature, fresh air and basic medical treatment;
- Health insurances will profit from the pandemic. They will not hesitate to raise their fees to cover growing expenses;
- Public and private universities will benefit from generous public budgets and research foundations and generous endowments of private foundations;
- Health tourism will continue to flourish;
- EU countries will invite and employ migrants, qualified as medical doctors from Syria, Afghanistan, Romania or Bulgaria and nurses from low-paid countries such as Indonesia, Vietnam or Ethiopia to meet the deficit.

Despite the emergence of e-medicine, the growing importance of the health sector in Post-COVID-times will also have spatial impacts on the location of health services in city regions.

4.4 The Cultural Economy

In Germany, the broad cultural economy including the event industry linked to culture and entertainment has been among the biggest losers of the pandemic. COVID-19 had shifted most cultural production to online practice. During lockdowns, most public theatres, orchestras, and museums were closed. Festivals and cultural events had to be cancelled. Unless consumed at home, cultural entertainment would stagnate for months. Cultural education did hardly take place in schools. Most cultural workers who were not permanently employed by local, regional or even national governments or were paid short-time work allowances lost their jobs. They had to rely on unemployment benefits, their own savings or just family income. Local newspapers reported endless stories of artists and musicians, who even gave up their cultural jobs to earn a basic living in other segments of the local economy. Together with this more formal segment of the cultural industry, the private event management segment, relying on project-based contracts for managing cultural projects and events, suffered from temporary lockdowns. Many jobs in the segment, which is so important for local economies, were lost, and with the jobs the competence of the employees. Obviously, movie theatres, too, suffered considerably from the COVID-19 lockdowns. In Germany, as in other EU countries, movie theatres experienced considerable turnover losses. Surprisingly, however, very few cinemas had to permanently close.

Another segment of the cultural economy suffered from COVID-19. Since the turn of the 20 century, cultural and creative industries, long neglected by traditional economists and local economic development agencies, experienced a remarkable boom all over larger city regions. Encouraged and heavily promoted by prominent authors, such as Richard Florida or Charles Landry, cultural and creative industries became a hope for local employment in the post-industrial economy[31-33].

Many young people jumped on the cultural and creative bandwagon. Local and state governments launched generous programmes to support the development of cultural and creative industries in their cities. Vacant industrial buildings became new hubs of the local cultural and creative economy. While those start-ups that specialized in digital technology for new creative products and services benefitted from the digital acceleration, others lost their jobs or had to give up their newly created businesses. Some even decided to seek employment outside the creative and cultural economy and not to wait until COVID-19 is over. In Germany, the Federal and most state governments launched aid-programmes for culture to save the cultural economy.

The crucial role culture plays in the quality of urban life, the urban economy and urban tourism will not decrease in post-COVID-times. Though, once the pandemic has been successfully overcome, it will take only a short time period for cultural life in cities to return to a new normal. However, the new normal will be different. Public budgets will be burdened by policies to accelerate digitalization and strengthen the health system. Budget priorities will have to be reviewed. Consequently, in many regions where culture is mainly seen as entertainment, governments will be forced to slim down and sack permanent staff and redefine longer-term programmes to individual cultural projects. Some governments, following the bad example of the US may even be tempted to hand over cultural institutions and projects to the private sector and private sponsors, making the cultural job market even more dependent on market conditions and values. This may not be without implications for the educational dimension of culture, which is still a much-esteemed tradition in European countries. The experience with digital communication gained during the lockdowns will encourage cultural institutions such as museums and libraries and market actors to offer digital cultural education as online services. Experience tells that such products and services, however, will soon more and more dominated by a few big players only. The digital requalification of cultural manpower will be the consequence.

4.5 The Tourist City Economy

During 2020 and 2021, lockdowns and travel restrictions enormously hit tourist industries all over the world, particularly in cities and regions, where tourism is the biggest segment of local and regional economies. The crisis had caused many enterprises and businesses in the tourist economy to reduce or even lay off their staff or cancel subcontracts. The lesser-qualified employees were the first to lose their jobs and apply for unemployment benefits. Changing tourism will have implications on the job market in the field. Airlines, tourist corporations and travel agents were, and still are facing considerable losses during the lockdowns, as well as hotels, restaurants and souvenir shops and all the supply chains serving the tourist industry. Airlines, such as Lufthansa, had to dismiss some of their highly-paid staff, albeit they could shift some staff to freight services that were booming during the lock-downs. Airports, particularly smaller airports and businesses in airports locations that are depending on holiday and business travellers had experienced painful losses. Railways were less affected, though had to accept much-reduced passenger volumes, too.

Companies offering travels and training packages to their employees at attractive resort locations were soon forced to shift to online conferences. International scientific cooperation promoted by international research organizations and generous research programmes of the European Commission had to reduce their expenses for scientific tourism and shift to online conferences. Corporations offering regional or global cruise tours, such as Carnival, TUI or Aida, reported a considerable decline during national lockdowns, even though they marketed their huge cruise ships during the pandemic as safe places. The German Meyer Wharfs in Papenburg, Rostock and Turku in Finland with together 7,000 employees had to layoff 450 employees due to COVID-19 and stretch the construction of tailor-made cruise ships from 4 to 3 a year. The remaining staff agreed to work 100 hours a year without salary and wage payments. In addition, many forward and backward industries in the field had also been affected by the stagnation of cruise bookings and cruise ship construction. While the powerful cruise ship corporations managed to live with the enormous losses during the lockdowns, the low-paid service staff on the ships from South Asia lost their jobs.

There were winners of the pandemic, too. Some industries of the tourism segment experienced unexpected huge demands. Industries producing bicycles, camping cars and camping supplies, for example, could benefit from the pandemic and changing travel modes and targets. Many such industries in Germany had to prolong their delivery times to more than a year.

There is much evidence that the tourism industry will gradually return to normal over the coming years. The future argument is climate change rather than COVID-19. The pandemic will remain just a research subject for sociologists, economists and historians, but global holiday tourism will slowly recover, once borders are re-opened for Chinese, American, Russian and German tourists. Post-COVID-19 times, however, will experience some significant changes. In Germany, long-distance travelling (e. g. to Thailand, China or Costa Rica) will slightly decline. It will be replaced by city and regional tourism to tourism regions along the Mediterranean sun coasts. Unless attractive tourist cities limit the number of tourists and regulate Airbnb practices, as Amsterdam has already announced to do, holiday habits and city tourism will recover. Some cities are too attractive and the temptation to stroll around these cities is too strong.

Business travels certainly will decline. During lockdowns, online conferences to discuss day-to-day problems have proven to be similarly efficient. Hence business travels will more and more be limited to CEOs who require face-to-face meetings and informal dinners to negotiate contracts, mergers and acquisitions, or on-the-spot repair visits of high-skilled technicians of plant construction industries, who have to make sure that new production lines can start, or production can continue after forced shut-downs. Despite changing travel habits, Airbus Industries look positively into the future. They are optimistic that the demand for airplanes will not decrease. They rather expect that the growing demand for freight services will compensate for a lower demand for large passenger airplanes. Anyway, the assembly and the delivery of the large Airbus 380 airplane has already been stopped long before COVID-19. The booming of international scientific conferences will slow down. Online technologies and interactive platforms will replace the habit to link scientific work with city tourism. They will secure that international exchange and research will continue. Changing tourist habits will also have an impact on the construction industry and its forward and backward linkages. Similarly, shops and services located around airports and railway stations will certainly experience a lower number of business travellers.

One more impact can be anticipated. The interest of middle-class households in large conurbations to acquire and use a second home with in easy reach from the inner-city townhouse or apartment will have implications for the property market in nearby rural regions with attractive landscapes, fresh air and access to nature and lakes. Rural villages, affected by the outmigration of a young labour force may experience some kind of revitalisation, accompanied by new jobs for local crafts and services. Home-office work opportunities reduced working hours and more flexible contracts will increase the interest to own or share an easily accessible second home near nature and water in the wider urban region. While concerns about climate change may also change tourism habits in the future, it will remain open, whether COVID-19 that has accelerated the digitalization of households, will be a starting point for a new type of virtual tourism.

5 Digitalization, accelerated by COVID-19, will change work and life in cities

As demonstrated above, COVID-19 and the digitalization of life and work will have multiple spatial implications on local economies as well as on working modes and working times. Over the years, however, it may be forgotten that it has been the pandemic and the growing awareness of the implications of threatening climate change that have driven some of the transformations of city development. The pandemic has just accelerated digitalization and urban transformation processes. It has, as described above, contributed to the transformation of the urban economy and its labour market. The impacts will be among others:

- The broad application of digital technologies and artificial intelligence will gradually reduce the need for human labour. The number of jobs in production and services will permanently decrease wherever production processes allow the shift and where public and private services can be digitalized. Machines and computers will gradually replace human labour. The transformation will further widen the gap between a more educated labour force and a service labour force that takes over work that cannot be digitalized.
- A digital economy, accelerated by COVID-19, will trigger off new debates about flexible and hybrid forms of work, individual work budgets and sabbatical months or years, and shorter working times towards 35 or even 25 hours per week. The digital economy will lead to the extension of the average retirement age, towards 70 or even 75, given the fact that the number of 100-year-old citizens is exponentially growing and the health treatment in advanced economies is getting better and better.
- More leisure time will change consumption modes and life in cities, and hence the character of cities. They will have to offer more opportunities to spend free time in the city, be it for leisure, sports or entertainment. Though their aim is to raise consumption.
- Employment in the future will be less and less secure. It may cause workers to seek more than one employment. More people will have two or even three jobs to make their living in the city. Many people will change their profession during their life.
- The awareness and understanding that education is the key to successfully deal structural change has been around long before COVID-19. Views differ between those who consider

it as a reason to promote university education and those, as in Germany, Austria or Switzerland, who also believe in the value of vocational training. The pandemic, however, has convinced the last sceptic that digital knowledge has become indispensable, in daily life as in work. Without digital competence, communication, dealing with data or handling machines less and less work can be carried out.

- COVID-19 has seen a renaissance of trust in the public sector that had to control the spreading of the virus and manage vaccination of citizens, lockdowns as well as opening times of businesses. The public sector will regain more authority, though to this end, the number of jobs will have to be raised to carry out all the management and control tasks which are required to the quest for physical safety and cyber security of citizens and local enterprises. The crisis may also cause city authorities to rethink neo-liberal strategies of privatization of public enterprises and, for example, bring back hospitals into the hand of the public sector. This in turn may cause more citizens to seek safer jobs in the public health sector.
- Independent of COVID-19 the discourse on the future of spatial mobility, a crucial factor in innovation and a factor in climate change, has continued to diverge the urban society. One side is looking forward to the driverless (electric) car, both private and public, along predefined tracks in cities and on highways. Others rather promote the use of bicycles in cities for reasons of safety and health.
- Debates about a general basic income will continue and intensify in post-COVID-times, as governments in most EU countries will have to reform national pension systems.
- Insight that the potential of economic circuits has to be continuously explored and managed to reduce the consumption of resources and waste as well as unnecessary mobility that is burdening the environment. Creative pioneers and start-ups in city regions will operate numerous platforms informing enterprises and citizens, how they can profit from regional products and services. Cities, which succeed to attract innovative and creative entrepreneurs will benefit from the presence within their city walls. Tendencies of parochialism and nostalgic homeland sentiments, which react to globalization, will additionally support the acceleration of regional economic circuits in post-COVID-times. Economic circuits will also be promoted by trends towards an urban repair economy that may come hand-in-hand with trends to non-growth strategies increasingly favoured by younger urbanites. It will definitively lead to more functionally mixed city quarters and it will end the long-promoted functional division of labour in the city. Small-scale urban production and new forms of crafts may return to the inner city.

The consequences of COVID-19 for cities and regions will continue to occupy the political landscape in Europe (and beyond) at all planning and decision-making levels for a long time ahead. Economic recovery will be a top priority. For this purpose, the European Commission and state governments in Europe will spend billions of Euros. In the end only, those cities and city regions will benefit from the generous public manna, which has already shown before the crisis that they can compete internationally with creative and innovative urban development strategies.

There is much evidence that the pandemic will not be over in 2022. It will keep the world permanently in motion. China and most countries in the Western Hemisphere seem to handle the pandemic impact on work in cities with strict and efficient state control of citizens or with recovery funds and enormous public investments in their public and private health systems. The losers will be countries, cities and citizens in the South, above all in Africa, South Asia and Latin America.

中国近四十年城市设计理论模式衍生与思考

——转译、融合与流变

Derivation and reflection on the theoretical models of urban design in China in the last forty years

—Translation, integration and evolution

陈　天　王高远

Chen Tian　Wang Gaoyuan

摘　要:以中国近四十年城市设计发展为样本,回溯其理论价值模式的本土化转译过程,将其归纳为景观-视觉、认知-意象、环境-行为、社会-人文、功能-效率、程序-过程、类型-形态、生态-逆规与数拟-智馈九大理论模型。基于价值坐标、技术逻辑、管理导向与市场规律提炼城市设计理论模型的融合模式,依据全球化、现代化、城镇化、地方化对其流变溯因,并从路线、理念、体系、学科等方面展望其未来趋势。

关键词:城市设计; 理论模型; 转译; 融合; 流变

Abstract: Taking the development of urban design in China in the past 40 years as a sample, this paper retraces the localized translation process of its theoretical value model and summarized it into nine theoretical models: landscape-vision, cognition-image, environment-behavior, society-humanity, function-efficiency, programs-procedure, typology-form, ecological planning-converse planning, and digital simulation-smart feedback. Based on the value coordinate, technical logic, management orientation, and market law, the integration model of urban design theory is refined. Its evolution is attributed according to globalization, modernization, urbanization, and localization. Its future trend is envisioned in terms of route, concept, system, and discipline.

Key words: urban design; theoretical model; translation; integration; evolution

1 引言

现代城市设计理论体系与技术方法源自二十世纪初欧美城市针对日益加速的郊区化倾向[1]，为恢复城市中心良好环境和吸引力而进行的城市景观改造。自二十世纪八十年代引入现代城市设计以来，我国城市建设持续追踪西方理论与实践发展，形成了形体环境论、建筑论、规划论、管理论和全过程论等对城市设计的不同解读。然而各学说都存在一个根本问题[2]，即现代城市设计本身脱胎于二十世纪四五十年代战后欧美城市更新时期，这与我国二十世纪八十年代初改革开放下的增量扩张属于完全不同的社会经济背景，存在时空抽离的巨大差异，导致"拿来主义"下的技术内容常为地方化的社会、经济、法规环境所过滤，难免被简化、误解和错配。在法理层面，城市设计数十年来是传统的法定规划体系——总体规划与控制性规划体系下的衍生品，不具有独立的法定工具效力，但会成为大多数政府实现经济发展诉求的物质"赋形"工具并被广泛复制，产生很多在地化的实践工具。在学理属性上，在中国本土以建筑学为统领下的建筑—规划—风景园林建筑大类学科系统中，关于城市设计作用与价值的争议不断，直到四年前城市设计本科首次在中国高校开设，这是一种传统语境下的突破。1999 年世界建筑师大会《北京宪章》特地强调回归建筑学的本土化研究[3]，将本土化的过程总结为认同、转化、修正与融合。因此，需要回顾城市设计理论本土化过程中的转译、融合与流变，并寻找西方历史经验与中国国情发展的适应条件与对接入口，从而为城市设计在中国的落地、转型与提升探寻出路，为建立具有中国特色的城市设计专业内涵和实践方式提供参考。

2 历程的检视自省

客观而言，我国城镇化取得了举世瞩目的成就。城镇化率冠绝全球，每年共有数十亿平方米的建设规模，带来人类发展史上前所未有的城乡空间格局与地理形态变迁。相较于城市建设巨量化的实体产品，数十年来，城市设计作为一种源于西方城市更新中的新生事物，由专业教育、学术研究及技术政策向实践领域实施方法引领的过程相对滞后很多。

我国当代城市设计的萌芽出现于 1980 年代的增长型城市化下的项目建设中，其形式为以增加投资吸引力、指导项目建设为导向，对空间形态进行设计、对空间组织进行优化。这一时期的城市设计造就了一批城市新区，体现了作为技术工作的重要价值，但缺少对理论模式的理性反思。这在客观上带来了物质性建构的亮眼数据，但其代价是不可持续的城市空间形态上的负效应。主要体现在众多历史文化遗产资源消失、千篇一律的城镇风貌、极度恶化的空间环境质量与分异加剧的社会空间现状。20 世纪末，随着控制性规划成为城市规划管理的重要手段，城市设计须回应管理空间的迫切需求[4]。此阶段，城市设计理论方法被大量运用于物质空间形态评价，并在实施路径上探索多专业协同的技术方案、针对空间系统专题的研究方案及适应市场开发的实施方案，在管理制度上制定多应用场景下的城市设计技术标准，推动城市设计法定地位[5]。2010 年代，城市设计逐渐发展为城市大中型工程项目，使其在系统构建、制度建设方面的重要性愈发凸显，形成了以总体城市设计引导全域风貌、以局部城市设计指导重点地区建设的编制框架[6]。该阶段城市设计以人为本空间丰富城市内涵、以综合技术凸显城市特色、以公众参与启蒙空间价值[7]。近年来，随着国家对城市治理高质量转型日益重视，各地相继探索城市总规划师制度，这为城市设计搭建了衔接行政许可与设计创作的平台[8]。这一模式创新强化了城市设计作为公共政策的属性，有助于将总体城市设计思维全面融入国土空间规划体系，同时引导了城市设计产品在过程服务、工程技术、利益统筹及集群愿景上的升维。

可见，城市设计不存在唯一解，不同的时代境遇下有着不同的营城思想，并以此为基础形成"有所为，有所不为"的城市设计范式[9]。因此，需要批判性看待由复杂社会、经济及制度环境变迁带来的中国城市设计的"落后性"，不断对城市设计自身发展过进行反思[10]，辨析其技术政策与文化形态的本土特性，探寻符合我国价值体系的城市设计理论模型。

3　模型的本土转译

本土化是现代城市设计在全球范围内的特征与趋势[11]。事实上，在现代城市设计被引介之前，我国古代聚落建设中已广泛运用城市设计思想。如营邑立城和制里割宅中体现的"礼乐秩序""因地制宜""象天法地"和"耕读文化"等城市设计理念，以及观察、立意、象征、布局、统筹、造景等城市设计手法[12]。段进将中国当代城市设计划分为七个阶段，起源可追溯至1840年代西方设计思想的渗入[13]。之后，城市设计在时代发展中不断演变与纳新，形成了不同论述和理解。目前对中国城市设计发展历程的回顾研究大多沿循时间轨迹，以典型事件为线索，寻求设计思想演进逻辑的历史解释[14]。此类方式的归纳结果代际结构清晰，但难以体现复杂语境体系与多元交互过程，且易陷入进步史观下的框架套路。而理论模型的意义在于为现象归并严谨解释、为实践提供科学目的、为评价导出度量方法、为因果关系澄清传导机制[15]。作为一种重要的科学认知手段和方法，模型论的本质是一种建立在理论模型与现实原型间的逻辑映射关系。以城市设计理论模型为标尺进行回溯式研究，有利于挖掘其演变特征的隐性线索，由本及里探寻其完善可信的演变成因。

1980年代中国的城市设计开始逐步兴起[16]，周干峙和吴良镛先生先后呼吁开展城市设计[17]，杨廷宝先生也关注到建筑群问题[18]。自此城市设计开始在我国蓬勃生长。故本文以中国近四十年城市设计发展为样本，借鉴前人研究基础[19]，梳理城市设计理论的转译、融合与流变历程(图1)。具体而言，按照理论来源、价值导向及应用特征可归纳为九大城市设计理论模型(表1)。其中，景观-视觉模型常用于展现理想中的整体性景观序列和视觉意象，或对现状视觉要素和调研记忆节点进行抽象归纳，从而加深对场地理解。由于其表现形式自由且易引发创作，也常被作为思考辅助和灵感养成工具[20]，加之其成本消耗较低、传达效率较高，在方案谋划初期被广泛采用。类型-形态模型将空间形态视为城市的记忆载体与文化资本，着重塑造城市空间尺度和质感的民族性与地方性。典型代表如段进院士提出的空间基因学说，将形态类型研究拓展至空间发展理论，包括空间基因的识别提取、解析评价和传承导控[21]。认知-意象模型常见于各地城市设计导则中的建筑风貌指引模块，对由地标、视觉焦点、超级界面、对景、画面、天际线、开放空间等构成的视觉意象体系重点着墨[22]；同时，国土空间总体城市设计也关注到城市尺度的意象构成,将合理布局并引导城市意象体系纳入其核心工作范畴。环境-行为模型在我国的应用场景与西方类似,常见于基于犯罪预防理论的安全性城市空间环境设计,基于出行行为与空间环境适配性的街道空间构建,基于体力活动特征的社区体育活动空间营造等微观空间下的循证实践[23]。此外,还有部分研究借鉴神经科学、信息与智能科学领域的成果,对群体环境行为进行大数据分析,以期发现城市隐性空间模式[24]。社会-人文模型则为我国以人为本的设计出发点提供支撑,回归"人民选择、人民做主"的社会价值认同。如推进全龄友好的人居环境建设,促进社会关系协调[25];探索城乡生活圈构建,指导公共服务设施布局与消费本地化;开展渐进式城市更新,优化土地与空间权利分配等。功能-效率模型盛行于我国高速城镇化时期的新城新区建设,尤其体现在住区规划领域。其平面设计、规范限制、设施配置等都追崇使用效率与财务收益,但这同时也带来城市空间的教条化与匀质性。为解决当前实际问题,该模型趋向于提升空间可达性、功能复合性、土地开发高强度性等空间使用质量。程序-过程模型主要针对工程过程的优化与维护,在我国呈现出"法定化"与"公共参与"的双线探索模式。一是以导则的形式尝试解决法定化难题[26],同时开展城市双修、美丽城市等试点,加强城市设计的政策属性与执行力度。新时期,城市设计已成为贯穿"五级三类"国土空间规划体系的重要思维与工作内容。二是实现公众的广泛参与,在城市设计环节中设置面向市民的参与环节,增加设计成果的人本性与民主性。随着国土空间规划的推进,市域尺度的形态结构也归为该模型讨论范围,如建筑强度圈层、水绿廊道、用地功能混合等。生态-逆规模型启发了我国的"反规划"学说[27],即将规划建设区域与非建设区域的关注度反转,优先对后者进行调控的景观规划途径,以应对城市的无序扩张。由于面临多项生态、环境、气候、能源资源危机,该模型在我国生态文明下的城市设计中处于核心与领导地位。我国于 2015 年首次提出"绿色城镇化",此背景下的园林城市、海绵城市、低碳城市、公园城市、绿色街区[28]等试点建设扩大了该模型的功能内涵。数拟-智馈模型指导下的相关技术维度包括空间量化、虚拟现实、图像识别、系统建模、环境监测、智能模拟等。该模型在我国的应用主要包括耦合微气候效应的空间廊道设计、适配自动驾驶的道路交通设计、结合 LBS(基于位置的服务)定位技术的防疫空间设计、基于智能传感与设备管理装置的低碳能源设计等[29],但由于创新乏力与数据壁垒,该模型在我国仍面临前沿技术应用不足与数据共享受阻等问题。

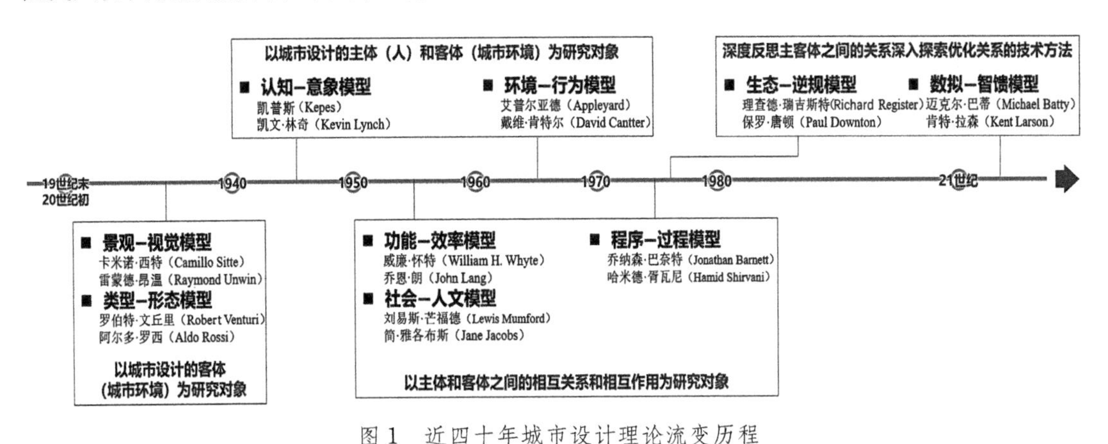

图 1　近四十年城市设计理论流变历程

(来源:依据参考文献[19]绘制)

表1 近四十年经过转译的中国城市设计九大理论模型

名称	起源	观点/形式/功能	特点
景观-视觉模型(Landscape-Vision Model)	景观建筑美学	基于设计者的知识体系、审美取向和价值判断,以文字或图像形式总结城市环境景观范例与规律	以个人经验指导城市设计,主观性较强
类型-形态模型(Typology-Form Model)	城市形态学、建筑类型学	对城市环境外在呈现的组成类型进行归纳,对形成过程进行溯因	既关注空间形态的微观分析,也关注形态结构的系统联系
认知-意象模型(Cognition-Image Model)	心理学	关注感知主体对客观环境的认知方式、过程与结果,包括设计过程认知和空间使用认知	既有经验主义哲学基础,也具有系统分析的理性主义
环境-行为模型(Environment-Behavior Model)	环境行为学	通过改善环境质量与行为满足感间的交互关系,进而创造符合人类生理、心理和社会属性需求的空间环境	将感知主体对环境的反应拓宽至行为互动关系
社会-人文模型(Society-Humanity Model)	社会学	以空间使用矛盾揭示社会问题或结构性矛盾,以精心设计关怀社会不同群体对空间环境的多样需求	把握城市组构与经济效率及社会公平间的相互影响
功能-效率模型(Function-Efficiency Model)	功能主义、现代主义	认为功能是满足个体发展与城市运行需求的关键,关注二维体系下的功能秩序建立	强调功能优先、效率至上的城市空间
程序-过程模型(Program-Procedure Model)	对政策本位主义的反思	加强城市设计的过程可控性、实施可操作性,促进设计目标最终实现。关注其公共管理、行政决策、组织优化等	认为设计只有"程序正义",才能促进设计"结果正确"
生态-逆规模型(Ecological Planning-Converse Planning Model)	田园生态思想、生态文明思想	关注各类生态要素及其与城市空间系统的关系,强调从自然生态系统中提炼生态智慧指导城市设计	融合生物多样性、生态敏感度、生态容量与承载力、景观生态系统等生态学概念
数拟-智馈模型(Digital Simulation-Smart Feedback Model)	数据主义、以人为本思想	城市设计借助量化分析和空间模拟等技术支持,提升其精准性、穿透性与有效性	数据环境与分析技术的升级带来工作方式与领域内核的革新

(来源:依据参考文献[19]绘制)

4 模式的融合衍生

4.1 价值坐标

城市不同发展阶段的主要矛盾不同,必然导致城市设计价值观的转变。城镇化进程步入下半场,发展动能由土地经济转向空间绩效,引发空间组织模式与形态功能创新:一是结构网络化,即中心体系与生长单元交织;二是层级扁平化,即自上而下与自下而上结合;三是功能混合化,即供需匹配与高效集约兼顾;四是资源分布化,即节点自治与多线协同并行。这一转变也促使城市设计特征由速率导向转向质量优先,设计对象由二元统筹转向全域协同,设计路径由规划操作转向要素治理。现代城市设计从诞生之初就以解决实际问题为导向,故新的空间原型必然催生新的城市设计价值观与方法论——从顺应自然到人工山水再到能量循环,逐渐强调城市发展的内生平衡。安全、统筹、地域性、低碳、品质、效用等价值导向不断涌现,并为城市设计带来了生命体思维、战略思维、系统思维、低碳思维、治理思维、用户思维等方法模式(图2)[30],客观上促进了理论模型的推陈出新。

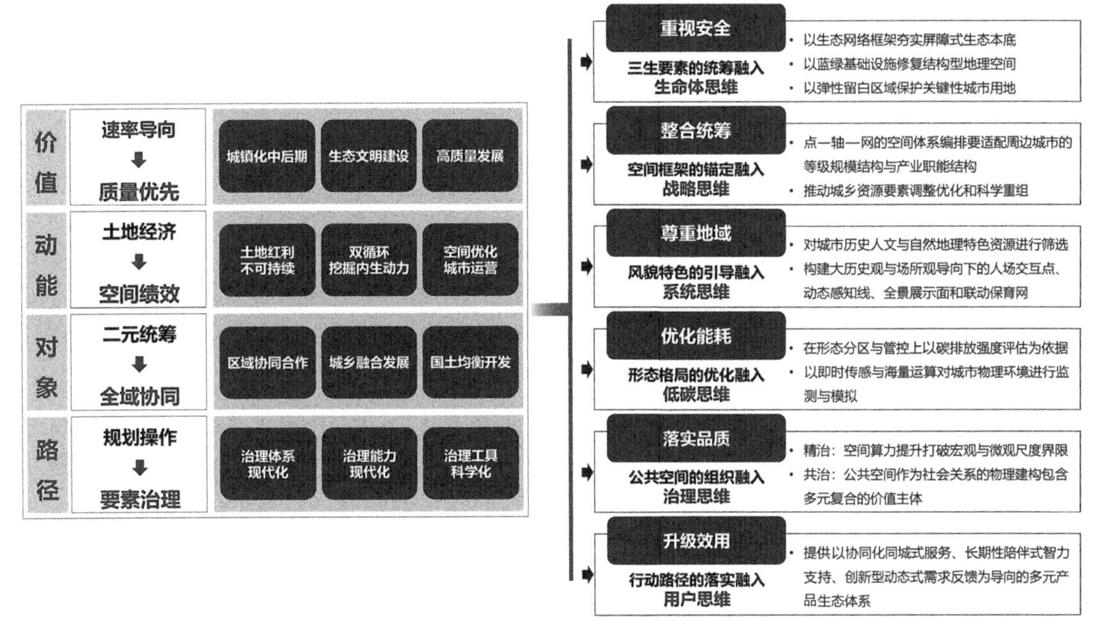

图2 当前中国城市设计价值导向

(来源:依据参考文献[30]绘制)

4.2 技术逻辑

城市设计的内涵不断丰富,不仅局限于形态塑造与蓝图表达,更趋向成为一种空间发展的思维方式,即以“设计思维”引导美丽国土建设。其目标扩展已至生态安全持续、历史保护传承、美学引导控制、用途高效公平等[31]。这要求理论模型在技术逻辑上与时俱进,主要体现在道、法、术、技四个维度[32]。“道”对应理念体系，从增量扩张转变为品质提升，满足高质量发展下的技术诉求，响应人本主义的回归；“法”对应思维体系，从单一线性转变为多元融合，改变城市设计传统认识论，提倡包容审慎的俱进；“术”对应方法体系，从蓝图指引转变为设计治理，重塑城市设计技术思维，强调知行合一的贯彻；“技”对应工具体系，从效率辅助转变为引领升维，以新兴数字技术推动城市设计知识体系和方法建构的革新，促成人本尺度以品质与实施为导向的城市设计技术集成。

4.3 管理导向

理论模型从抽象到落实需要政策保障，但多方博弈下的城市设计话语权本就游离分散，相关政策难形成通畅合力。故对于模型的演变历程来说，城市设计的实施管理始终是模型得到落地验证的重要前提，即无法真正实施的设计模型没有实际意义。近年来，我国不断调整城市设计编制思路和技术内容，完善管控引导内容和工具，各种导则、指南、技术标准等层出不穷，以加强实施政策和机制保障。城市设计已从单纯服务于扩张的前置筹划转变为基础性实施性工具、城市精细化治理的手段、多元共治的政策平台。在地方层面上也进行了大量城市设计实施与法定性试点建设，形成了设计全覆盖、精细化、共参与以及服务高频次、高投入、高成效的探索趋势。如为了面向国土空间规划下的城市设计编制与管理体系，上海市出台“三级五类”的城市设计管控体系、深圳市以“负面清单”界定“控”与“导”的思路等均是从“试管”到“示范”，从“率先”到“先行”，从“共识”到“共实”的探索。

4.4 市场规律

无统一技术规范和明确审批流程、对规划资质要求不严、经费高周期短等早期特点使得城市设计成为规划行业市场开发度高、竞争激烈的领域。实践业务的井喷对于当时匮乏的理论起到了实验探索与促进繁荣的作用，同时避免了程式化规划管理对城市设计的异化，激发了大批优秀创作。客观来看，这种非法定和易读性在一定阶段发扬了城市设计的号召力和创新性。但城市设计终归是泛政府职能类的技术工作，过度市场化会带来一些问题：一方面导致其工作性质偏离公共政策属性，在实际中助推了“地方政府企业化”；另一方面带来“设计决策泡沫”，对城市设计价值稳定性与逻辑自洽性产生影响。当前智慧城市、韧性城市、低碳城市等新兴理念带动相关规划业务，促进市场回暖，城市设计项目的研究属性随之增强，为理论模型的深入讨论引入新场景。

5 流变的多维溯因

5.1 全球化：从积极融入参与引领

西学东渐是我国城市设计发展的核心路径。1985 年建设部“MIT-中国城市设计培训项目计划”向国内学者与从业人员传授西方城市设计知识[33]。2001 年中国加入世界贸易组织(WTO)，境外设计单位纷纷参与城市设计项目竞选，中外合作项目不断增加。这客观上使我国设计理念与工作方式上与国际接轨,理论差距快速缩小。大量建设实践令中国一跃成为世界先进城市设计经验的累积地,极大促进了理论模型在中国的传播和吸纳。此外,因综合国力提升与城镇化样本的特殊性,中国城市逐渐受到国际城市设计研究领域的积极关注,在质疑与回应中促进了理论模型更迭的可能性。在这一过程中,我国深知缺乏批判精神的理论引进只会造成设计理念与模式走向趋同。因此始终警惕全球化中的同质化倾向,以文化基因的差异性和多样性作为价值根基,预防止于城市外观层面的媚外照搬。通过包容开放与破除僵化,我国城市设计已逐渐形成独特的设计语言与理论模式,并在广泛的地域实践中释放出巨大生命力,甚至在某些领域出现了引领理论发展的态势。

5.2 现代化:从中国特色到制度自信

中国特色社会主义是我国发展的根基。在该制度下,我国的行政体系与城镇体系高度吻合,因此治国理政的关键是抓住城市这一枢纽——提领城镇以率国土,以高质量城镇空间承载内循环格局。而中国城市设计旨在满足人们日益增长的空间需求,这既是对人民城市为人民的积极响应,也是对生态文明的空间愿景摹画,对社会主义的历史征程具有重要价值。因此我国的城市设计在尊重自然、尊重市场、尊重科学与尊重人性的基础上,必须主动服务行政调配,并充分发挥这种强大的制度优势,为处理各种关系提出创造性的解决方案。这种独特的体制底色提高了理论模型的号召力和执行力度,并为本土的修正改良提供了强大信心动力和价值共识。近年来,国家对城市设计高度重视。2015 年中央城市工作会议提出"全面开展城市设计",不断强化作为公共政策属性的制度设计,并与基层社区治理密切结合。其在我国城市建设与更新过程中,已处于自身历史最高地位。可见中国特色城市化进程下的城市设计探索与实践,势必成为全球人居环境建设理论的重要遗产。

5.3 城镇化:从财政工具到人本治理

国内生产总值(GDP)增长竞赛使地方政府将经营城市和招商引资作为第一要务[34],分税制、城市土地有偿使用与住房制度改革等政策催生大量地方规划需求。城市设计因其在增量空间营造方面的专业优势,一跃成为该阶段地方政府获取财政收入的重要工具。时间、空间的浓缩为该时期城市设计带来快速实践的机遇与快速检验的挑战。相关的理论模型也在此时"大放异彩"。随着城市设计的目标从创造天地转向守护家园,以人为本的城市治理逐渐取代之前的城市建设。规划设计作为国家的重要政策调控工具,需要通过优化空间结构与空间品质、提升空间治理能力,来优化配置供给侧要素,服务新旧动能转换,从而有力支持国家转型发展。因此,城市设计开始注重为中等收入群体、弱势群体提供多样化、多层次的空间与设施,满足不同群体的生存与生活等方面的多种需求。此外,在当前城市更新中,城市设计开始尝试承担重点地区"空间流量"的营销工作,通过提升土地附加值对空间"赋能"。这促使环境-行为模型、人文-社会模型等重回视野,并加强其人本、公益与教化属性,同时也为理论模型提供更为有效的评判共识与价值标准,即是否为广大人民谋得空间福利。

5.4 地方化:从高校传播到试点探索

国土幅员辽阔与地域单元多样为我国的城市设计理论模型的实践带来活跃的改良土壤,

加之中国城市本身高速发展的复杂性和独特性[35],极大增进了本土理论衍生与思想孕育的需求。教育者与从业者均意识到不能停留在呈现表象性的地方差异,而要深入理解生产消费逻辑、文化历史底蕴、自然生态基底等地方性基因。因此在教学中,各地高校也结合地域特点,因地制宜地开展科研活动,形成具有地方特色的城市设计教学与研究方向。同时积极进行联合设计竞赛、基层教学组织交流、线上慕课分享等,促进城市设计教学资源、理念与成果在高校间的传播;在实践中,国家设置多批城市设计试点城市以创新管理制度、探索技术方法和提高城市质量,各地因势利导开展有地方特色的城市设计。在非法定规划领域,城市设计是多年来逐步探索并得到有效检验的创新思维方式和学科融贯工具,对法定规划起着有效补充和有力支撑的作用,例如:城市重点地区,体现了城市设计制度在实施层面的创新;总设计师制度,体现了城市产品品控机制的创新。同时,很多项目打破属地服务限制,出现设计单位跨地域承担设计任务,及多家设计单位竞争地方性设计任务。这在一定程度上按需调配了全国规划技术力量,也将各种设计理念与模式带向全国各地。

6 趋势的守正探究

6.1 路线从容

空间具有意识形态属性,而政治性是城市职能的首位[36]。因此,中国的城市设计应坚持以习近平新时代中国特色社会主义思想为指导,发挥国体政体的统筹优势,充分利用强大的制度执行力与治理能力,巩固城市设计的在人居环境营造中的统筹谋划作用,将增进人民福祉,促进人的全面发展作为城市设计的出发点与落脚点。首先要加强城市设计对区域、城乡等利益共同体的空间战略属性,其次要对全龄友好、发展公平与人居健康等做出空间响应,最后要将设计对象扩大至山水林田湖草沙冰生命共同体,促进人与自然和谐共生。同时,未来的理论模型应将解放思想与坚定路线统一协调,既要追踪国际前沿动态,又要结合生态文明建设、“双碳”战略、国内国际双循环等我国重大战略,将社会主义核心价值观“基因式融入”理论与实践探索中。唯有路线从容,方能化解外来理论的认同危机,提升本土理论的制度自信。

6.2 理念包容

生态文明建设的整体性理念要求将建成环境和自然环境统一作为城市设计对象。在这种系统性认识中,城市设计的价值、对象、途径等方面需要有足够的包容性。伴随国家战略转变与人民需求旺盛,生态城市、健康城市、全龄友好城市、气候适应性城市、创新城市等城市建设理念相继诞生,极大拓展了城市设计的内涵与外延。宜居、共享、绿色、安全与可持续等面向未来的城市愿景需在相应的人居、交通、能源、生态、健康等城市设计领域得到有效体现,并借助水体径流、水土环境、生境绿量、城市景观、物理环境、低碳能耗等技术支撑[37]。在理论模型的探索中,应充分包容上述多维理念,并营造鼓励试错与讨论的积极学术和行业氛围,巩固和强化城市设计对塑造美丽国土与美好人居环境的空间赋形优势。与此同时,对于其他领域的概念照搬、术语仿制和思想借鉴也应保持敏锐度和警惕性,并对新兴城市概念批判性审视,防止概念流于表面和换皮轮回，反而削弱了城市设计的朴素属性。

6.3 体系扩容

空间规划背景下的城市设计的工程体系性与兼容性将更加重要。这需要改善传统以项目为核心下的技术与行政分离窘境，加强管理制度、技术准则、编制框架、研究课题、实践项目间的互动关系，提升设计的连续性与系统性，如持续追踪、评估、反馈、预警等，提供基于经济规律的全过程的咨询服务，从而适应新时期国土空间规划的实施性要求。同时，要加快城市设计成果成为建筑报建审批的依据，从而促进城市更新行动规范性与合理性。对于城市设计单位，要保持队伍稳定性、工作延续性与反馈及时性，深耕地方，提供长期多方位设计技术服务，提供以解决问题为目标的城市设计研究咨询与以行动开展为导向的实施建设计划。这就要求理论模型要提升对国家战略问题的敏感性，与政府决策保持密切服务联系。在适当扩充体系的同时，也要保留城市设计的模糊性和灵活性[38]，避免单纯追求系统框架体量，导致其沦为各种新潮概念和主流趋势的教条。尤其要杜绝为了炫技或追求大而全，而将工作范围和理论范畴进行盲目扩大。

6.4 学科兼容

学科界定是城市设计理论模型的基础，但当前对城市设计学科定位及内涵的讨论不足，间接导致理论与实践的隔阂[39]。如本科专业目录与学科分类对于“城市设计”的收录情况尚不统一①，且建筑学与城乡规划学的学科下设方向中对“城市设计”相关内容都有涉及②。此外应意识到，传统“建筑工程类”知识结构显然已无法适应当前城市设计职业要求。城市设计学科的成立初衷就是整合城市规划、建筑、景观等成熟理论对城市外部空间和形体环境的设计和组织，属于衍生性学科。未来应沿循致广大而尽精微的原则，推动发展出综合考虑和平衡各类空间使用关系的知识图谱，推动形成多专业交互协同、具有中国特色的空间治理学科群。具体而言，应在核心知识线索上融入跨学科教学内容，设置与多专业教学合作环节，增加学生对环境学、生态学、经济学、交通学、管理学、数据科学等相关专业的知识储备，辅助学生全面理解当前城市设计的多元融合趋势。如：借助经济学深度研究驱动城市价值提升的发展机制；借助生态学与能源工程研究碳达峰碳中和下的城市与建筑解决方案；借助社会学与心理学研究城市更新中的场所感与家园意识塑造；借助大数据与物联网研究新科技的空间赋能应用。以此培养学生敏锐而强大学习、适应与创新能力，从而为理论模型的更新换代储备人才。同时，也要避免拿来主义下的快餐式学科拼盘，用简单机械的工具技术叠加以应对复杂的城市空间问题。如果没有对其他学科的技术原理持有格物致知的方法，缺少对其理论模型寻源讨本的态度，缺乏不同专业间严谨的协作方式和科学的介入路径，就无法真正对城市设计学科产生融合价值。

① 根据《普通高等学校本科专业目录（2022年版）》，城市设计（082806T）是建筑类下的一个专业。在教育部出版的《中华人民共和国国家标准学科分类与代码》中，尚未出现以“城市设计”命名的学科。

② 根据《学位授予和人才培养学科目录设置与管理办法》，“建筑学”和“城乡规划学”是工学门类下的一级学科。其中“城市设计及其理论”是“建筑学”一级学科下设方向，“城乡规划与设计”是“城乡规划学”一级学科下设方向。

7 结语

回顾近四十年城市设计在我国的发展历程，其理论模型的演变大致经历了“现象描述—规律表达—技术突破—范式创新—趋势展望—进步审视”的徘徊式过程，而城市设计成果则相应地呈现出“蓝图格局—制度秩序—转型提升—营城造域”的发展逻辑。具体而言，其功能重心由物质性到社会性到政策性再到战略性，整体运用情况呈现出合理性与折中性并存。综上而言，我国的城市设计理论模型演变路径包含两大特点：一是探索建构以“城市设计”为核心的平台型学科和专业，其本体论、认识论、方法论的迭代往往承载着文明发展带来的新型城市诉求，和由此衍生出的对其他学科知识的吸纳融汇；二是在传统大格局融合思想下，始终对西方理论模型保持指向性归纳和实证性研究，及时纠正不适应我国国情的概念陈式，以科学扬弃的态度探索解决中国城市问题的本土化知识框架。此外，随着新城市科学的发展和多源城市数据的涌现，城市模型与城市设计范式也将呈现更多可能。面临不同以往的价值追求、空间基底、城市产品与运行环境，中国城市设计应继续传承千年营城思想下的空间基因，思索百年变局中的国家使命和人民需求，从而以与时俱进的城市设计理论模型实现我国的城市远见与雄心，构建垂范世界的中华城市文明新范式。

参考文献

[1] 郭恩章，林京，刘德明，等．美国现代城市设计考察[J]．城市规划，1989，13(1)：13-17.

[2] 刘瑞刚．我国城市设计的“再出发”思考[J]．规划师，2019(23)：91-96.

[3] 洪亮平，乔杰．“体用之辩”：对中国城市设计学说及话语体系的讨论[J]．城市规划，2019，43(4)：48-52.

[4] 杨俊宴，张方圆，秦诗文．中国现代城市设计的早期回忆：段进院士访谈[J]．城市规划，2021，45(11)：108-114.

[5] 陈天，臧鑫宇．天津城市设计的理论探索与实践特征[J]．北京规划建设，2020(5)：23-30.

[6] 孙一民．中观尺度的城市大型工程项目的科学营建：关于总设计师制度的思考[J]．当代建筑，2022(5)：19-23.

[7] 司马晓，孔祥伟，杜雁．深圳市城市设计历程回顾与思考[J]．城市规划学刊，2016(2)：96-103.

[8] 王世福，吴婷婷．都市主义与中国城市设计实践[J]．城市规划学刊，2020(2)：102-108.

[9] 有方空间．王建国：城市设计不存在唯一解|2019“深双”现场[EB/OL]．[2020-01-05]．https://mp.weixin.qq.com/s/Q0UycF2BBlkGhwVTCrn3tw.

[10] 吕斌．城市设计实践的反思与转机[J]．国外城市规划，2001，16(2)：10-12.

[11] 李少云．城市设计的本土化研究：以现代城市设计在中国的发展为例[D]．上海：同济大学，2004.

[12] 苏则民．营邑立城制里割宅：中国古代的城市设计[M]．北京：中国建筑工业出版社，2019.

[13] 段进，刘晋华．中国当代城市设计思想[M]．南京：东南大学出版社，2018.

[14] 刘晋华．共识与争鸣：当代中国城市设计思潮流变[J]．城市规划，2018，42(2)：47-60.

[15] 张俊富．模型在微观实证研究中的作用：以城市和区域经济学为例[J]．经济资料译丛，2019(1)：1-23.

[16] 杨俊宴，秦诗文，金探花，等．中国现代城市设计的漫忆：齐康院士访谈[J]．城市规划，2021，45(5)：

115-118.
[17] 石楠,李百浩,李彩,等.新中国城市规划科学研究及重要论著的发展历程(1949—2009年)[J].城市规划学刊,2019(2):24-29.
[18] 齐康.杨廷宝谈建筑[M].北京:中国建筑工业出版社,1991.
[19] 张剑涛.简析当代西方城市设计理论[J].城市规划学刊,2005(2):6-12.
[20] 王清恋,赵志庆,张博程,等.基于视觉景观分析的哈尔滨历史城区容量控制研究[J].中国园林,2019,35(2):59-63.
[21] 段进,邵润青,兰文龙,等.空间基因[J].城市规划,2019,43(2):14-21.
[22] 顾朝林,宋国臣.城市意象研究及其在城市规划中的应用[J].城市规划,2001,25(03):70-73+77.
[23] Appleyard D. Planning a pluralistic city: Conflicting realities in Ciudad Guayana[M]. Cambridge: MIT Press. 1976.
[24] 杨俊宴,曹俊.动·静·显·隐:大数据在城市设计中的四种应用模式[J].城市规划学刊,2017(4):39-46.
[25] 边兰春,陈明玉.社会—空间关系视角下的城市设计转型思考[J].城市规划学刊,2018(1):18-23.
[26] 陈天,石川淼,崔玉昆.我国城市设计精细化管理再思考[J].西部人居环境学刊,2018,33(2):7-13.
[27] 俞孔坚,李迪华,韩西丽.论“反规划”[J].城市规划,2005,29(9):64-69.
[28] 陈天,臧鑫宇,王峤.生态城绿色街区城市设计策略研究[J].城市规划,2015,39(7):63-69+76.
[29] 杨俊宴.从数字设计到数字管控:第四代城市设计范型的威海探索[J].城市规划学刊,2020(2):109-118.
[30] 王高远,刘君男,陈天.面向“十四五”规划的总体城市设计转型刍议[C]//面向高质量发展的空间治理:2021中国城市规划年会论文集(07城市设计).成都:2021中国城市规划年会,2021:352-361.
[31] 周琳,孙琦,于连莉,等.统一国土空间用途管制背景下的城市设计技术改革思考[J].城市规划学刊,2021(3):90-97.
[32] 王建国.从理性规划的视角看城市设计发展的四代范型[J].城市规划,2018,42(1):9-19+73.
[33] 杨俊宴,徐苏宁,秦诗文,等.中国现代城市设计的回溯与思考:郭恩章先生访谈[J].城市规划,2021,45(6):117-124.
[34] 邹兵.国土空间规划体系重构背景下城市规划行业的发展前景与走向[J].城乡规划,2020(1):38-46.
[35] 薛凤旋,蔡建明.研究中国城市化理论学派述评[J].地理研究,1998,17(2):208-216.
[36] 徐苹芳.论历史文化名城北京的古代城市规划及其保护[J].文物,2001(1):64-73+1.
[37] 杨俊宴,章飙.安全·生态·健康:绿色城市设计的数字化转型[J].中国园林,2018,34(12):5-12.
[38] 倪锋.城市建成区城市设计若干问题的思考[J].北京规划建设,2019(S2):133-138.
[39] 金广君.“桥结构”视角下城市设计学科的时空之桥[J].建筑师,2020(3):4-10.

为自动驾驶汽车设计城市

Designing Cities for Autonomous Vehicles

[美]乔纳森·巴内特
Jonathan Barnett

1 引言

我今天的主题是关于自动驾驶汽车在城市中的作用,以及城市设计应当做出什么样的改变来适应它们。

车辆的自动化水平可以分为五个级别。

第一级是没有自动驾驶功能的普通汽车或卡车。几乎所有现有的街道和高速公路都是为普通的一级车辆设计的。

第二级包括一些自动驾驶功能,例如巡航控制,这是最常见的部分自动化形式。自动制动是另一种部分自动化的形式,现在已被一些汽车采用。还有一种部分自动化形式是,用于帮助驾驶员维持安全车距或坚持在交通车道上行驶的传感器。

第三级是有条件的自动化,驾驶员可以让汽车自行移动,一些汽车制造商已经在提供这种技术。除了具有二级自动化中包含的所有功能以外,这一等级还包括自行启停和选择安全速度的能力。例如特斯拉声称:它的汽车可以自动驾驶,但司机仍然应该坐在方向盘后面,一只脚靠近刹车踏板,并应当注意汽车并不知道所有的事情。

第四级实际上是关于摆渡车和公交的,这些交通的路线是严格确定的,因此更容易实现车辆的自动化。大学校园里有一些实验性的自动驾驶摆渡车,这些车辆按照预定的路线以固定的速度行驶,并且知道在哪里停车。问题是这样的车辆是否能像机场里面那些自动列车一样安全,这些自动列车可以在没有司机的情况下在一个固定且独立的导轨上连续运行。

第五级,也就是所有目前进行研究的目标,它将允许乘客在不采取任何控制措施的情况下待在车内。第五级自动化乘用车将不带方向盘或制动踏板。这将是真正的自动驾驶。考虑到出问题的可能性是无限的,即使此类车辆有良好的安全记录,是否应该允许此类车辆进入城市仍是一个很大的问题——我认为这是不太可能的。在第五级车辆的图纸上,我看到的它确实没有刹车或方向盘,但乘客都系好了安全带。因此,即便是宣传五级车辆的人也没有真的认为它们可以在任何时候胜任所有任务。

2 当前自动驾驶研究的局限性

计算机科学家对自动驾驶的研究往往集中在两个极端的选择方案上。

在一种选择方案中，车辆就像现在一样在现代城市中运行，并设计用于应对所有可能的突发事件。这是极其困难的，而且或许是不可能的。比如说，维修人员刚刚到达街道上的某个地方，并打开了通往地下管道系统的检修盖。这种障碍物不会出现在车辆上的任何计算机内存地图上。车辆的传感器能否了解正在发生的情况并能够成功地引导车辆绕过工作人员和支持他们的停放车辆？想象一下，在任何一个城市每天都有多少像这样的有潜在困难的情况发生。

另一个极端选择方案是设想自动驾驶汽车将能够比今天更好地应付城市状况，例如，消除阻止某一方向的车辆通过十字路口的交通信号，允许来自不同方向的车辆安全通过。人们可以在线观看自动驾驶汽车模拟在同一时间穿过十字路口时相互躲避，且没有任何正面碰撞。这在模拟中是可行的，但涉及的汽车并不多。在实际交通流量情况下，该算法将不起作用。这是可以改进的吗？也许，但是为什么要投入人力来解决这个问题呢？用交通信号灯不是简单得多吗？

人们还可以观看对匹兹堡卡内基梅隆大学附近的一条狭窄街道的在线交通模拟。模拟的照片显示汽车停在街道两侧，只留下一条车道供车辆行驶，而这条街道本身是允许双向行驶的。在模拟中，人们会看到来自各个方向的汽车能够避免相互碰撞。它们通过进入空停车位让另一辆车通过来实现这一点。真的有空车位吗？在实景照片中没有任何空位。但是在模拟中，大约一半的停车位是空的。在现实生活中，司机可以设法通过彼此之间非常狭窄的空间，或者车辆可以倒车，直到有足够宽的地方让车辆通过。自动驾驶汽车将很难处理现在这种情况下的街道带来的问题，通过编程来避免这种局面也很困难。

还有更简单的解决方案。交通可以是单向的，这是一种非常典型的狭窄街道管理技术。或者，可以禁止在街道的一侧停车，为车辆留出两条车道。

3 重新定义研究，让规划师和设计师加入进来

要让在城市地区运行的所有车辆上都配备5级自动驾驶系统将需要一段很长的时间，即使这种技术现在已经是可行的，但人们的车上肯定也还没有配备。在未来许多年里，仍然会有各种仅能够在一级自动化系统下运行的车辆，而街道上的其他车辆也将仅有二级或三级的系统。

在本世纪中叶之前，城市将需要设计出能够安全容纳不同级别自动驾驶车辆的街道。城市设计需要做出一些改变以使自动驾驶车辆在街道更安全。此外，还要考虑到让驾驶员在驾驶过程中能够更容易应付那些由于采用计算机程序所带来的新情况。

以限速为例。街道可以直接被设计成可以向自动驾驶车辆的车载电脑传递限速信号，但老款汽车的司机仍然需要看到限速的标志。另一个例子是：可能需要设置物理屏障来确保行人只能在有限的位置穿越马路，因为在没有预先设定的情况下，自动驾驶汽车仍然很难“看见”人。

4 NACTO 对城市的建议

美国的国家城市交通官员协会(NACTO)发布了一份《自动化城市主义蓝图》,其中说明了随着自动驾驶汽车的采用,城市必须分阶段进行变革[1]。但 NACTO 并没有描述如何适应城市的交通状况。他们建议城市借此机会,根据以下原则改变街道设计方式:

① 最高优先事项是行人安全,而不是车辆的运动。

② 自行车安全是仅次于行人安全、需要优先考虑的问题。

③ 公交优先于汽车,公交车道的设计应尽可能使自动驾驶简单、安全。

④ 大型卡车,无论是否自动驾驶,都不应允许进入市中心。相反,货物应该转移到市中心以外仓库的小型自动驾驶汽车上。

⑤ 各种汽车都必须付费才能进入市中心。这在一定程度上是为了减少交通拥堵,但也可以用来改善车辆组合的结构。例如,一级车辆可能需要支付更高的费用。

⑥ 可视交通信号应通过可被车载计算机接收的广播信号来增强。

⑦ 来自街道的信号可能需要车与车之间保持距离,为穿过中心线设置障碍,并限制速度。

⑧ 在传统十字路口的中心设置环岛,以取代或补充交通信号,从而减少正面碰撞的可能性。

NACTO 文件列出了自动驾驶汽车成为常态时的六种主要街道类型的组合(图 1):从多车道的林荫大道或主要客运道路到市中心的街道、邻里主干道、居住区街道以及低交通量十字路口的设计。每种组合的最终设计都可以分阶段实现,并与当前的汽车组合相适应。

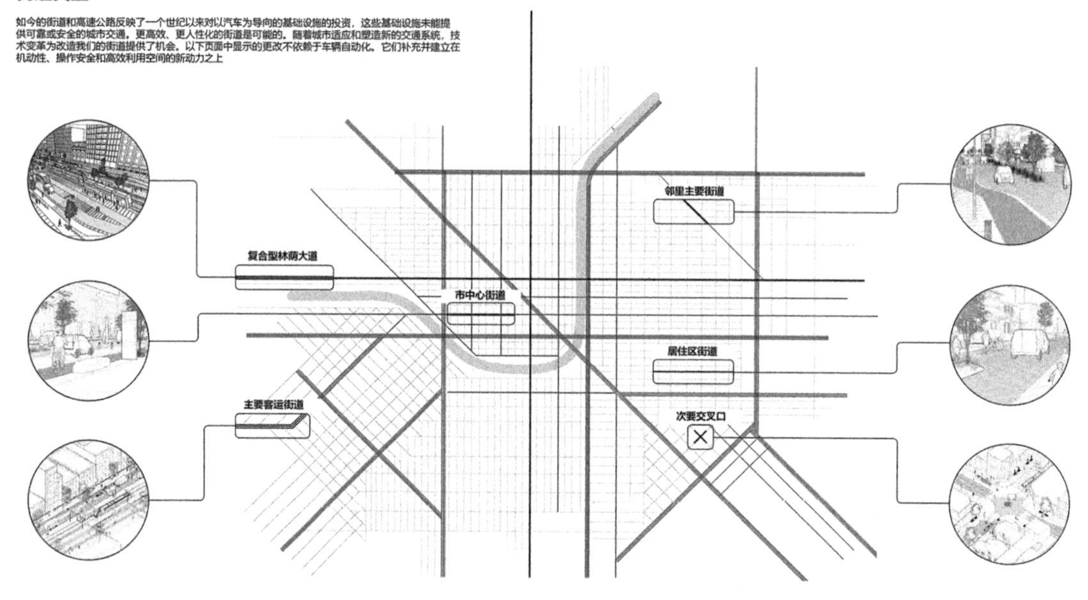

图 1　六种主要街道类型

(来源:参考文献[1])

在中心,林荫大道设有专用的交通中转车道、宽阔的人行道,每个方向有两条车道,一条用于过境交通,一条用于当地交通和运输。

客运道路的中心也有专门的公交车道,交通专用道仅供公共汽车和客车使用。

其他街道(图示为单向)在宽阔的人行道旁边有一条专用车道作为灵活使用区(图 2—图 4)。该区域允许送货、放置自行车和路边用餐,公交车站位于灵活使用区交通的另一侧。

NACTO 对货运交通的规定是在城市周边的仓库对所有货物进行分拣,以便城市中的货运始终都是用小型货车,货物被带到灵活的使用车道或足够深的装卸码头,以将货车完全封闭起来。

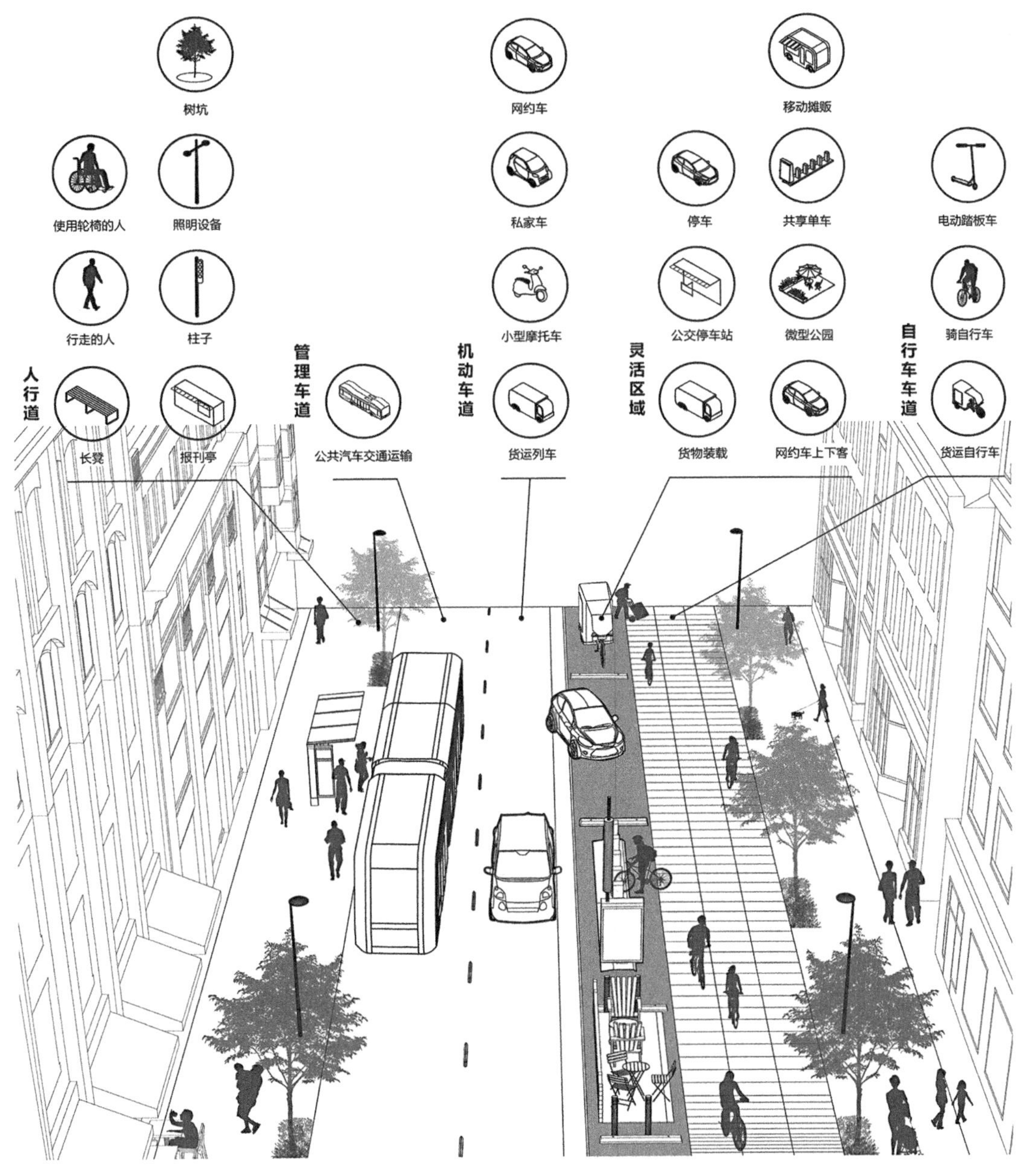

图 2　未来的街道分区

(来源:参考文献[1])

NACTO 还提议在所有密集的城市区域进行拥堵收费,收费不仅按照车辆数量,还会根据车辆的规模和自动化程度。

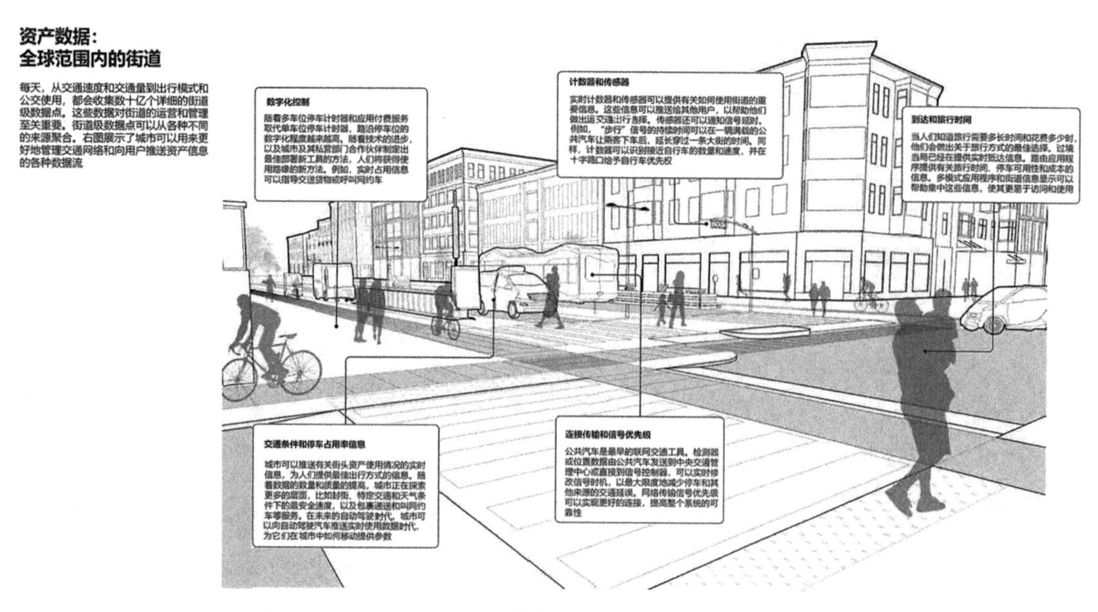

图 3　数字化的街道

(来源:参考文献[1])

图 4　未来街道的动态变化

(来源:参考文献[1])

NACTO 的其他提议还包括(图 5—图 6):将交通速度限制在每小时 15 英里(约 24.14 千米/小时),以缩短停车距离和扩大车辆间距,这可以成为自动驾驶汽车程序的一部分。人行横道应该被缩短，这就要将人行横道安排在街块中部，并避免在十字路口安排人行横道，绝不允许在拐角处上下车。在较小十字路口，应在其中心设置交通分流装置，主要十字路口应重新设计，改为环形交叉路口。

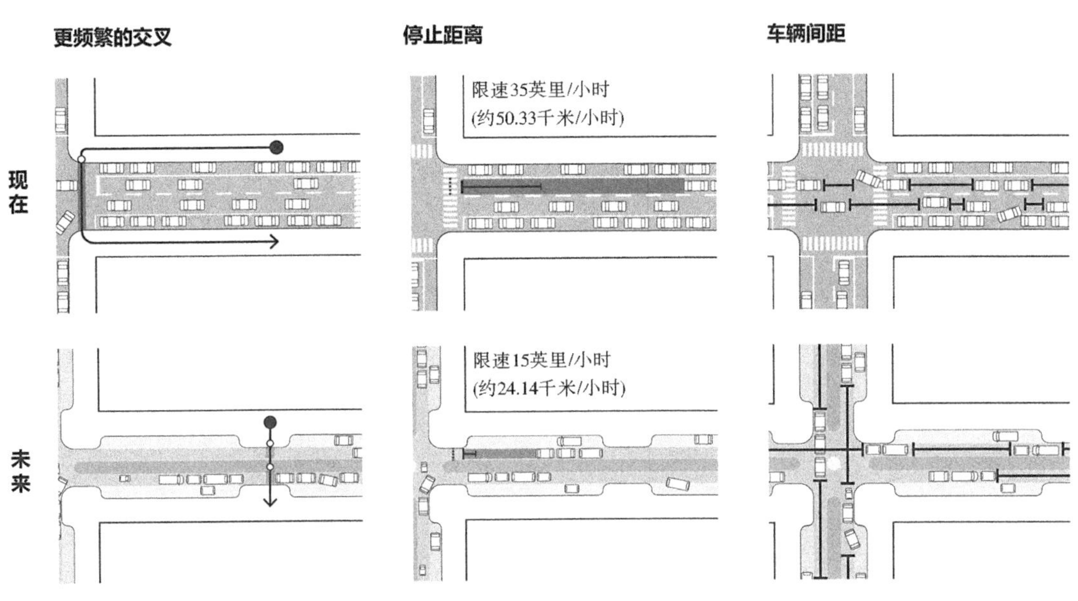

图5　自动驾驶街道的行车规则1
(来源：参考文献[1])

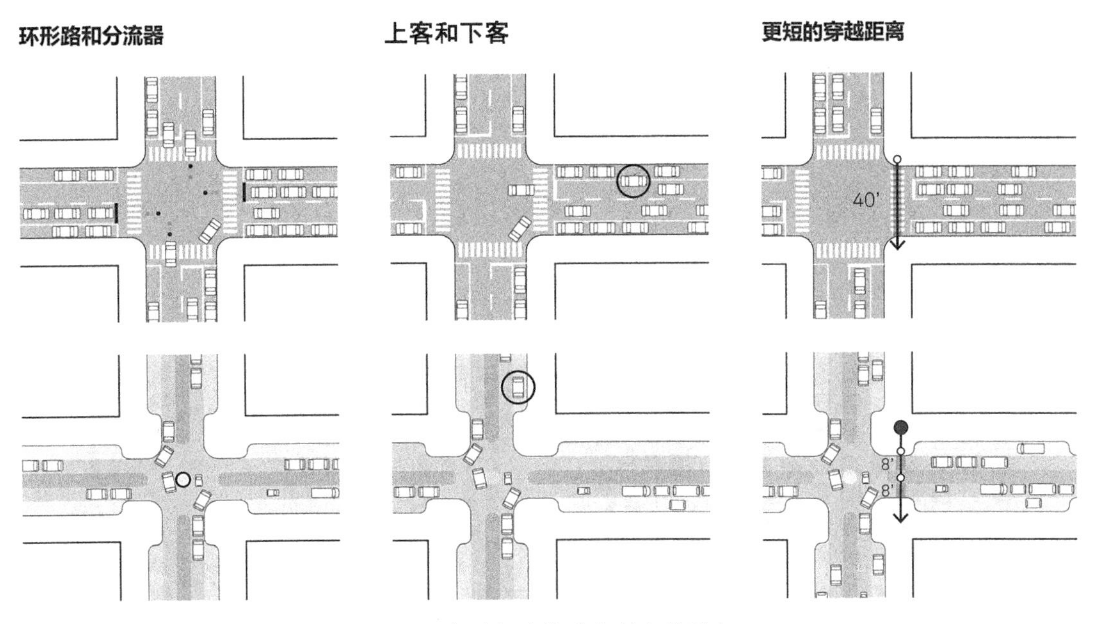

图6　自动驾驶街道的行车规则2
(来源：参考文献[1])

5　丰田编织城

作为开创性的建筑师和设计师,BIG 团队(Bjarke Ingels Group)正在日本规划一个社区——丰田编织城(Toyota Woven City)(图 7—图 8)。这座公司城镇位于丰田的研究和制造中心旁边。预计当地居民几乎都是丰田的员工。城市是夸张的说法,因为它的面积并不比大型区域购物中心大多少。但 BIG 团队和丰田认为它是一个能够大规模部署的原型。

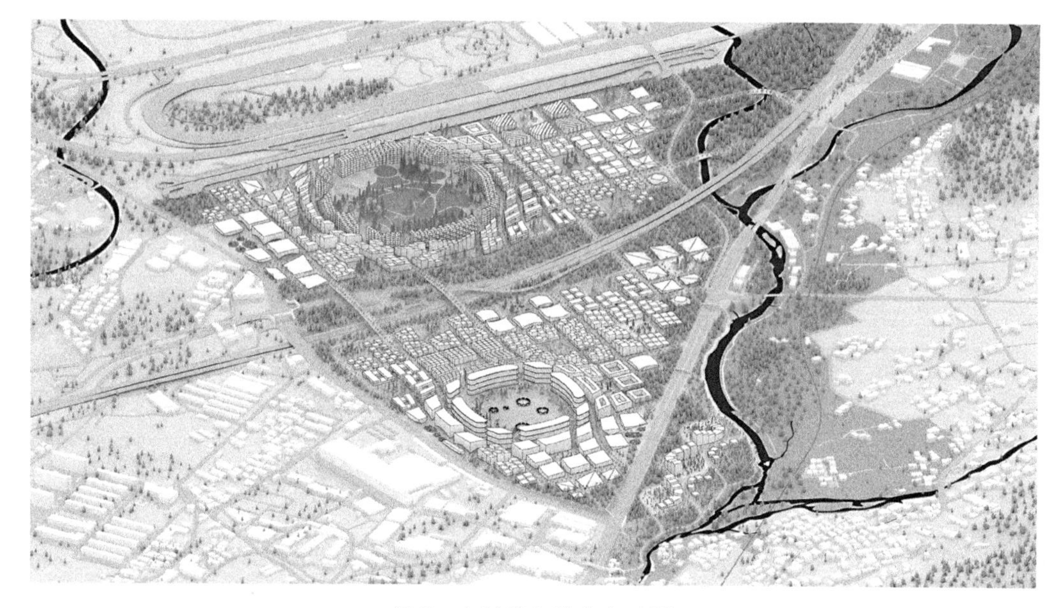

图 7　丰田编织城的鸟瞰图

(来源:参考文献[2])

设计的关键是要有三种街道:车行道完全是为自动驾驶车辆设计的,无论是公共汽车还是私家车;步行街是行人专用的人行道;还有一种介于二者之间的街道类型,面向各类个人交通工具——从摩托车到自行车,再到滑板和旱冰鞋,应有尽有。

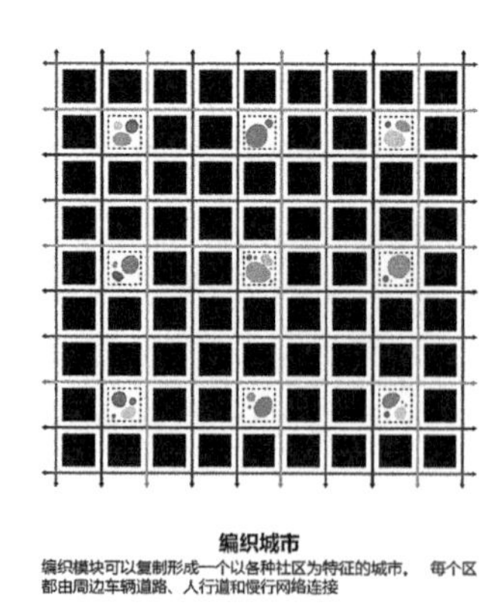

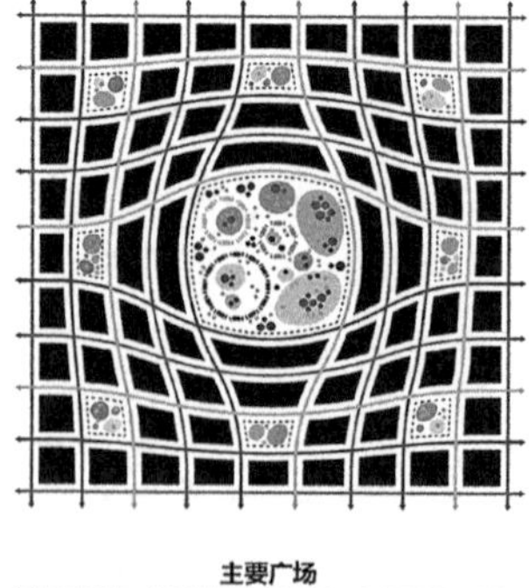

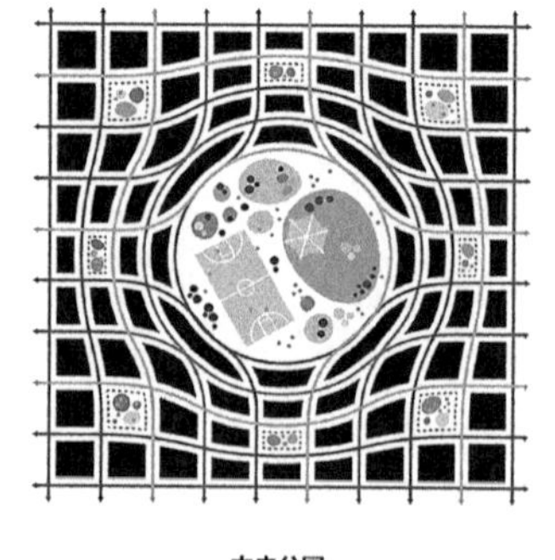

图 8　丰田编织城的空间演化

(来源:参考文献[2])

货运将被送到一个独立的装卸码头,在那里货物将被转移到小型自动运输车上,这些运输车可以穿越地下连接系统(这是一个关键假设),由于它们足够小,可以进入公寓或办公楼的电梯,在正确的楼层下电梯,并直接运送到收件人的门口。

规划师熟悉以前将行人与其他道路交通分开的失败尝试,其中大部分都产生了对行人不安全的危险区域,而且分流行人交通也不利于零售业。不过,这个提议可能会有所不同,因为每种街道类型都会被平等对待,由此产生了一个由相等方形街区组成的网络——这样就设计出了一个编织的城市。设计的关键问题是如何处理十字路口,特别是在步行街与自动驾驶车辆街道交叉的地方(图 9)。在 YouTube 上的视频显示,公交车辆在十字路口停下,让行人从人行道上车,这只有在城市很小或人口密度非常低的情况下才有意义。由于货运已经有了一个多层次的流通概念,因此车行道也应该位于较低的层次,尽管这将提议带回了第二层级人行道的领域。

图 9　丰田编织城的自动驾驶车行道
(来源:参考文献[2])

6　规划师应通过塑造街道系统来管理自动驾驶汽车

规划师需要负责并确定,当自动驾驶汽车成为常态时,未来的城市街道应该是什么样子,还要确定如何引导从今天的交通模式向自动驾驶汽车模式过渡,这几乎肯定需要几十年的时间。NACTO 关于自动驾驶汽车的提案非常值得考虑,因为它们基于一个层次结构来重新设计传统街道系统,该系统将行人、自行车和公共交通放在优先地位。寻找全新的设计也是值得的:只有像 BIG 团队为丰田提出的那样,城市中的整体交通构想得到重新考虑时,机会才有可能变得显而易见。

参考文献

[1] National Association of City Transportation Officials. Blueprint for autonomous urbanism[M]. 2nd ed. New York: National Association of City Transportation Officials, 2020.
[2] Bjarke Ingels Group. Urban design for Toyota woven city[EB/OL]. [2022-05-22]. https://www.archdaily.com/931468/big-designs-toyota-woven-city-the-worlds-first-urban-incubator.

Designing Cities for Autonomous Vehicles

Jonathan Barnett

1 Introduction

My topic today is about the role of autonomous vehicles in cities and what kinds of design changes cities will have to make to accommodate them.

There are considered to be 5 levels of automation for vehicles. Level 1 is an ordinary car or truck which has no autonomous functions. Almost all existing streets and highways have been designed for ordinary level 1 vehicles.

Level 2 includes some autonomous capabilities such as cruise control, the most usual form of partial automation. Automatic braking is another form of partial automation that is now being included in some cars. An additional form of partial automation would be sensors to help a driver maintain a safe following distance, or remain in a traffic lane.

Level 3, conditional automation, where the driver can let the car move by itself is something that is already being offered by some automobile manufacturers. The car has all the features included in level 2, plus the ability to start and stop by itself, and to select a safe speed. Tesla, for example, claims that its cars can drive themselves, but the driver is still supposed to sit behind the steering wheel with one foot near the brake pedal and pay attention: the car doesn't know everything.

Level 4 is really about shuttle buses and transit where the route is closely determined and therefore it is easier to automate the vehicle. There are some experimental self-driving shuttle buses on university campuses where the buses follow a predetermined route at a fixed speed and know where to stop. The question is whether such a vehicle can be as safe as automated trains, like the ones in airports, which can run continuously without a driver but on a fixed, isolated guideway.

Level 5, which is the goal for all the research which is going on, would permit passengers to be in the vehicle without doing anything to take control. A level 5 passenger car would be sold without a steering wheel or brake pedals. It would truly be self-driving. Given the infinite possibilities for something to go wrong, it is a good question whether such vehicles should be permitted in cities, even if they have a good safety record — which I think is unlikely.

Drawings of level 5 vehicles which I have seen show no brakes or steering wheel, but the passengers are wearing seatbelts. So the people publicizing level 5 vehicles don't really think they will work all the time either.

2 Limitations of Current Research on Autonomous Driving

The research by computer scientists into autonomous driving tends to focus on two extreme alternatives.

In one alternative, vehicles operate in the contemporary city, exactly as it is now, and are designed to manage all possible contingencies. This is extremely difficult, and is probably impossible. Let us say that repair crews have just arrived at a place on a street and have opened an access cover to an underground pipe system. This obstruction will not be on any computer memory maps on board the vehicle. Will the vehicle's sensors understand what is happening and be able to guide the vehicle successfully around the people working and the parked vehicles that support them? Imagine how many different situations as potentially difficult as this happen in any city every day.

The other extreme has been to imagine that autonomous vehicles will be able to manage urban situations even better than today, for example, by eliminating traffic signals that stop cars going in one direction across an intersection, to permit cars coming from a different direction to cross safely. You can watch a simulation online of autonomous vehicles avoiding each other as they all cross an intersection at the same time without any head-on collisions. It works in the simulation, but not many cars are involved. At realistic traffic levels, the algorithm would not work. Could it be improved? Perhaps, but why is anyone working on this problem when it is so much simpler to have traffic signals?

You can also watch a simulation online of traffic along a narrow street near Carnegie Mellon University in Pittsburgh. The photograph accompanying the simulation shows cars parked on both sides of the street, leaving only one lane available for moving vehicles, which are permitted to drive on this street in both directions. In the simulation, you see cars coming from each direction able to avoid hitting each other. They do this by pulling into vacant parking spaces to let the other car go by. Vacant parking spaces? In the photograph, there aren't any empty spaces. In the simulation about half of the parking spaces are empty. In real life, drivers can manage to pass each other with very narrow spaces between them, or vehicles can back up until there is a place wide enough for cars to pass each other. Autonomous cars will have great difficulty dealing with this street as it is now, or being programmed to avoid it.

There are much simpler solutions. Traffic can be made one-way. This is a very typical management technique for narrow streets. Alternatively, parking can be prohibited on one side of the street, leaving two lanes for vehicles.

3 Redefining the Research to Include Planners and Designers

It will be a long time before all vehicles operating in urban areas will have anything like level 5 autonomous systems on board, even if they were available today — which they definitely are not. There will still be vehicles designed to operate only at level 1 for many years into the future, and other vehicles on the streets will have only level 2 or level 3 systems.

Until mid-century, cities will need to design streets that can safely accommodate a mix of vehicles operating at different levels of autonomy. Some changes will be needed to make streets safer for self-driving vehicles, and other changes will be needed to make it easier for people driving their own vehicles to deal with others that may be responding to situations based on computer programs.

Take speed limits as an example. Streets can be designed to broadcast the speed limit to onboard computers in self-driving vehicles, but drivers of older cars will still need to see signs with posted limits. Another example: there may need to be physical barriers to prevent pedestrians from crossing streets except at certain locations because of the difficulty self-driving vehicles will continue to have in being able to "see" people outside of pre-programmed situations.

4 NACTO Recommendations for Cities

In the United States, the National Association of City Transportation Officials (NACTO) has published a *Blueprint for Autonomous Urbanism* which shows the changes that cities will have to make taking place in stages as the adoption of autonomous vehicles goes forward[1]. But NACTO is not describing adapting traffic to cities as they are today. They are proposing that cities take this opportunity to change the way streets are designed according to the following principles.

- Pedestrian safety, not vehicular movement, is the highest priority.
- Bicycle safety is the next highest priority.
- Transit has priority over cars, and lanes for transit should be designed to make autonomous operation as easy and safe as possible.
- Large trucks, autonomous or not, should not be allowed into city centers. Instead, freight should be transferred to small autonomous vehicles at warehouses outside city centers.
- All kinds of cars should have to pay to enter city centers. This is partly to reduce traffic congestion, but can also be used to improve the mix of vehicles. Level 1 vehicles could be

required to pay higher fees, for example.

- Visual traffic signals should be augmented by broadcast signals that can be picked up by on-board computers.
- Signals from the street can require spacing between cars, create barriers to crossing a center line, and limit speed.
- Roundabouts to replace intersections or diverters in the center of conventional intersections can replace or supplement traffic signals to reduce the possibility of head-on collisions.

The NACTO document lays out six major types of street configurations for the time when self-driving vehicles become the norm(Figure 1)①: from a multi-lane boulevard or a major transit street to downtown streets, neighborhood main streets, residential streets, and the design of low-traffic intersections. The ultimate design of each of these configurations can be achieved in stages, keyed to the prevailing mix of cars.

The boulevard has dedicated transit lanes in the center, wide sidewalks, and two vehicle lanes in each direction, one for through traffic and one for local traffic and deliveries.

The transit streets also have dedicated transit lanes in the center and the traffic lanes are only for buses and passenger vans.

Other streets, illustrated as one-way, have a lane dedicated as a flexible use zone next to a wide sidewalk(Figure 2-Figure 4). This zone permits deliveries, racks for bicycles and curbside eating areas. Bus stops are shown on the other side of the traffic from the flexible use zone.

NACTO's prescription for deliveries is to have all freight sorted at warehouses on the urban periphery so that deliveries in cities are always from small vans, with freight brought to a flexible use lane or to a loading dock deep enough to enclose the van completely.

NACTO also proposes congestion pricing for all dense urban areas, with the pricing extended not just to numbers of vehicles, but to their size and their degree of automation.

Other NACTO prescriptions(Figure 5-Figure 6): Reducing traffic speeds to a limit of 15 miles per hour to permit shorter stopping distances and greater vehicle spacing, which can be part of the programming of autonomous vehicles. Pedestrian crosswalks should be shortened by bumping out the curb at intersections and mid-block. Pick-up and drop-off should never be permitted at corners. Smaller street intersections should have traffic diverters in their center, major intersections should be redesigned to have roundabouts.

5 Toyota Woven City

Ground-breaking architects and designers, The Bjarke Ingels Group, are planning a

① 本书内,中英文对照的文章中,仅在中文文章中附图,英文部分只标图号。

community in Japan, Toyota Woven City(Figure 7–Figure 8). It is a company town being built next to a Toyota research and manufacturing center. The residents are expected to be almost all Toyota employees. City is an overstatement, as the area is not much bigger than a large regional shopping mall. But Ingels and Toyota consider it a prototype capable of being deployed at a much larger scale.

The key to the design is to have three kinds of streets. The vehicular street is entirely for autonomous vehicles, whether transit or individual private cars. The pedestrian street is a walkway exclusively for pedestrians. And there is an intermediate street type for personal mobility vehicles: everything from motorcycles to bicycles, to skateboards and rollerblades. (Figure 8)

Deliveries will be made to a single loading dock where the freight will be transferred to small autonomous carriers which can traverse an underground connecting system—a key assumption — and are small enough to get into an elevator in an apartment or office building, exiting at the correct floor, and delivering right to the recipient's front door.

Planners are familiar with earlier failed attempts to separate pedestrians from the rest of the street traffic, most of which produced dead zones unsafe for pedestrians. Diverting pedestrian traffic also was not favorable for retail. This proposal may be different because each street type is treated equally, producing a grid of equal square blocks — the weave that makes the design a woven city. The critical design question is how to treat the intersections, particularly where the pedestrian streets cross the autonomous vehicle streets(Figure 9). The video on YouTube shows transit vehicles stopping within an intersection to let a pedestrian from the walkway board the transit, something that will only make sense if the city is small or at a very low density. As there is already a multi-level circulation concept for freight, it may be that the vehicular streets should also be at the lower level, although that brings the proposal right back into the realm of second-level pedestrian walkways.

6 Planners Should Shape the Street System to Manage Autonomous Vehicles

Planners need to take charge and determine what future urban streets should be like when autonomous vehicles become normal, and also determine how to manage the transition to autonomous vehicles from today's traffic patterns, which will almost certainly take many decades. The NACTO proposals for autonomous vehicles are well worth considering because they are based on a hierarchy for redesigning a conventional street system which puts pedestrians, bicycles and transit first. It is also worth looking for entirely new designs: there may be opportunities that will only become evident if the whole concept of mobility in cities is open to reconsideration, as is proposed for Toyota by Bjarke Ingels.

第二部分

历史城市的保护与传承

斯巴达——一座转型中的希腊中型历史城市：从19世纪到21世纪的规划尝试

Sparta — a medium-sized Greek historic city in transition: Planning attempts from the 19th to the 21st century

[希腊]康斯坦丁诺斯·塞拉奥斯
Konstantinos Serraos

摘　要：斯巴达是一座中等规模的城市，位于希腊南部，有着杰出的历史背景。本文关注城市从新古典主义时期到新的现代城市规划挑战的规划发展过程。在1821年革命后现代希腊国家建立并经历重组。在这一历史和政治背景下，巴伐利亚几何学家弗里德里希·施陶弗特(Friedrich Stauffert)根据新古典主义的原则制定了第一个城市规划。根据当前的空间规划和发展政策，人们将斯巴达的重要考古历史、宝贵的自然环境与其作为该地区主要行政、商业、经济和社会中心的当代功能相互结合起来。这一尝试应围绕"斯巴达"中部及其更广泛腹地的整合性战略展开，强调平衡的空间发展、可持续的流动性、环境复原力和城市再生。

关键词：斯巴达；希腊南部；新古典主义；空间发展；整合性战略

Abstract: Sparta is a medium-sized city, located in southern Greece, with an outstanding, historical background. The paper concerns the city's planning development from the neoclassical period to the new modern urban planning challenges. In the historical and political context of the reorganization of the modern Greek state after the Revolution of 1821, the first urban plan for the city was prepared by the Bavarian Geometer Friedrich Stauffert, according to the principles of Neoclassicism. The combination of the important archeological past of "Sparta", the valuable surrounding natural environment, and its contemporary function as a major administrative, commercial, economic, and social pole for its region, turns the national interest of current spatial planning and development policies towards today's city. This attempt should revolve around an integrated strategy for central "Sparta" and its wider hinterland, which would emphasize balanced spatial development, sustainable mobility, environmental resilience, and urban regeneration.

Key words: Sparta; southern Greece; neoclassicism; spatial development; integrated strategy

1 引言

本文的主题是关于斯巴达(Sparta)的,这是一座不大但非常重要的希腊历史名城。本文关注的是该城市从19世纪末新古典主义时期一直到新的现代城市规划挑战的规划发展历程。

斯巴达(Sparta)是拉科尼亚(Laconia)区域的首府,位于伯罗奔尼撒半岛(Peloponnesse)(希腊南部)的南部,距离希腊首都雅典和主要港口比雷埃夫斯(Peiraeus)235千米,约2小时50分钟的车程[1](图1)。

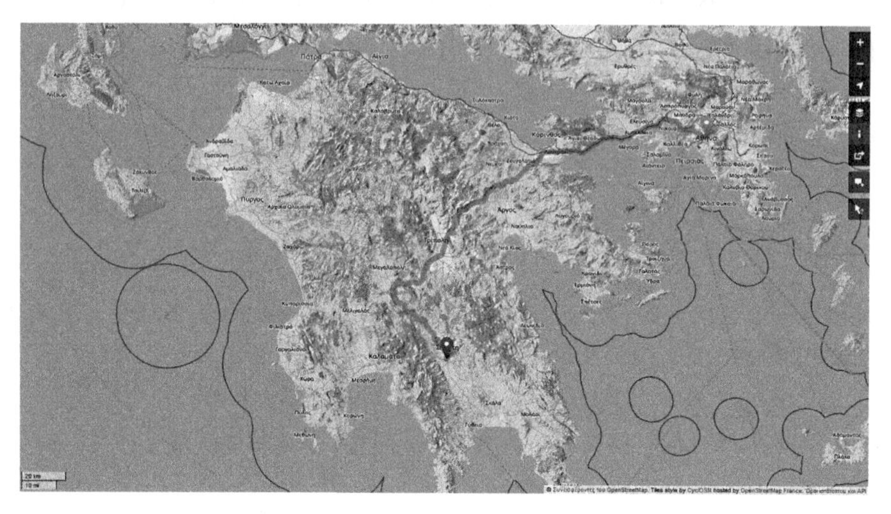

图1 斯巴达的地理位置,以及与希腊首都雅典的关系
(来源:作者在参考文献[1]的基础上自绘)

此外,斯巴达毗邻埃夫罗塔斯河(Evrotas),位于泰格图斯山(Taygetos)和帕尔农山(Parnon)两条山脉之间的平原上。目前,当地人口约为1.7万[1](图2)。

图2 斯巴达与其充满特色的自然环境之间的联系
(来源:作者在参考文献[1]的基础上自绘)

2 斯巴达:一座历史名城的背景

斯巴达是一座杰出的历史名城。最近,它庆祝了希腊和波斯军队之间的温泉关战役(Thermopylae)2 500 周年纪念日[2-3],这是一场自由对抗极权主义的胜利之战(图 3)。在现代希腊,“温泉关”一词意味着原则和价值观方面的信仰这等更高的目标。此外,斯巴达市还纪念了希腊城邦联盟与波斯帝国之间的萨拉米斯(Salamis)海战 2 500 周年,在这场海战中,所有希腊海军的舰队司令都是来自斯巴达的欧里维亚迪斯(Evryviadis)。斯巴达的历史之所以光芒四射,并不仅是因为上面两个重要的历史里程碑,还因为它是这座城市形成民主组织和运行结构的发源地[4]。

图 3 温泉关战役 2 500 周年(公元前 480 年—公元 2020 年)
(来源:参考文献[2])

3 19 世纪

虽然希腊历史起源于远古时期,但如今现代希腊这个国家却相当年轻。因为直到 19 世纪初,希腊都是奥斯曼帝国的一部分,后者控制着整个中东和巴尔干半岛,直至维也纳的门户。1821 年是“希腊革命”的一年,希腊人在这一年发动了反抗奥斯曼军队的武装起义,推翻了奥斯曼帝国的统治,建立了一个独立的国家。

作为新的希腊国家的一部分,斯巴达市于 1834 年被重新建立[5](图 4)。同年,德国巴伐利亚王国路德维希一世(Ludwig)的儿子,年仅 17 岁的奥托(Otto),已经被英国、俄罗斯和法国宣布为“希腊王国”(Hellenes)的国王。

在这一历史和政治背景下,巴伐利亚州几何学家弗雷德里希 · 施陶弗特(Friedrich

图 4　1865 年左右“斯巴达”的景色

(来源:Paul de Granges 拍摄)[6]

Stauffert)[7-8] 负责编制了该市的第一份城市规划,涵盖了 6 公顷范围。新古典主义,希波达米亚式的(Hippodamian)城市组织体系(正交的街道结构),以及与古希腊时期的关系,是三个主要影响要素和设计原则[9]。

这次城市规划尝试的核心是有一个由两条相互垂直的主要街道(轴线)组成的系统,即今天的帕里奥洛古大街(Paleologou)(图 5,虚线 2)和莱库尔古大街(Lykourgou)的街道系统(图 5,虚线 4),并在交叉处定义了城市的几何中心和重心(图 5,虚线 5),这两条轴线中最重要的一条是帕里奥洛古大街,它基本上构成了今天这座城市的“脊梁”。它从南到北一直延伸到古代斯巴达城市发源的地方(图 5,虚线 1)。另外还有两条街道,列奥尼杜街(Leonidou)和阿奇达穆

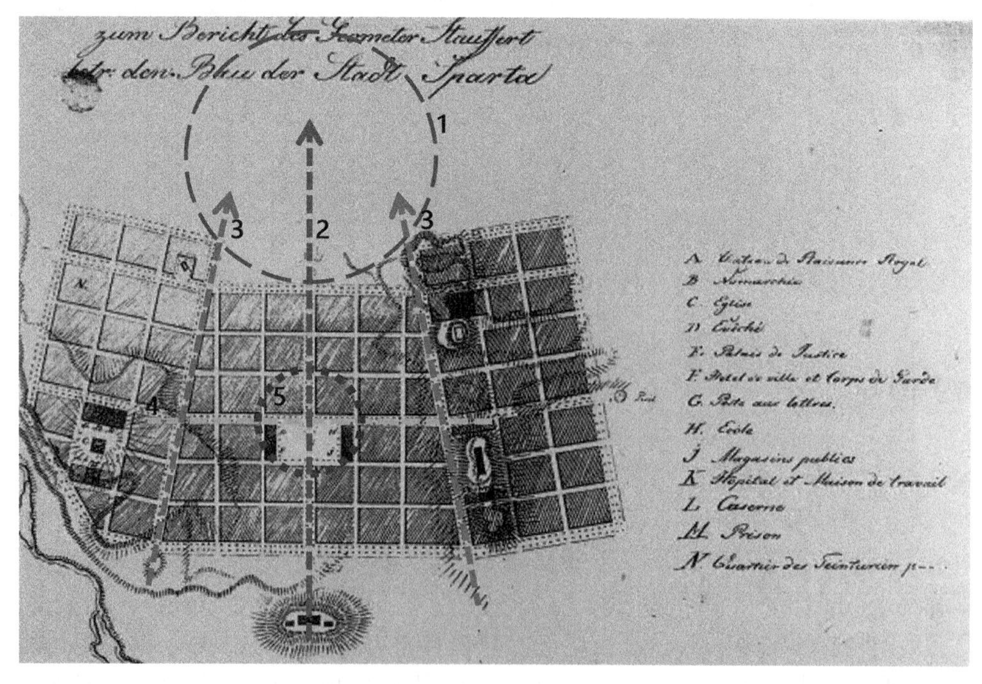

图 5　斯巴达第一个城市规划的主要结构,由弗雷德里希・施陶弗特于 1834 年编制

(来源:参考文献[10])

街(Archidamou)(图5,虚线3),汇聚在帕里奥洛古大街轴线略微向北的地方,这有助于将城市规划明确定位于古城所在地[10]。

4 当代城市规划政策目标

斯巴达悠久的历史、毗邻重要的考古遗址,周围多样化且富有挑战性的自然环境,使今天的城市成为一个有吸引力的城市极点,且已成为该地区主要的行政、商业、经济和社会中心。在迈向21世纪的道路上,斯巴达需要一个世界级、当代、智能、高产、关注环境、有韧性和充满活力的城市愿景,与当地科学家、机构和公民和谐发展。在城市规划方面,这一愿景应该为斯巴达中心地带及其更广泛的腹地提出一个综合的空间战略,强调均衡的空间发展、可持续的机动性、环境弹性和城市再生。

国立雅典理工大学城市规划研究实验室(UPRL NTUA)、伯罗奔尼撒(Peloponnese)区域和斯巴达市政府之间通过合作,对空间规划方案的基本选项进行了调查,并列出了优先排序。此外,还为更大范围的斯巴达区域制定了综合的空间战略,并配套了相应的"行动计划"[11]。

特别强调了以下四个"干预方案":

4.1 "交通"干预方案

"交通"干预方案,涉及各种交通方式(车辆、行人和自行车),特别强调车辆路网的重新安排和重新优先化,这是提高城市可持续机动性的前提条件。更具体地说,这个干预方案包括旨在确保1834年施陶弗特规划的核心区不受机动车交通影响。同时,该方案的目标是消除对临时停车的需求。因此,总体的尝试是突出历史中心作为城市再生区,重点是加强公共空间,增加绿色空间和环境保护与促进,以及创建相互连接的步行网络、公共服务、公共空间、考古遗址,以及其他重要的兴趣点和城市功能(图6)。

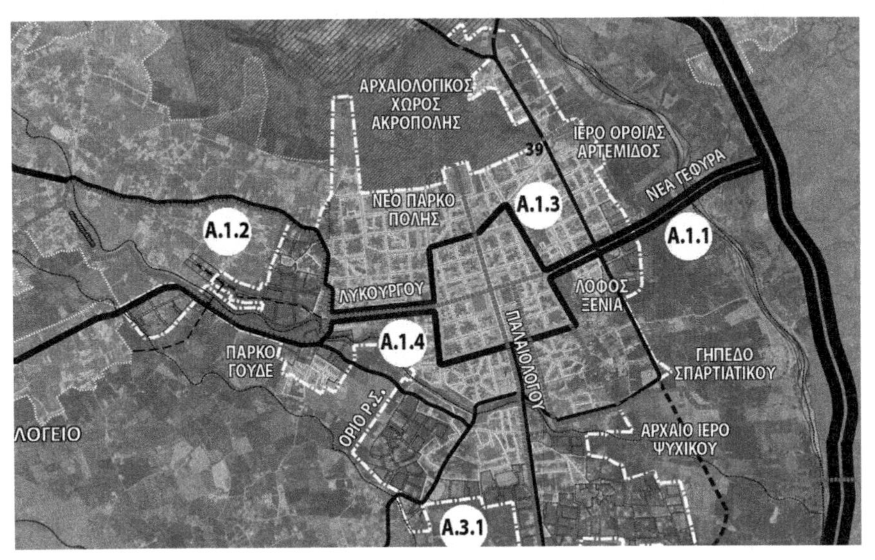

图6 第一个"交通"干预方案——斯巴达核心区

(来源:参考文献[11])

4.2 “历史与文化”干预方案

“历史与文化”干预方案，关注当代城市生活中历史、文化和古迹的积极整合，特别强调创建两条对“斯巴达”具有战略意义的“考古路线”，这两条路在城市中心，即在帕里奥洛古大街和莱库尔古大街的交汇处(图7，白色虚线A)相互连接。在这个地方有四个重要的地标：市政厅、城市的中央广场、历史悠久的考古博物馆和市政公园，以及圣尼康教堂(church of Saint Nikon)(图8，虚线B)。

图7　建立了两条具有重要战略意义的考古路线

(来源：参考文献[12])

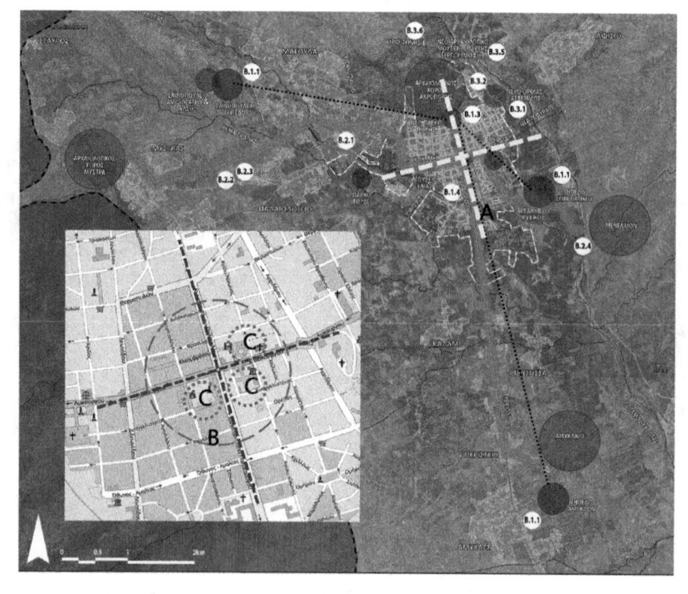

图8　两条“考古线路”在城市中心交汇的重要性

(来源：作者自绘)

第一条“考古路线”以帕里奥洛古大街为轴线,将北部的“古斯巴达”考古极核与南部的“古代阿米克尔”考古极核连接起来。第二条“考古路线”穿过莱库尔古大街,连接西部的米斯特拉斯(Mystras)考古遗址[10, 12]和东部的古梅莫内莱恩(Menelaion)(图8,虚线C),同时穿过埃夫罗塔斯河道(图9—图12)。

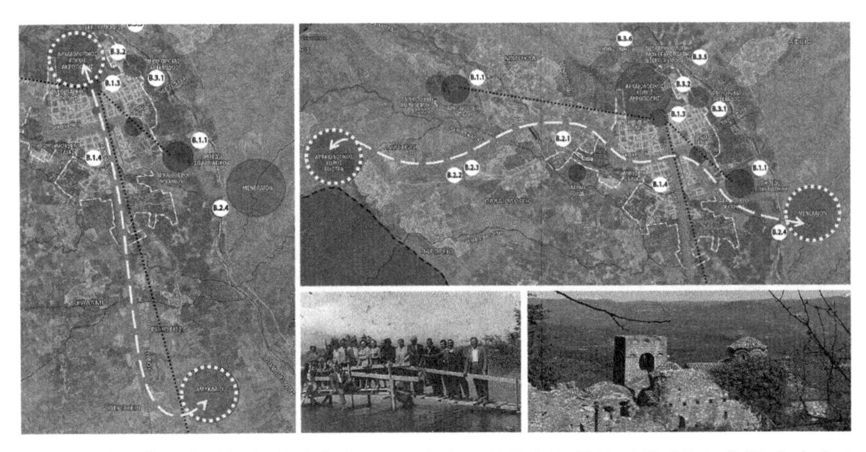

图9 (左)第一条“考古路线”(约6.5千米):从“古代斯巴达”到“古代阿米克尔”(来源:参考文献[11])

图10 (右上角)第二条“考古路线”(约8.2千米):从考古遗址“米斯特拉斯”到“古梅莫内莱恩” (来源:参考文献[11])

图11 (底部中间)20世纪中叶从埃夫罗塔斯河到古梅莫内莱恩的通道(来源:George Giaxoglou档案)[13]

图12 (右下)米斯特拉斯考古遗址图

显然,这两条主要的考古路径将其他考古点[12]、环境和历史兴趣点联系起来。此外,它们还为斯巴达提供了独特的城市景观,在泰格图斯山和帕尔农山之间的更广泛的区域与斯巴达的现代城市及其历史中心之间建立了语义联系(Stauffert 1834规划)(图13)。

图13 从“古代斯巴达”到当代斯巴达和泰格图斯山的景色

(来源:作者自摄)

4.3 “环境”干预方案

“环境”干预方案,涉及增强更广泛地区的独特自然元素,特别是埃夫罗塔斯河、泰格图斯山和帕尔农山,希望通过它们与城市产生功能上的联系。

一个重要的目标是通过创建住宅结构和河流之间的连接路线,使斯巴达城向埃夫罗塔斯河“开放”(图14)。另一项措施是管制土地用途,以保护该地区的特色和乡村景观,并避免不受控制的发展、可能的用途冲突以及对自然资源的不必要消耗。提高公众意识的另一项重要行动是组织和促进在埃夫罗塔斯河谷的教育性质的远足以及散步。

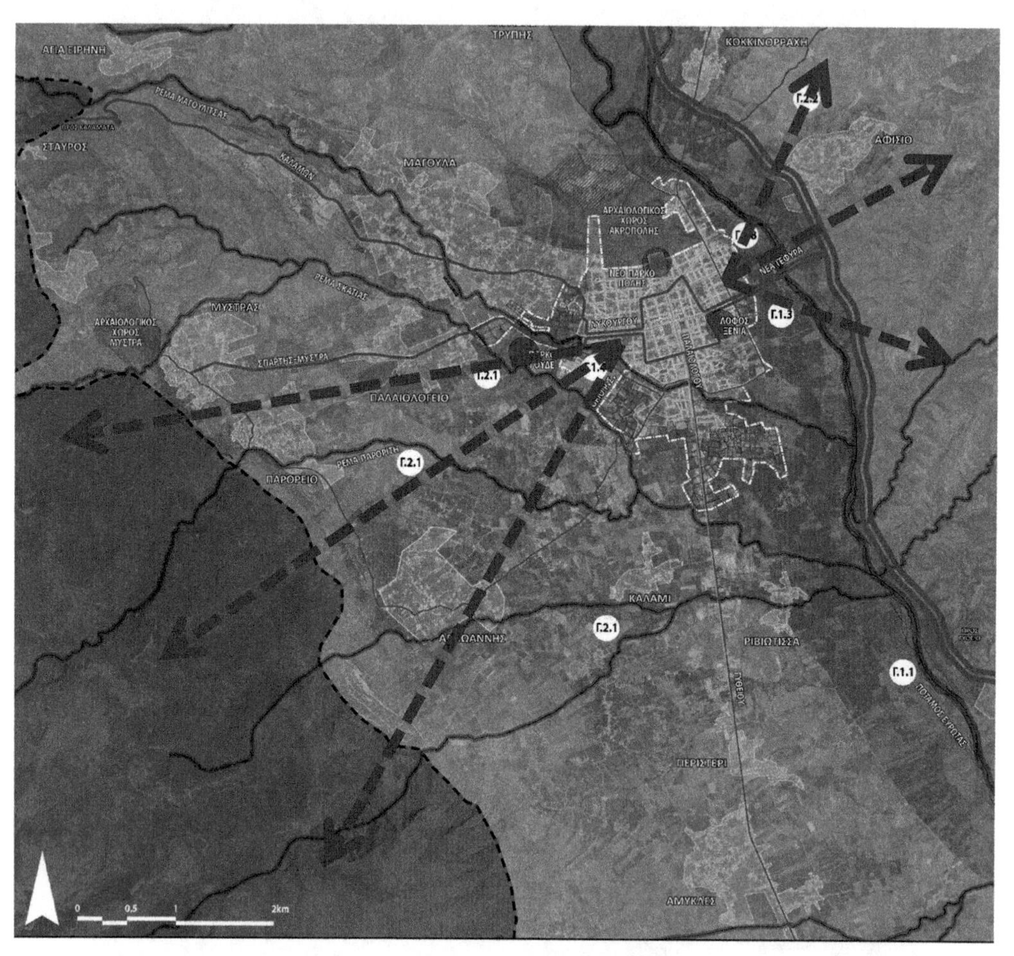

图14 从斯巴达到埃夫罗塔斯河以及泰格图斯山和帕尔农山

(来源:参考文献[11])

泰格图斯和帕尔农这两条山脉是与城市认同相关的非常重要的自然元素。这需要系统地努力将斯巴达城、埃夫罗塔斯河的河床与这两座山脉连接起来。在泰格图斯山的案例中,自然本身通过水文网络提供了这些联系,该网络直接通往埃夫罗塔斯河流域。埃夫罗塔斯的干流和支流区域为形成这种独特的环境质量和巨大吸引力提供了绝佳的机会。此外,许多现有的通往“斯巴达”东部的路线将为城市与帕尔农山麓之间提供有趣的联系(图15)。

图15 从泰格图斯山到埃夫罗塔斯河

(来源:作者自摄)

4.4 "图像识别和感知"干预方案

"图像识别和感知"干预方案。从城市发展的一个独特阶段过渡到另一个独特阶段期间,城市面貌在空间中是难以理解的。参观者寻找那些将他与古代"斯巴达"和新古典主义城市联系起来的元素,以便成为其历史的相关者。特别是,人们试图找到那些与"古代斯巴达"以及19世纪"斯巴达"的叙事相关的城市景观标志(图16,粗线A)。

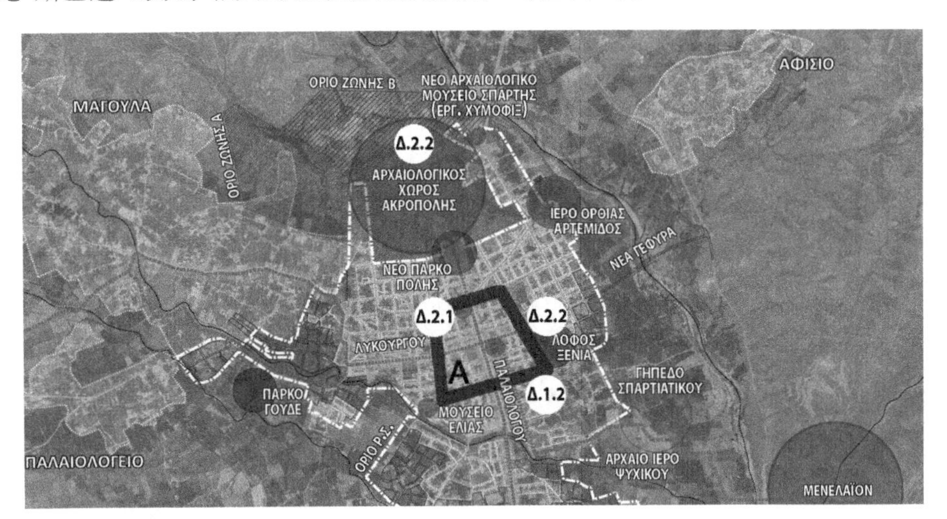

图16 空间干预,突出斯巴达的历史性

(来源:参考文献[11])

在此背景下,该方案提议在整个斯巴达建立一个主题性的空间网络组织(文化、绿地、公共空间、城市功能等),这些空间网络渗透到城市中心区域,将其与城市的其他部分连接起来(图17)。提议的路线补充了"斯巴达"的战略规划,它将城市的两条主轴转变成了更广阔区域内的主要徒步路线。

图 17 拟议的"斯巴达"文化、历史、环境和功能步行路线
(来源:参考文献[11])

在 19 世纪,根据巴伐利亚规划师的原则,"施陶弗特规划"(1834)中的"新斯巴达"能够直接与"古代斯巴达"对话。新古典主义城市不仅利用几何学为向"文明"的过渡服务,而且还将这种几何学秩序定向到一个视轴并与过去的历史元素联系起来。帕里奥洛古大街南北轴线的坚固"脊梁",将这座城市变成了"古斯巴达"的山丘。施陶弗特的"历史四边形"的两个"倾斜"边强化了向古城的转向(图 18)。

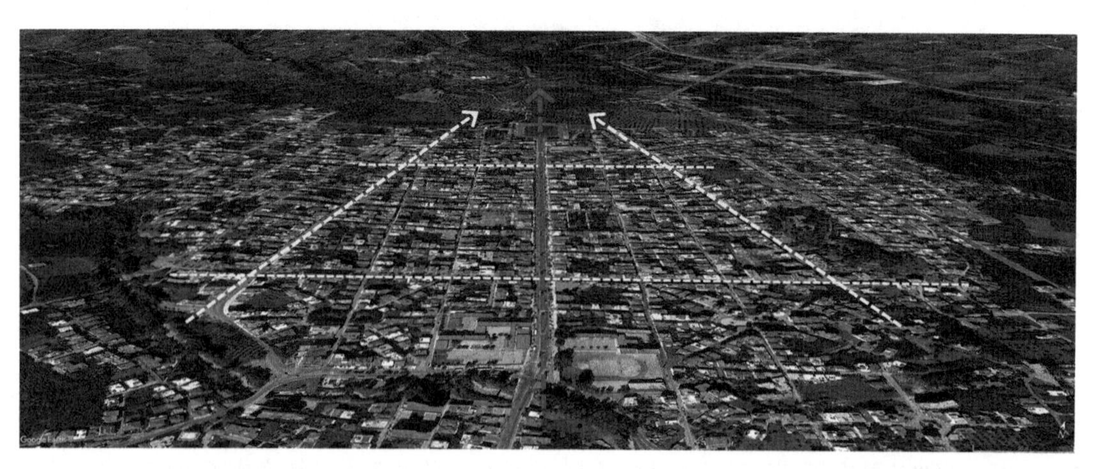

图 18 "施陶弗特规划"(1834 年)中的"历史性四边形"明显与古代的"斯巴达卫城"相呼应
(来源:谷歌)

新古典主义和折中主义的房屋和公共建筑在城市中拔地而起,树立了19世纪和20世纪初新古典主义的第三维度,将"斯巴达"置于希腊城市化时代的新古典主义城市地图上(图19)。

图19　1948年的帕里奥洛古大街

(来源:参考文献[5])

虽然这些建筑中的大部分逐渐被现代希腊城市的新建筑所取代,但城市的历史性仍然与城市结构的初始结构紧密相连。城市结构、公共广场、等级网络的街道,以及种植的特色棕榈树或橘子树,仍然构成了"斯巴达"的新古典类型,并延续到今天,这些努力也帮助平衡其作为一个历史城市的认同感。

在通往当代城市设计新尝试的道路上,考虑新古典主义的上述特征性历史元素至关重要。在这种情况下,中央的帕里奥洛古大街非常重要。建议将其作为混合使用的轴线,重点是增加公共空间,鼓励行人和自行车的机动性。特别是,该规划方案的基础是重新分配机动车道和步行区之间的空间,以创造一个足够宽的公共空间中心区。重新设计的视觉草图(图20)用斜线区域A表示拟建的新的绿色空间和公共空间宽阔的中心区域(17米宽)(图21),用两侧的B部分表示拟建的车辆交通所需的新车道(各宽3.5米)。林荫大道的总宽度为32米,还允许在建筑物前面提供4米宽的人行道,将其用于各种主要用途。

图 20　20 世纪 60 年代帕里奥洛古林荫大道(Paleologou Boulevard)背景图片上显示的重新设计愿景
(来源:参考文献[6])

图 21　从行人的角度对帕里奥洛古林荫大道的设计理念进行可视化,市政委员会已经接受了这一设想
(来源:KIZI 设计工作室 2022[14])

5 行动规划

为了促进和实施上述综合多层次战略,对更广泛的“斯巴达”地区进行空间的重新设计,制定了一套“行动规划”。它由四个“行动规划”组成,对应于上述四个“干预方案”,涉及机动性、历史和纪念物、环境、认同和可感知性。“行动规划”包括具体的方向和目标,以确保协同效应和互补。

“行动计划”包括按照“轴”组织起来的单个“行动”,按照表格上的颜色,根据其性质进行分类(图 22),包括“干预”(E 斜线)、“项目”(M 浅灰)和行政措施(D 深灰)。根据实施时间的不同,它们被分为以下几类:“立即”(A, 2021—2022 年)、“短期”(B, 2023—2024 年)和“长期”(M, 2027 年)。

最后,每一个“行动”都有一个特定的空间参考,在大斯巴达区域的整体“空间战略”地图上呈现出来,包括一系列细化的“干预方案”(图 23)。

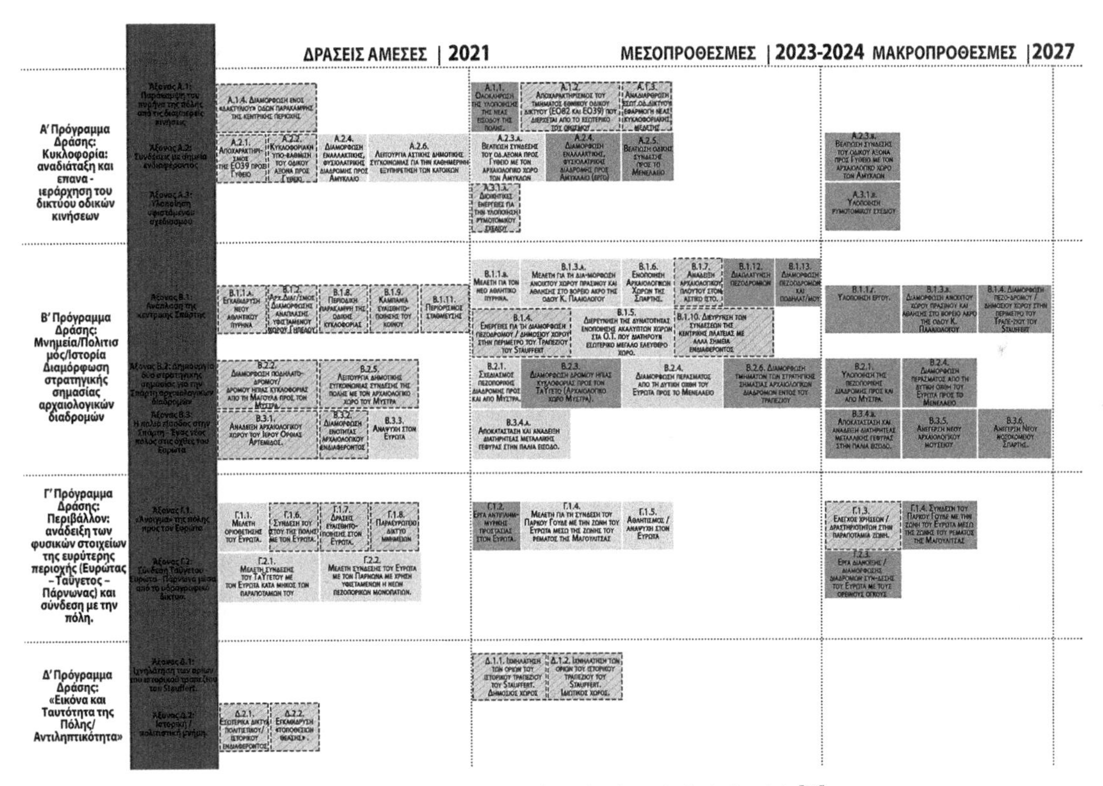

图 22 “行动规划”通过各项行动的综合表格列出[11]

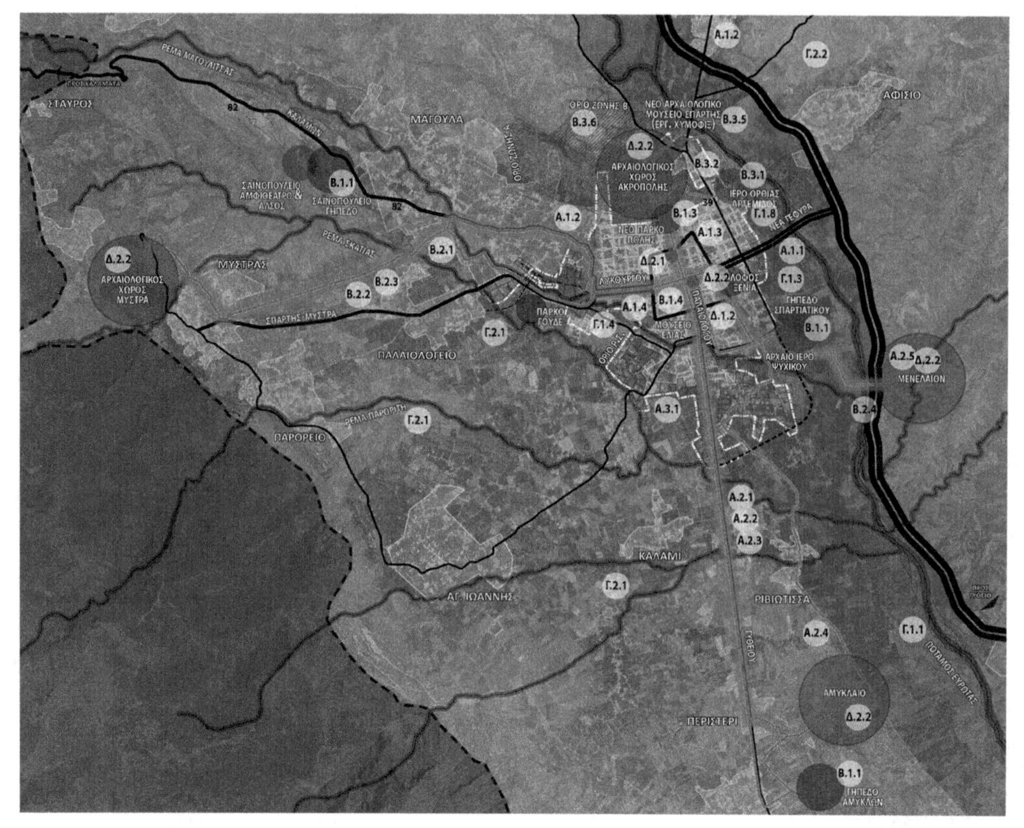

图 23　大“斯巴达”地区的总体“空间战略”(总体规划),考虑了各个独立的“规划行动轴线”[11]

6　结论

公元前 480 年 8 月,斯巴达国王莱昂尼达斯(Leonidas)在温泉关地峡接管了希腊联军的领导权,以对抗“薛西斯”(Xerxes)领导下的波斯人,他说服所有希腊人克服分歧,成功地团结大家抵抗侵略军。

尽管在庞大的波斯军队面前,莱昂尼达斯的 300 名斯巴达战士和 700 名赛斯比战士(Thespians)全部壮烈牺牲,但在一个月后的萨拉米斯,在“斯巴达”海军上将欧里维亚迪斯的领导下,希腊城邦联盟再次取得了对波斯帝国的决定性胜利,最终导致“薛西斯”与其大部分军队一起撤退。

许多历史学家认为,这一事件对欧洲文化的发展至关重要,因为它与希腊哲学、艺术和科学的发展有关。

如今,斯巴达是希腊、欧洲乃至国际舞台上的一个非常小的城市,它与区域管理局、国家管理局和欧盟携手合作,以获得财政资源。然而,它还与经验丰富的城市规划师、城市间的开发公司和大学研究中心合作,以获得必要的专业知识。

最后,也许除了过去那些非凡的历史遗迹和无形的成就之外,历史给“斯巴达”留下了这样一个信息:权力在于力量的联合和合作。

因为，正如重要的美国文化人类学家玛格丽特·米德(Margaret Mead, 1901—1978)所写："永远不要怀疑那一小部分有思想、有决心能够改变这个世界的公民。事实上，正是因为他们的存在，人类的历史才变得不一样。"

参考文献

[1] OpenStreetMap. Sparta[EB/OL]. [2022-06-07]. https://www.openstreetmap.org/#map=16/37.0747/22.4276.

[2] Discover Greece Thermopylae. Thermopylae: A journey to the heart of history[EB/OL]. [2022-06-07]. https://www.discovergreece.com/el/central-greece/thermopylae. [*in English*]

[3] Discover Greece Mystra: Mystra-Sparta. Byzantine mysticism, Spartan energy and epic nature [EB/OL]. [2022-06-07]. https://www.discovergreece.com/peloponnese/mystra-sparta. [in English]

[4] Sigalos D. Sparta and Lacedaemon. History of the Laconians from the mythical times to our time — 1860[M]. Athens: [s. n.], 1959. [*in Greek*]

[5] ERT archive, Greek Radio Television archive. Sparta: The genesis of a city[EB/OL]. [2022-06-07]. https://archive.ert.gr/? s=ΣΠΑΡΤΗ+Η+ΓΕΝΕΣΗ+ΜΙΑΣ+ΠΟΛΗΣ&cat=256. [*video in Greek*]

[6] Giaxoglou G. Sparta: Historic and urban development [EB/OL]. [2022-06-07]. http://spartaarchitecture.blogspot.com/2011/02/blog-post_6950.html. [*in Greek*]

[7] Foundoulakis O. Franz Stauffert: The first municipal architect of the new Athens[EB/OL]. [2022-06-07]. http://spartaarchitecture.blogspot.com/2022/01/franz-stauffert.html.

[8] Foundoulakis O. Deutsche Architekten im Griechenland des 19. Jahrhunderts[M]. Athens: [s. n.], 2020. [*in German*]

[9] Ladis F. Sparta between three centuries 1834—2002[M]. Sparta: Municipality of Sparta, 2002. [*in Greek*]

[10] Giaxoglou G. Archive[EB/OL]. [2022-06-07]. https://spartaarchitecture.blogspot.com. [*primarily in Greek*]

[11] UPRL NTUA. National Technical University of Athens, Urban Planning Research Lab, Collaboration between the Peloponnese Region, the Municipality of Sparta, the NTUA and the intermunicipal development company Parnonas, for the support of the Municipality of Sparta, for the maturation of the planning procedures for the urban regeneration of Sparta[R]. Athens, 2021. [*in Greek*]

[12] Sparta & Lacona. Municipality of Sparta & Ephorate of antiquities of Laconia, archaiological sites and contemporary Sparta, Sparta[EB/OL]. [2022-06-07]. http://spartaarchitecture.blogspot.com/2022/02/blog-post.html. [*in Greek*]

[13] Giaxoglou G. The (new) Mystras, Sparta[EB/OL]. [2022-06-07]. https://issuu.com/anaspageo2022/docs/08_book_. [*in Greek*]

[14] KIZI Design Studio. Sparta City Refurbishment[EB/OL]. [2022-06-07]. https://www.kizistudio.com/en/project. [*in English*]

Sparta — a medium-sized Greek historic city in transition: Planning attempts from the 19th to the 21st century

Konstantinos Serraos

1 Introduction

The subject of this paper is Sparta, a small-sized but very important historical Greek city. It concerns the city's path from the planning attempts of the neoclassical period at the end of the 19th century, to the new modern urban planning challenges.

Sparta is the capital of the regional unit of "Laconia", and it is situated in the southern part of the "Peloponnesse"(southern Greece), 235 kilometers away from the Greek capital city of 'Athens' and the main Greek harbor of "Peiraeus", or 2 hours and 50 minutes driving time[1] (Figure 1).

Furthermore, Sparta is located on the riverbank of Evrotas, in a plain formed between Mount Taygetos and the mountain range of Parnon. Currently, it has a population of about 17 000 inhabitants[1] (Figure 2).

2 Sparta, a historic city: The background

Sparta is an outstanding historic city. Recently, it celebrated the anniversary of 2 500 years from the battle of Thermopylae[2-3], between the Greek and Persian troops, a victory of freedom against totalitarianism (Figure 3). In modern Greece, the word "Thermopylae" signifies the belief in principles and values ... the higher goals. In addition, Sparta celebrated 2 500 years from the naval battle of Salamis, between the alliance of Greek city-states and the Persian Empire, in which the fleet admiral of all Greek naval forces was Evryviadis from Sparta. However, Sparta radiates with its history not only because of the two above important historical milestones, but mainly because it was the birthplace of the city's formation of democratic organizational and operational structures[4].

3 The 19th century

Although Greek history has its origins in the ancient period, the modern Greek state is quite new, since, until the beginning of the 19th century, Greece constituted a part of the Ottoman Empire, which controlled the entire middle east and the Balkans, as far as the gates of Vienna. 1821 is the year of the "Greek Revolution", that is, the armed uprising of the Greeks against the Ottoman army to overthrow Ottoman rule and create an independent state.

As part of the reorganization of the newly formatted Greek state, Sparta was re-established in 1834[5] (Figure 4). The same year the 17-year-old Otto, son of Ludwig of Bavaria / Germany, had already been declared King of the "Hellenes" (Greeks) by the British, Russians and French.

Within this historical and political context, the first Urban Plan for the city was prepared by the Bavarian Geometer Friedrich Stauffert[7-8] and included an area of about 60 000 m^2. Neoclassicism, the Hippodamian System of urban organization[orthogonal structure], and the relation with antiquity were the three main influences and design principles [9].

A central role of this urban planning attempt has a system of two main wide streets (axis) vertical to each other [today's Paleologou (Figure 5, dashed line 2) and Lykourgou (Figure 5, dashed line 4) streets] which at their intersection define the city's geometrical and essential center of gravity (Figure 5, dashed line 5). The most important of these two axes is Paleologou, which essentially constitutes the "backbone" of the city to this day. It extends from south to north and ends at the place where in ancient times the city of Sparta developed (Figure 5, dashed line 1). Two more streets [Leonidou and Archidamou (Figure 5, dashed lines 3)], converging slightly to the north with the central axis of Palaiologou, contribute to clearly orienting the urban plan towards the location of the ancient city[10].

4 The contemporary urban planning policy targets

The historical past of Sparta, the proximity to important archeological sites together with the surrounding diverse and challenging natural environment, make the today's city an attractive urban pole, which has emerged as a major administrative, commercial, economic, and social center for its region. On its way to the 21st century, Sparta needs a vision for a world-class, contemporary, intelligent, productive, environmentally sound, resilient, and vibrant city, to be developed in harmony with local scientists, institutions, and citizens. This vision, in terms of urban planning, should propose an integrated spatial strategy, for central Sparta and its wider hinterland, that would emphasize balanced spatial development, sustainable mobility, environmental resilience, and urban regeneration.

Through the collaboration between the Urban Planning Research Lab of the National Technical University of Athens (UPRL NTUA), the Peloponnese Region, and the Municipality of Sparta, the basic spatial planning options were investigated and prioritized. Furthermore, a comprehensive "Spatial Strategy" (SS) was formulated for the wider Sparta area, in combination with a corresponding "Action Plan" (AP)[11].

A special emphasis was given to the following four "Intervention Programs" [IP]:

4.1 Intervention Program "Traffic"

Intervention Program "Traffic", which concerns all kinds of traffic (vehicular, pedestrian and cycling), with a special emphasis on the rearrangement and re-prioritization of the vehicular road network as a precondition for enhancing sustainable urban mobility. More specifically, this Intervention Program includes measures aiming at ensuring the central core of the Stauffert urban plan of 1834 free from vehicular traffic. At the same time, the Program targets to eliminate the demand for temporary parking. Thus, an overall attempt is to highlight the historic center as an urban regeneration zone, with an emphasis on the enhancement of public space, the increase of green space and the environmental protection and promotion, as well as the creation of pedestrian networks connecting to each other, public services, public space, archeological remains, other important points of interest, and urban functions (Figure 6).

4.2 Intervention Program "History and Culture"

Intervention Program "History and Culture", which concerns the active integration of history, culture, and monuments in the contemporary city life, with a special emphasis on the creation of two strategically important Archaeological Routes for Sparta that are connected to each other in the heart of the city, at the intersection of Paleologos and Lykourgos streets (Figure 7, white dashed lines A). In this place, four important landmarks are situated: the Townhall, the Central Square of the city, the historic Archaeological Museum with the Municipal Park, and the church of Saint Nikon (Figure 8, dashed lines B).

The first Archaeological Route running on the axis of Paleologou street, connects the archaeological pole of Ancient Sparta in the north, with Ancient Amykles in the south. The second Archaeological Route passes through Lykourgou Street, connecting the archeological site of Mystras in the west[10, 12], with "Ancient Menelaion", in the east (Figure 8, dashed lines C), while crossing the bed of the river 'Evrotas' (Figures 9 to 12).

Obviously, these two main archeological walks provide connections to additional points of archaeological[12], environmental, and historical interest. Furthermore, they offer at their ends, exceptional views towards the city of Sparta, and therefore, a semantic connection of the wider area between the mountains of Taygetos and Parnon with the modern city of Sparta and its historical center (Stauffert Plan 1834) (Figure 13).

4.3 Intervention Program "Environment"

Intervention Program "Environment", which concerns the enhancement of the unique natural elements of the wider area, with a special emphasis on the river Evrotas, and the Mountains Taygetos and Parnon, through their functional interconnection with the city.

An important goal is the opening of the city of Sparta to the river Evrotas through the creation of connecting routes between the residential fabric and the river (Figure 14). A parallel action is the control of land uses to protect the character and the rural landscape of the area and to avoid uncontrolled development, possible conflicts of uses, as well as the unnecessary consumption of natural resources. An additional important action to raise public awareness is the organization and promotion of educational excursions and walks in the valley of the river Evrotas.

The two mountain ranges of Taygetos and Parnon are very important natural elements linked to the identity of the city. This requires a systematic effort to connect the city of Sparta and the bed of the river Evrotas with these two mountains. In the case of Taygetos, nature itself provides such connections through the hydrographic network, that is directed to the basin of the river Evrotas. The zones of streams and tributaries of Evrotas offer excellent opportunities for organizing such connections with unique environmental qualities and great attractiveness. Furthermore, many existing routes to the east of Sparta, would provide interesting connections between the city and the foothills of Mount Parnon.

4.4 Intervention Program "Image identity and perceptibility"

Intervention Program "Image identity and perceptibility". The physiognomy of the city during the transition from one distinct phase of urban development to another, is difficult to understand in space. The visitor looks for those elements that will connect him with ancient Sparta and the Neoclassical City, in order to become a shareholder of its history. In particular, one seeks to locate those signs of the urban landscape that allow for connection to the narrative of Ancient Sparta, but also of Sparta of the 19th century (Figure 16, thick lines A).

In this context, the Program proposes a thematic organization of spatial networks (culture, green space, public space, urban functions, etc.) throughout Sparta, which penetrate the central area, connecting it with the rest of the city (Figure 17). The proposed routes complement the strategic plan for Sparta, which turns the two main axes of the city into major hiking trails in the wider area.

In the 19th century, the new Sparta of the Stauffert Plan (1834) conversed directly with Ancient Sparta, according to the principles of the Bavarian planners. The neoclassical city not only serves the transition to "civilization" with the use of geometry, but also orients this geometric order to an axis of view and connection with the historical elements of the past. The strong backbone of the north-south axis of Palaiologou street, turns the city into the hill of Ancient Sparta. The two sloping sides of Stauffert's Historic Quadrilateral intensify the turn to the ancient city (Figure 18).

Neoclassical and eclectic houses and public buildings have been raised in the city, erecting the third dimension of the neoclassicism of the 19th century and the beginning of the 20th, placing Sparta on the map of neoclassical cities of the era of urbanization in Greece (Figure 19).

Although most of these buildings gradually gave way to new buildings in the modern Greek city, the historicity of the city remains firmly connected to the initial structure of the urban fabric. The urban structure, the public squares, the hierarchical network of streets, as well as the planting of the characteristic palm or orange trees, still constitute the neoclassical typology of Sparta that survives to this day and balances its identity as a historic city.

On the way to a new contemporary urban design attempt, it is crucial to take into account the above characteristic historical elements of neoclassicism. In this context, the central Paleologou Boulevard is of high importance. It is proposed as an axis of mixed use, with an emphasis on increasing public space and encouraging mobility of pedestrians and bicycles. In particular, the proposal is based on the redistribution of space between vehicular traffic lanes and pedestrian areas, in such a way as to create a central zone of public space of sufficient width. The redesign vision sketch (Figure 20) indicates with slash lines the proposed new wide central zone of green and public space (Figure 21)(17 meters wide), and with B areas on both sides, the proposed needed new lanes for vehicular traffic (3.5 meters wide each). The total width of the boulevard of 32 meters, also allows the provision of 4-meter-wide sidewalks on the fronts of the buildings, that mainly host central uses.

5 The Action Plan

To promote and implement the above-described integrated multilevel strategy for the spatial redesign of the wider Sparta area, an Action Plan was formulated. It consists of four "Action Programs", corresponding to the four "Intervention Programs" described above, relating to mobility, history and monuments, environment, identity and perceptibility. The Action Plan includes specific directions and goals with the aim of ensuring synergies and complementarity.

The Action Programs include individual Actions organized in Axes, which are categorized, depending on their nature in accordance with the colors on the table (Figure 22), as: Interventions (E)(slash lines), Projects (M)(light grey) and Administrative Actions (dark grey) (D). Depending on the time of their implementation, they are grouped as follows: Immediate (A)(2021—2022), Short-term (B)(until 2023—2024), and Long-term (M)(until

2027).

Finally, each Action has a specific spatial reference which is presented on a map of the overall "Spatial Strategy" for the Greater Sparta Area, incorporating all detailed "Intervention Programs" (Figure 23).

6 A stochastic concluding remark

In August of 480 BC, the Spartan king Leonidas took over the leadership of the allied Greek army against the Persians under "Xerxes" in the strait of Thermopylae, and succeeded in keeping all the Greeks united, persuading them to overcome their differences.

Although in front of the large Persian army, none of the 300 Spartans and 700 Thespians of Leonidas survived, a month later, in Salamis, again the alliance of Greek city-states under the Spartan admiral Evryviadis, achieved a decisive victory against the Persian Empire, which eventually led "Xerxes" to retreat with most of his army.

Many historians argue that this event was crucial for the development of European culture, to the extent that it is associated with the development of philosophy, arts, and science in Greece.

Today, Sparta, a very small city, in Greece, in Europe, and much more in the international arena, joins forces with the Regional Administration, the State Administration and the European Union, from which it draws financial resources. However, it also collaborates with experienced urban planners, inter-municipal development companies and university research centers, from which it draws the necessary know-how.

Finally, perhaps, apart from the remarkable monuments and the intangible achievements of the past, history bequeathed to Sparta the message, that power lies in the union of forces and in cooperation.

Because, as the important American cultural anthropologist Margaret Mead (1901—1978) wrote, "Never underestimate the power of a small group of committed people to change the world. In fact, it is the only thing that ever has."

尊重历史,以人为本
——gmp从汉堡港口城到上海南外滩的城市设计研究与实践

Respecting history and people first
—The urban design research and practice of gmp from Hamburg Hafen City to Shanghai Sounth Bund

吴　蔚　郑珊珊
Wu Wei　Zheng Shanshan

摘　要:本文以欧洲滨水空间的历史演变开篇,结合gmp在汉堡的城市设计研究及实践,阐述gmp在欧洲背景下逐步形成的城市设计观——尊重历史,保护历史建筑,以当代人居为设计基础,适度更新。以此设计原则为依据,gmp在上海南外滩进行了多年的滨水空间研究与设计实践。文章将两个地域、两种文化、两座城市的滨水城市空间设计进行并置与类比,阐述了gmp的对话式设计宗旨与以人为本的城市设计观。

关键词:滨水空间;汉堡港口新城;上海南外滩城市设计;对话式设计;城市更新

Abstract: This paper begins with the historical evolution of Waterfront space in Europe, combined with the urban design research and practice of gmp Architekten in Hamburg, and expounds the urban design concept gradually formed by gmp in the European context — respecting history, protecting historical buildings, taking contemporary human settlements as the design basis and moderately renewing. Based on this design principle, gmp has carried out waterfront space research and design practice in Shanghai South Bund for many years. This article juxtaposes and compares the waterfront urban space design of two regions, two cultures and two cities, and expounds the conversational design tenet and human-oriented urban design concept of gmp.

Key words: waterfront spaces; Hamburg Hafen City; Shanghai South Bund urban design; design in dialogue; urban renewal

1 引言

世界上很多有活力的大城市都是滨水城市,河流湖泊在交通、市政、景观、生态等方面服务着城市,构成了多种多样的城市滨水空间。随着历史的发展,水和城市的关系在不断变化,人们对水的感受和认知也在改变,城市功能的变迁为城市更新创造了条件,也带来了挑战。

本文以欧洲滨水空间的历史演变开篇,结合 gmp 在汉堡的城市设计研究及实践,阐述 gmp 在欧洲背景下逐步形成的城市设计观——尊重历史,保护历史建筑,以当代人居为设计基础,适度更新,塑造舒适宜人的城市空间。以此设计原则为依据,gmp 在上海南外滩进行了多年的滨水空间研究与设计实践,延续了 gmp 的城市设计观,但又因地制宜地分析并解读了上海的城市空间肌理、社会文化、人居特色,最终呈现的城市空间形式与 gmp 在欧洲的实践不尽相同,但同样反映了对话式的设计方法。本文将两个地域、两种文化、两座城市的滨水城市空间设计进行并置与类比,可以看出 gmp 延续的设计理念,超越了物质空间形式,即以人居为首要原则,这也正体现了以人为本的城市设计观。

2 欧洲城市滨水空间的历史发展

2.1 全球海运及港口技术变迁

德国建筑学者格特·凯勒(Gert Kähler)将港口形容为"服务者":"港口始终在适应最新的工业技术,满足时下的经济需求,反之则不成立。"[1] 是海运、船舶工业与水陆转运技术塑造了港口的位置与形态,并影响了码头及仓库的建造。因此,港口及港口城市的空间演变首先是由海运及港口工业技术的变迁决定的。早在 19 世纪初,凭借蒸汽船的发明,欧洲的港口经历了由工业革命带来的第一次大型变革,蒸汽船取代了帆船,机械转运取代了人力转运,铁路的普及促使转运速度不断提高,港口劳动力需求大幅减少,从而引发了港口城市空间的结构演变。

20 世纪 50 年代,集装箱技术在美国诞生,并被迅速应用到全球货运系统中。这种国际标准化集装箱从根本上改变了传统的货运模式,一方面极大提高了货运运输效率,另一方面也对包括转运场所的配套设施的发展建设提出了新的要求。1968 年,德国迎来了历史上第一艘集装箱货船"美国枪骑兵号"(American Lancer)[1],这艘货船之前经停了鹿特丹——欧洲目前最大的港口。19 世纪末,伦敦还是世界上最大的港口,而时至今日,伦敦港已不复存在。1966 年汉堡船坞建造了德国第一艘集装箱货轮"前锋钟声"(Bell Vanguard),能运载 67 个 20 英尺(6.096 米)的集装箱[2-3]。即使在当时的汉堡,人们也还未能预见集装箱为这座城市带来的巨变。汉堡港现在每年则吞吐近 850 万个集装箱[1]。

这场物流革命波及了全球所有的大型港口城市,包括汉堡港在内的、许多以仓储建筑和长岸线为空间特征的欧洲传统散装仓储码头已不适应货运行业的发展需要。集装箱可以说是一个"移动的仓库",可以直接转运,从而不再需要传统港口中的仓库。另外因为上下载速度很快,码头不再需要很长的岸线,但需要提供大面积的平地,用于转运所需的大型机械吊车等设备,以及便于摆放集装箱的大型货场。从汉堡港 1950 年和现在的总平面可以看出港口过去 50 多年的“集装箱化”的结果,大量的内港式泊池被填平,形成大面积连贯的集装箱堆货场(图 1)。同时,随着集装箱货船的荷载不断提高,船只驶入港口时也需要不断加深的水域和更加宽阔的河道,这也从另一个角度深刻影响了港口的城市空间。

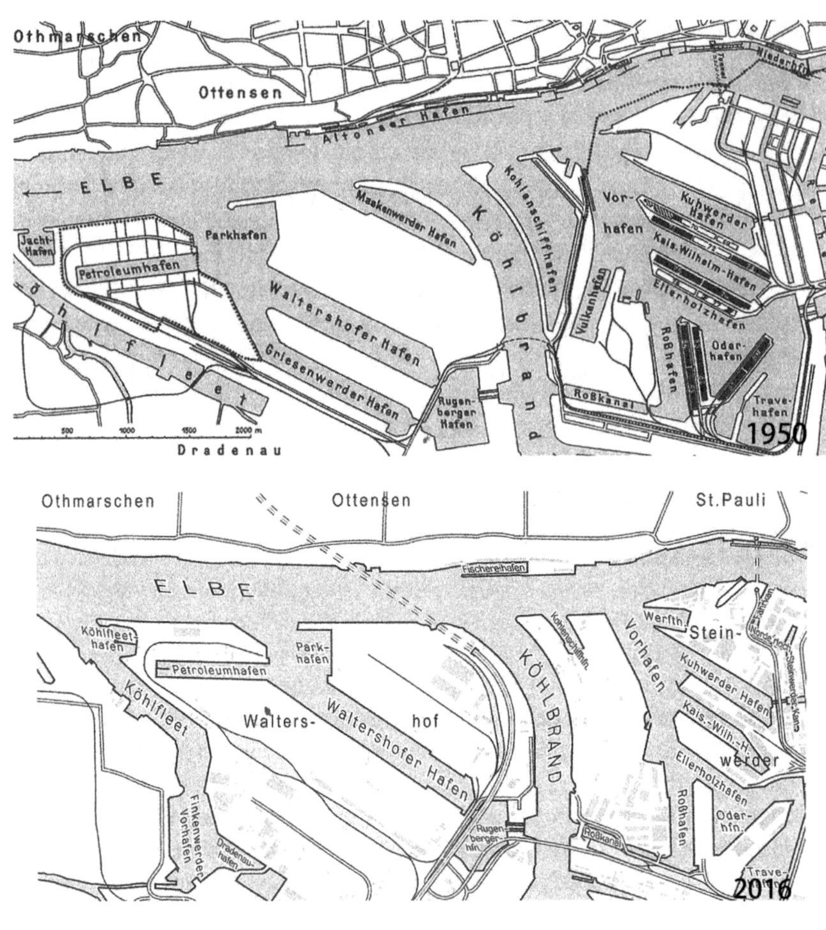

图 1 1950 年与 2016 年汉堡港口总平面对比

(来源:Hamburg Port Authority HPA)

2.2 哥本哈根港口发展历史

哥本哈根是一个有着悠久历史的港口城市,在大航海时代以前就凭借小型船运和捕鱼业以及天然的海峡地貌逐渐形成了港口位于中心的城市格局(图 2)。到了 1850 年,港口不断发展扩大,形成了目前的 4 个与城市紧密结合的港区(图 3)。集装箱化引发的海运变革使得哥本哈根在世界港口城市中逐渐失去了经济地位,其原因主要是哥本哈根港在航运线路中仅作为中转港,从而退出了港口进一步的工业化发展及扩张。也正是这个契机使得哥本哈根政府及市民提前思考港口城市空间的转型问题,早在 1943 年,沿内河新港(**Nyhavn**)的几栋建筑就被列为文保建筑。1950 年代,新港的仓库及海事办公楼就被改造成为了餐馆和酒店,这也是世界上最早的港口城市改造的成功案例。

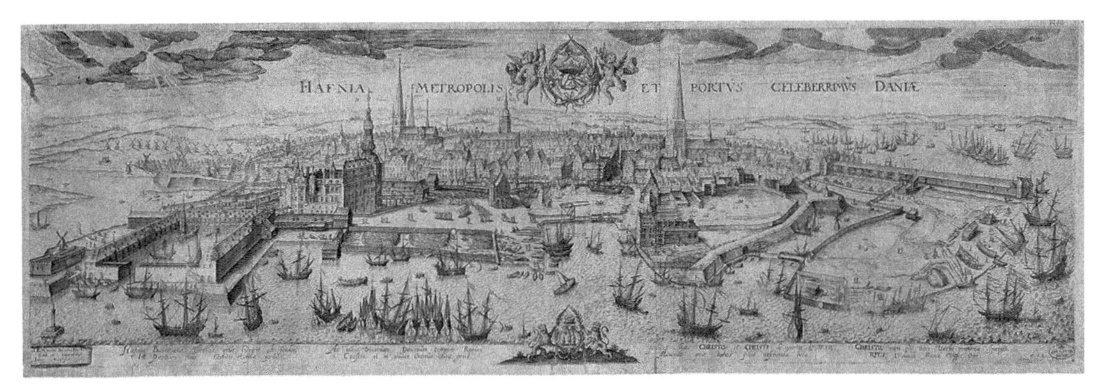

图 2　1611 年的哥本哈根

(来源:Wikimedia Commons)

图 3　1850 年的哥本哈根

(来源:Wikimedia Commons)

1973 年,政府公开的研究报告《哥本哈根内港》(Københavns Inderhavn),提出了将内城港口区域从工业用地改造为城市公共空间,从而进一步提升内城的吸引力。研究报告中还提出,将一系列“宏伟项目”(Grand Projets)重新激活,如皇家歌剧院、丹麦皇家戏院、皇家图书馆等,利用这些文化建筑地标提升工业港区的城市形象。这一举措在当时也引起了居民和政府对港口发展方向的担忧,城市生活的复兴验证了改造策略是极为成功的,今天的新港已成为游客必去之地。旅游业的发展反过来也推动了港口的进步,哥本哈根港在货运港口功能减少的同时,成了最大的豪华邮轮港口,同时也成了全球最受欢迎的旅游城市之一。

2.3 阿姆斯特丹港口发展历史

荷兰可以说是一个依水而生的国家,荷兰人的城市生活与水域文化息息相关。阿姆斯特丹在1300年时已形成一个比较具有防御性的城市肌理,阿姆斯特河联系了城市和内陆,艾湾(Het IJ)则和城市的运河系统(Gracht)汇合(图4)。17世纪的经济发展促使港口开始向东发展,但很快因水底泥沙沉积,无法通行大型船只,因此还需要同时开辟一个直接通往北海的通道。19世纪中叶北海运河建成了,在城市西侧新的港口区形成了,并且一个在阿姆斯特丹和艾莫伊登之间25千米长的港口停泊带形成了。这样一来靠近城市中心的港口就成了城市中心扩展区域(图5)。这一情况与汉堡港口城极为相似。新的市中心主要被用于居住功能,阿姆斯特丹在扩展区域建成了很多临水住宅,尤其在IJ湾北岸从1980年来建成了1 400套社会保障住宅。[1]

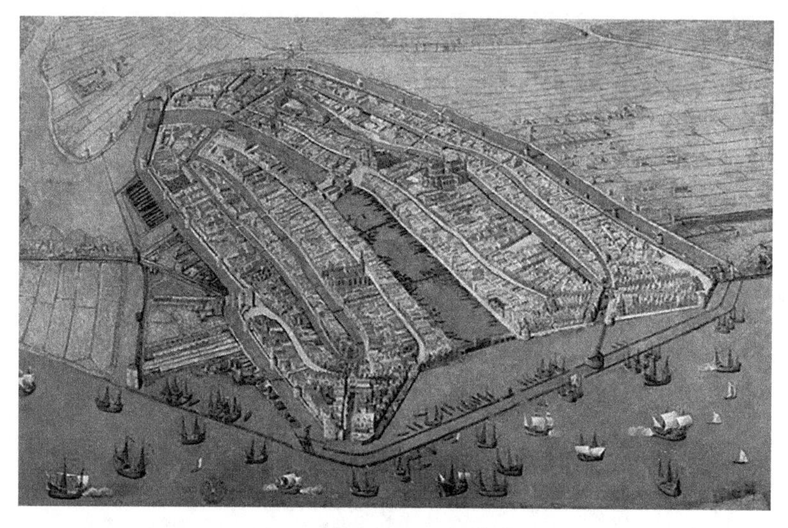

图4 1538年的阿姆斯特丹

(来源:Wikimedia Commons)

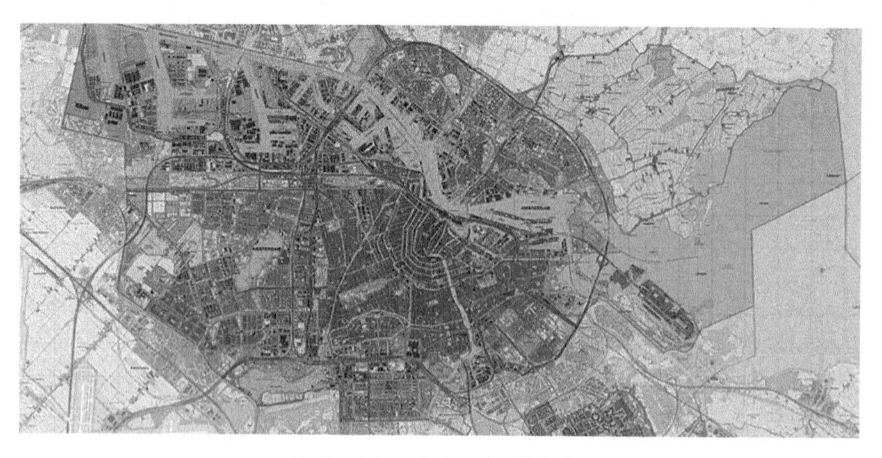

图5 2016年的阿姆斯特丹

(来源:Wikimedia Commons)

2.4 伦敦港口发展历史

伦敦是久负盛名的港口城市，但由于泰晤士河天然的巨大潮差——汉堡的易北河也有着同样的问题——在伦敦桥的位置可达4.5~7米。随着港口技术的发展，人们不得不解决潮差带来的转运困难，另外也为了保证港口货物的安全，解决方案便是建设一个个封闭船坞——伦敦码头区(London Docks)。19世纪初，从西印度船坞开始，众多海运公司都接连建设了大型船坞，伦敦港成为集散欧洲及大英帝国各地货物的世界第一大港口。然而，20世纪中期随着物流运输的集装箱化，由于码头区船坞面积狭小，船舶公司纷纷将停靠地转移到蒂尔伯里(Tilury)，甚至是面向外海且水较深的费利克斯托(Felixstowe)。1960年代到1980年代期间，所有的船坞都停止了营业，在伦敦市中心形成了面积达21平方千米的废墟。昔日繁华的码头区日渐衰落，失业问题严重，并随之衍生出诸多城市问题(图6)。1981年，英国环境部设立了伦敦码头区再开发公司(the London Docklands Development Corporation, LDDC)。但LDDC的政策偏向大型企业，以开发高档写字楼、商业中心为主，轻视社会性住宅开发，引发了社会贫富阶层分化及对立。玻璃方盒子式的大型公建脱离了原有的城市肌理，并与市民城市生活相割裂。金丝雀码头新区规划总平面如图7所示。

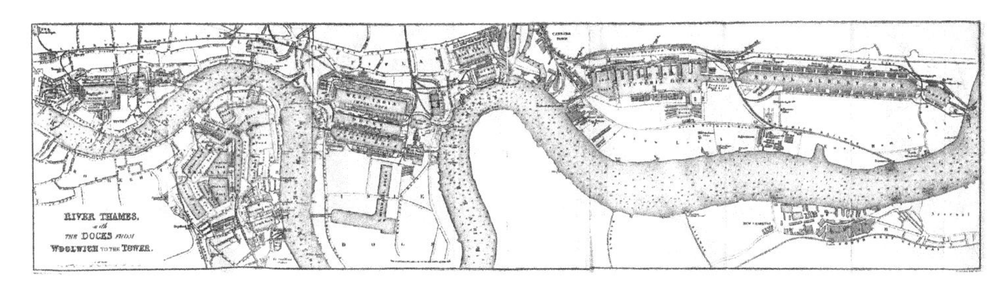

图6 1982年的伦敦码头区

(来源：Wikimedia Commons)

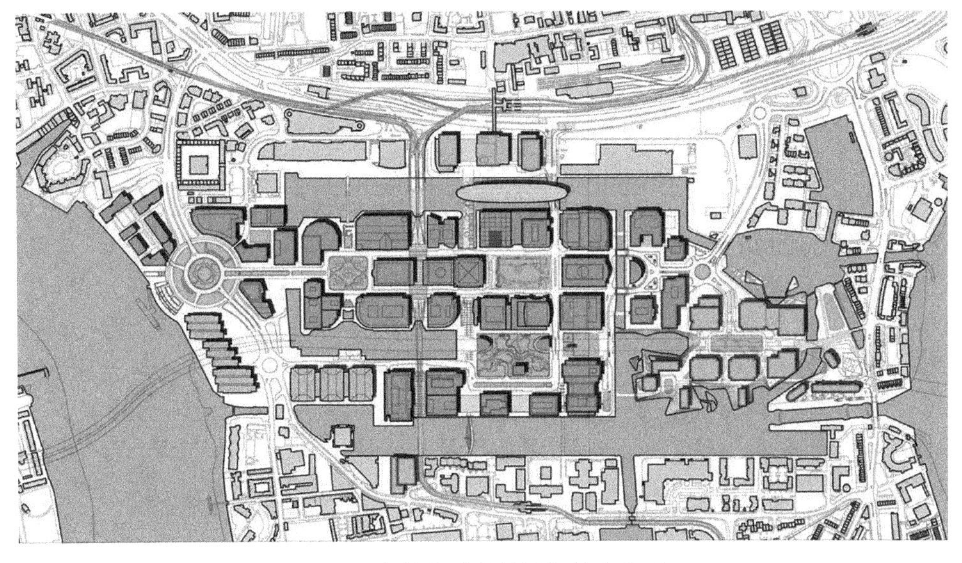

图7 金丝雀码头新区规划总平面

(来源：www.som.com)

2.5 总结:港口变迁引发的滨水空间变革以及城市功能的更替

集装箱运输盛行后,这些港口城市都经历了船运业、造船业的变迁,在城区"突然"出现"空闲"的空间,而且多为滨水地区。这一变迁为城市和市民创造了一个重塑滨水空间、重构产业结构的机会。同时,这也是一个难题,因为投资的逐利本性在进一步升级,如何塑造一个人性化的、宜居的城市,是摆在各地政府决策部门、规划师和建筑师面前的难题,其实这也是一个价值取向的问题。如何打造一个高品质的空间,是在考验投资者、管理部门、设计师的眼光和远见。以上的三座城市可以算是港口滨水空间更新改造的较早案例,通过不同的策略探索了港口新区发展的可能性。丹麦哥本哈根、荷兰阿姆斯特丹积极应对变化,通过保护历史建筑、转型发展豪华游轮码头或建设保障性住宅等措施,激活了城市滨水公共空间,成功实现了地区更新与城市结构升级。伦敦码头区则过于推崇经济效益,新区只服务于某个单一的社会阶层,尽管在国际化发展的方面是成功的,但在社会功能、城市肌理、尺度、建筑语言等方面与旧城区的联系较为薄弱。此外,三座城市的改造经验都证明了一点:滨水空间不论曾经作为何种城市功能,在市民心中依然有着无可比拟的吸引力,这种吸引力也成了港口更新的原动力。在这场滨水城市的变革中,汉堡也亟须探索适应自身特点的转型路径。

3 汉堡滨水空间的历史发展

3.1 汉堡城市发展历史概述

汉堡最初形成于公元12—13世纪,当时许多萨克森地区的大企业主移居此地,倚靠易北河水运形成港口城市(图8)。之后的几百年间,随着水文地理演变,出现了市中心的阿斯特湖

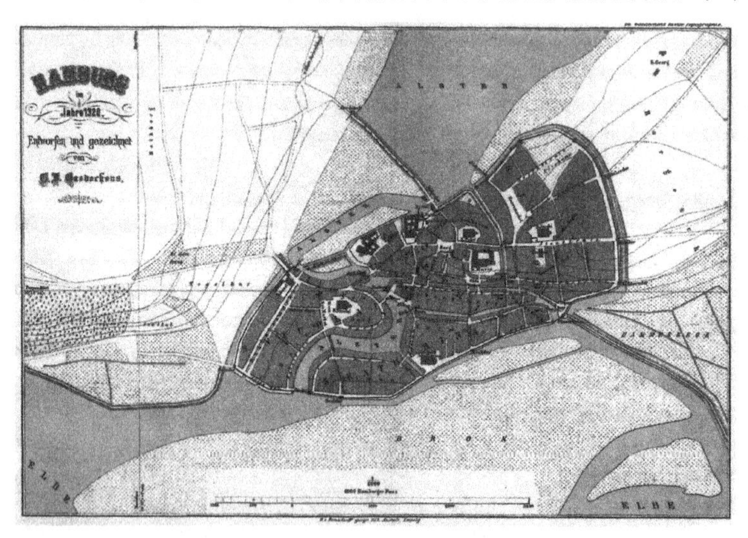

图8 1320年的汉堡

(来源:www.chrisitian-terstegge.de)

(Alster)，修建了护城河，并且阿斯特湖与吕贝克通过运河相连通，可通过水运到达波罗的海。阿斯特湖的航运功能一直延续到1905年。从18世纪开始，随着丹麦及法国统治的结束，汉堡的港口面积不断扩大，城墙转变为绿地和植物园。工业化时代的汉堡港口业应该是从1866年桑德托港(Sandtorhafen)建成开始的，1881又增加了格拉斯布鲁克港(Grasbrookhafen)，逐渐形成了鱼骨状的港口城市肌理(图9)。1881年，普鲁士帝国和汉堡确定了“自由港”的确切边界，开始建设仓储城。1930年一年内有20 000艘船抵达汉堡，此时，汉堡已成为欧洲最大最重要的港口之一。第二次世界大战期间汉堡港几乎被全部炸毁，直到1956年才被重新启用。

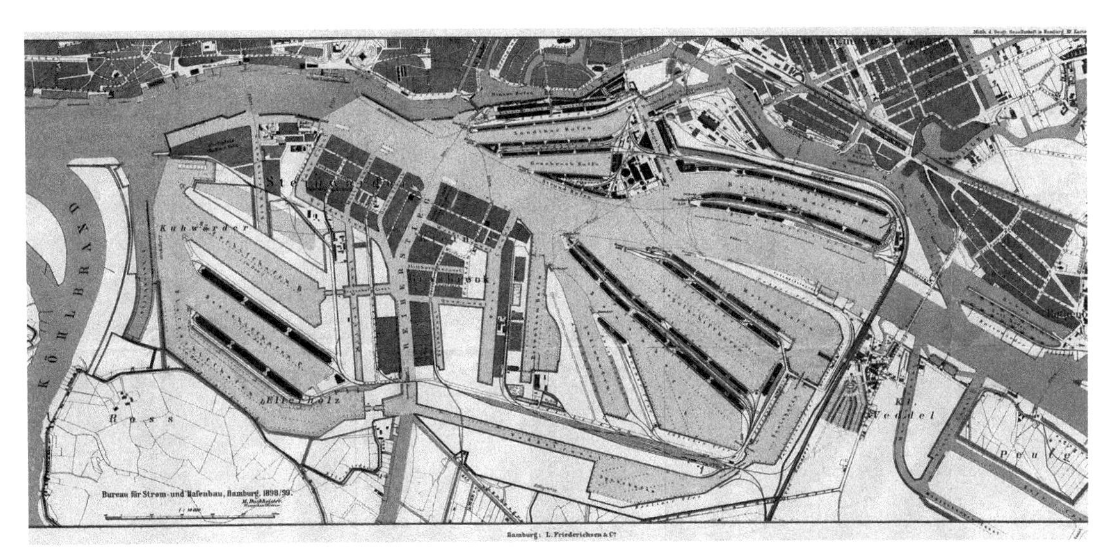

图9　1884年的自由港区域(Freihafengebiet)，易北河两岸“鱼骨状”的区域

(来源：www. chrisitian-terstegge. de)

汉堡港货物的吞吐量在20世纪后期一直处于快速增长。1980年集装箱吞吐量增长量达到了30%，进一步扩大汉堡港的集装箱吞吐能力迫在眉睫。相比传统的港口，集装箱港需要大面积的集装箱堆场，同时由于采用机械化装卸设备，大大缩短了停靠时间与停靠岸线长度。位于港口用地范围的阿尔藤韦尔德村(Altenwerder)被确定为扩建区域，于1998年才完成原居民的搬迁，2003年正式成为汉堡最主要的集装箱转运码头，这也保证了1997年由市政府公布的港口新城建设计划得以最终实施。

3.2　水系、港口：汉堡城市的场所精神

汉堡靠近北海和波罗的海，汉堡港是河、海两用港，也是欧洲河与海、海与陆联运的重要枢纽。海轮可从北海沿易北河航行而抵达汉堡，易北河的主道和两条支道都横贯汉堡市区，阿斯特河、比勒河以及上百条小运河组成的繁密河道网遍布市区。汉堡建筑师福尔克温·玛格(Volkwin Marg)将汉堡独一无二的地理优势看作是这座城市最重要的魅力所在，汉堡的城市特征也是由港口、河道、湖泊及各种水系空间构成的。若失去城市与水系的联系，就意味着汉堡失去了场所精神(Genius Loci)，失去城市个性，退化为一个匿名的现代化城市。

玛格于1973年12月1日提交的研究报告《汉堡——滨水而建》(*Hamburg—Bauen am*

Wasser）也正是以此为出发点。当时，接踵而来的社会和工业技术变革对汉堡滨水空间产生了深刻的影响，人们对水系的感知更多停留在航拍照片中，与城市生活愈加脱节。玛格于2001年在重印这份报告时回忆了当时的情景："当时的普遍看法是，水道就是用来水上运输和排水泄洪的，如果需要，可以把它们填平了，用做建设用地或道路建设。"因此，如何将水系归还城市生活、归还市民，重新激活滨水空间，成为汉堡在20世纪后期面临的首要的城市更新任务。

3.3 水域空间的功能变迁：从工业功能转变为休闲功能

纵观汉堡的城市发展历史，可以看到，城市水域空间曾多次出现从工业功能向休闲功能转变的趋势。1842年，一场城市大火烧毁了汉堡市中心大部分建筑，英国工程师林赛（Lindsey）提出了重建的现代化技术方案，诸多知名建筑师也提出了重建方案，诸方案凸显的共识是，水域不应只作为功能区，还应作为城市设计中的重要元素加以利用。包括戈特弗里德·森佩尔（Gottfried Semper）在内的建筑师提出学习威尼斯圣马可广场的空间概念，最终形成了市政厅广场（Rathausmarkt）、小阿斯特湖（Kleine Alster）、阿斯特拱廊（Alsterakaden）这些城市公共空间（图10）。当时还成功实现了将河道引入城市，在河道一侧设置柱廊，建立滨湖散步道的想法。[4]

20世纪初，随着海运技术的变迁，狭窄的内河道无法容纳大型货船，阿斯特外湖到内河道的水运大幅减少，一些内河道被逐步改造为水上运动和休闲场所。而到了集装箱物流时代，汉堡港口及水运系统再一次面临转型与迁移，这也就意味着城市中大量的水域与滨水空间需要改造为城市公共空间，为市民所用。

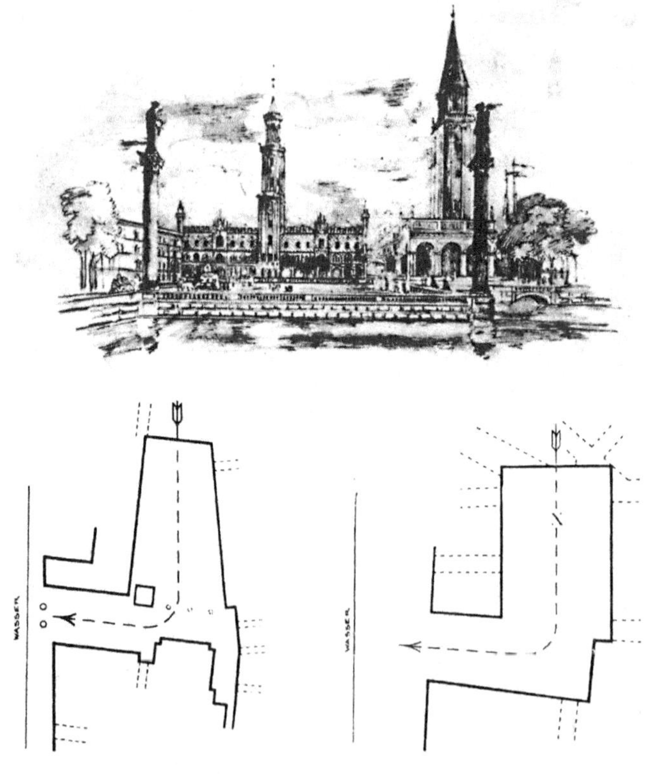

图10 森佩尔对汉堡市政厅广场的设计意向图

（来源：gmp Architekten）

3.4 城市生活的变迁:从市中心到郊区再回归市中心

也许有人说,如果 20 世纪 50 年代汉堡遇到同样的机会,港口新城就会早几十年形成了……其实不尽其然,因为当时汉堡的市民正期望着离开城市中心,去市郊有自然景色的地方去生活。从 19 世纪开始,汉堡的富裕阶层便开始选择易北河北岸的阿勒斯特湖居住。而原来在港口附近居住的码头工人及低收入阶层却因为港口扩建而失去居所,迁往城市边缘的巴姆贝克(Barmbek)、哈默布鲁克(Hammerbrook)。1880 年在市中心大约有 17 万人居住,到了 1980 年却只有约 12 000 人。另外的影响因素还包括 1930 年的《雅典宪章》中将居住、工作、游憩和交通四大城市功能有意区分开,导致城市功能区之间逐渐疏离。居民为了追求绿化环境更好、更宽敞的居住空间而不断外迁,市中心逐渐衰落。

直到 1970 年代中期,在各种社会思潮、政治经济形势影响下,人们才开始反思,重新怀念起斑斓的城市生活,并开始关注历史遗存的保护与利用。1971 年德国总理维利 · 勃兰特(Willy Brandt)执政期间,颁布了《城市发展法》和《城市空间文物保护法》,这对历史空间和建筑群的保护起到了关键作用。1975 年的“国际文物保护年”强调了对之前一直忽视的建筑,如工业、产业建筑、居住建筑群以及街区社会环境的保护。多种因素引发了汉堡市民开始对城市中心的重新关注,对城市生活向往的回归。

4 gmp 对汉堡滨水空间的研究及汉堡港口城的规划设计理念

4.1 《汉堡——滨水而建》:汉堡港口新城的雏形

1973 年 6 月 29 日,汉堡规建部部长西萨 · 玛伊斯特(Cäsar Meister)委托了一个年轻的建筑师做一个关于汉堡滨水空间未来功能的研究。这个建筑师正是 gmp 的创始人之一,时年 37 岁的福尔克温 · 玛格。当时汉堡即将举行选举,为了寻求博得民众好感的竞选主题,规建部长希望拿出一个滨水空间的研究和未来提升城市形象的策略。

这份研究报告的名称是《汉堡——滨水而建》(简称《滨水而建》)。报告分为几大部分:城市设计的任务要求及原则;汉堡城市发展历史;重点城市区域现状研究;改造更新设计策略及实例参考。这份研究报告不仅是一个城市开始寻找水面的起点,也是一个汉堡市新政的起点,其主张不再是“逃出城市”,而是“进入城市”,创造新的居住空间,将滨水沿岸空间归还给所有人。

可以说,《滨水而建》为汉堡市规划新城的计划在技术实施层面铺平了道路。1989 年德国统一后经济迅速发展,汉堡港发展迎来了新的契机,1992 年 1 月 31 日,市政府正式确定建设港口新城,在之后的 5 年里,汉堡的国有企业“汉堡港口及物流股份公司”(Hamburger Hafen und Logistik AG,HHLA)在极度保密的情况下做了周密的规划、布置,甚至完成了港口新城区域土地的清理工作。1997 年 5 月 7 日,在汉堡著名的商会《海外俱乐部》(Übersee-Clubs)成立 75 周年的庆祝会上,汉堡市长亨宁 · 福舍劳(Henning Voscherau)终于公布了汉堡未来的宏伟发展计划——港口新城(Hafen City)。这是当时欧洲最大的城中心拓展项目,汉堡市中心的面积也会因此而增长40%。尽管玛格的报告并未见证港口新城的诞生,但从今日城市的发展成果来看,无论是易北河北岸的重塑、港口新城和其他滨水区位的建设均与1973年报告中的愿景吻合:“连接汉堡港口与城市核心”。

4.2 《汉堡——滨水而建》提出的主要城市规划原则与滨水空间改造策略

《滨水而建》针对汉堡城市提出了多种滨水空间的规划利用方式,改变了市民将河道作为生产空间的传统思想,主要提出了以下6条指导性城市规划原则[4]:

① 发展一个对易北河整个空间的积极主动的规划细要/概念;

② 通过利用自己的位置条件改善不发达城区的生活品质;

③ 建设城区附近的住宅;

④ 用作服务的河道转变为休闲水域;

⑤ 把河道融入内城的生活;

⑥ 联系核心城区和港口。

在汉堡滨水空间的实际改造策略方面,报告指出,激活城市水域空间的首要步骤是水质净化,其中包括废水排放的治理、雨水排放的处理、防汛措施等。其次,城市中的区域功能应重新划分,水系空间更多应为居住休闲功能,减少生产性功能,转移占用滨水空间的商业生产用地,转移货运港口。提升水域可达性,拆除或转移工业建筑,取消滨水的私人用地,重新规划机动车道,避免车道直接滨水。

报告选取了不同类型的街区实例,分别提出实用性的规划设计策略:例如在奥滕森-诺伊穆勒恩区(Ottensen-Neumühlen)增加散步道,打造高品质居住空间,改造堤岸,在原仓储功能空间上层建造公园,或在车库上建造庭园式住宅及退台住宅等(图11);沿阿斯特河尼克来河道

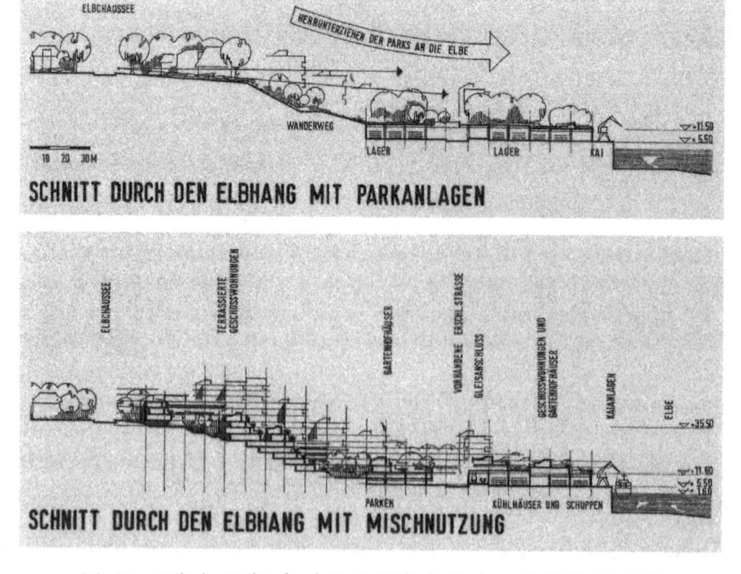

图11 《滨水而建》中对易北河岸空间的改造设计剖面图

(来源:gmp Architekten)

(Alsterschleife Nikolaifleet)设计了各种休闲、文体活动，甚至还有一个游艇码头(图 12)。在市中心弗利特岛地区(Fleetinsel)，则通过点状高层住宅楼首先保证高地价下的容积率，高层住宅可享有朝向河道、湖面的绝佳视野，底层则用作商业功能，同时隔离噪音，底商贯通并在沿河道一侧设置购物廊(图 13)。

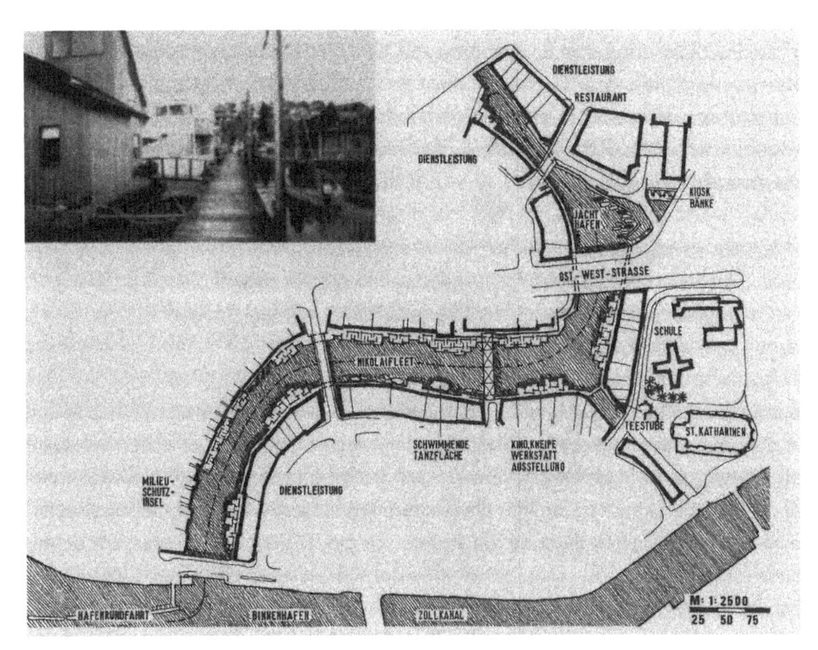

图 12 《滨水而建》中对尼克来河道的功能改造平面图

(来源：gmp Architekten)

这份报告重新唤起了汉堡市民对滨水而居的向往与渴望，《汉堡晚报》(*The Hamburger Abendblatt*)当时激动地描述了这个远景规划——“在水边的梦幻居住”(Traumhaftes Wohnen am Wasser)。

玛格在这份报告中提出的几个滨水空间设计策略，例如主干道交通与水道垂直设置，保证城市空间中的水域可见、可达，水域沿岸设置休闲娱乐空间，加强滨水及城市中的绿地公园之间的联系等，在几十年后的中国上海黄浦江畔，再次得到了成功的应用。

4.3 老建筑的再利用与城市记忆

与哥本哈根港的“宏伟项目”相似，汉堡的滨水区域也需要地标性的公共建筑单体来激活社会功能与城市公共空间。1989 年，汉堡市规划局局长埃格伯特·考萨克(Egbert Kossak)组织成立了 4～6 人的易北河岸小组，重点研究易北河岸 30～50 米进深地带利用，组织召开了多轮方案设计竞赛，开展了沿岸许多单体建筑的更新改造，形成了“易北河的珍珠项链”(图 14)。

这一计划的首个项目是汉堡著名媒体公司 Gruner + Jahr 新总部大楼(Otto Steidle & Uwe Kiessler 建筑师事务所，1990 年)，标志了“珍珠项链”在易北河北岸的开端，另一端则坐落着在旧联邦冷库(Union-Kuhlhaus)原址重新建造的奥古斯丁养老院(gmp 建筑师事务所，1993 年)(图 15)，这座新建的老年公寓无论从平面、高度体量还是砖石外立面来看都与原有建筑保

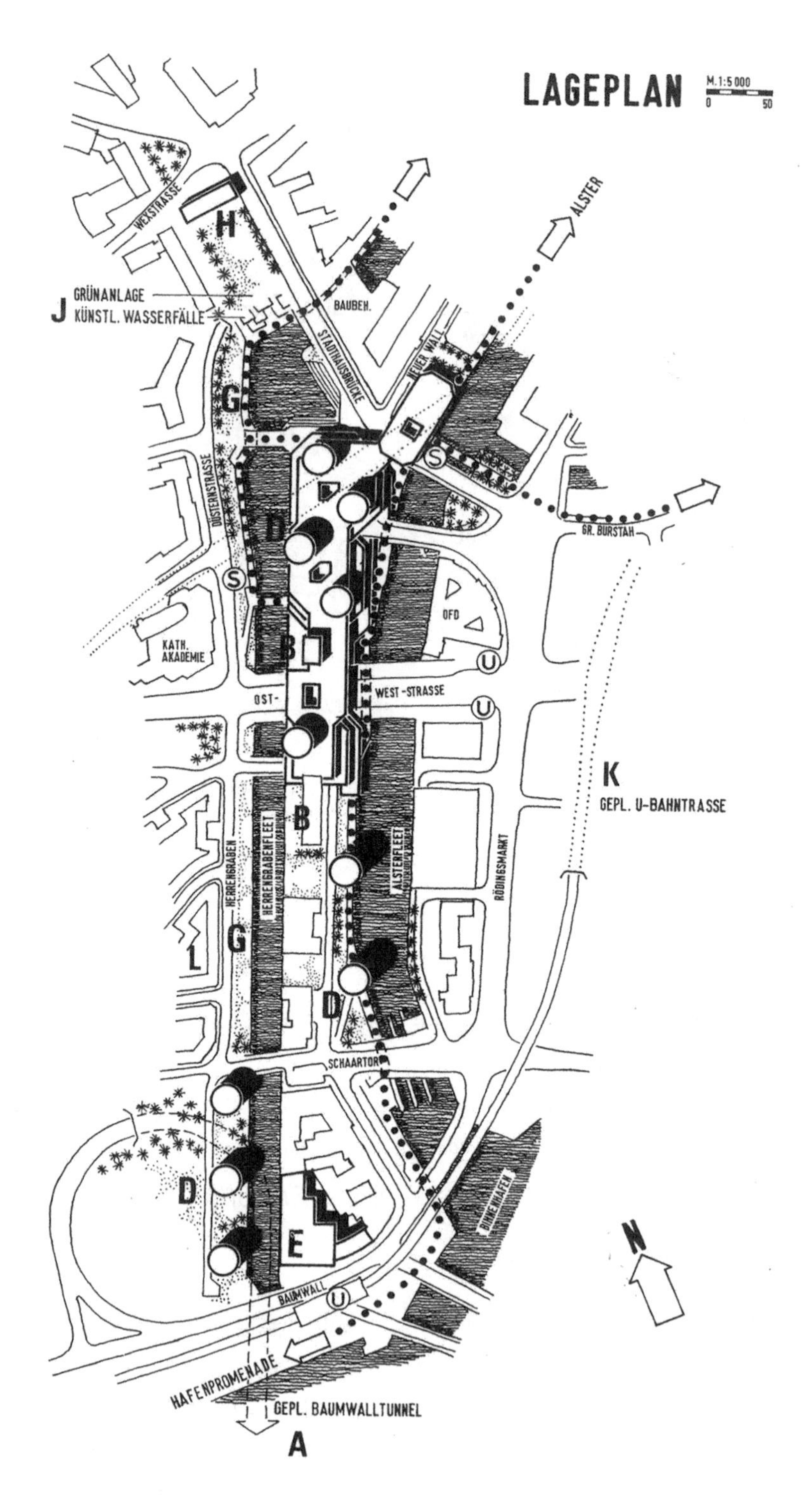

图 13 《滨水而建》中对尼克来河道(Nikolaifleet)的城市设计平面图
(来源:gmp Architekten)

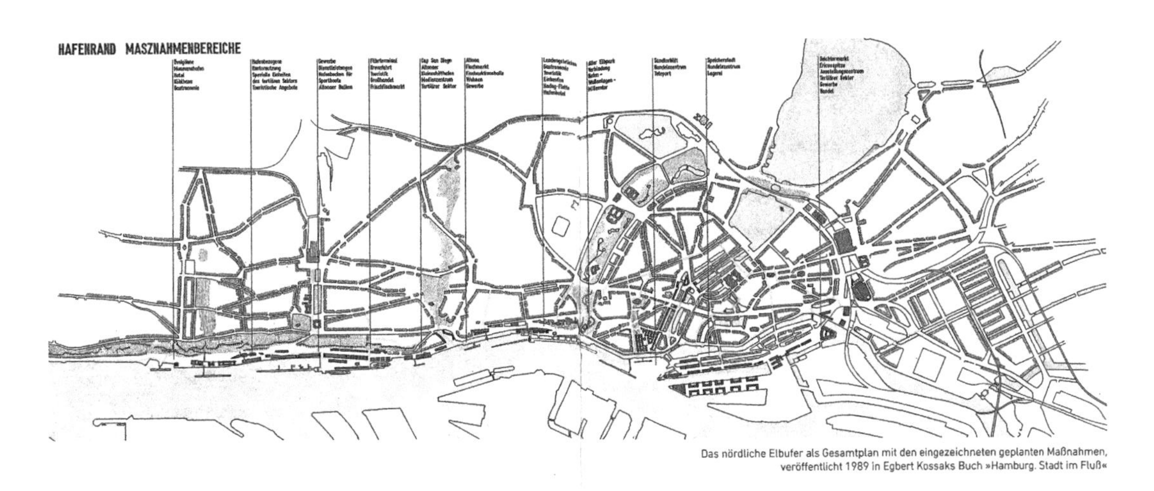

图 14 1989 年在《汉堡——河流之城》一书中公开的易北河珍珠项链规划平面
(来源:Egbert Kossak, Hamburg — Stadt im Fluss)

图 15 易北河畔冷库原址重建的奥古斯丁养老院
(来源:gmp Architekten;摄影:Klaus Frahm)

持高度相似。1973年,也就是玛格呈交《滨水而建》报告的同年,他也提出了对阿托那水岸边始建于1895年的汉堡鱼市大厅进行修缮并重新利用,在此之前,这座易北河岸极为显要的建筑一直处于废弃状态。如今,这里是汉堡一处热闹的集会空间,可举办各种活动,周末则作为海鲜市场。1985年改造后,鱼市大厅正式成为"珍珠项链"上一个不可或缺的项目。在"珍珠项链"计划中得以实施的还包括汉堡Dockland办公楼(BRT Architects建筑师事务所,2004年)、易北码头办公楼(gmp建筑师事务所,1998—1999年)等。"珍珠项链"计划在当时虽然也激起了不少怀疑与反对的声音,但时间证明了,这一将新旧建筑混合,利用其间的张力重塑易北河岸的举措确实为这一狭长的滨水空间带来了新的活力,使得该区域土地迅速升值。虽然当时很多早期项目都没能实施,但其后的规划建设延续了现有的城市结构并做出了创新的尝试。

除了易北河岸,1980年代开始在城市规划设计中,汉堡市也特别考虑了如何恢复水和城市之间的密切关系,强调建筑依水而建、与水结合。gmp建筑师事务所1965年在汉堡成立,汉堡早已成为福尔克温·玛格的故乡。在过去的40年间,玛格带领gmp的设计团队参与了汉堡新老城区无数建筑及城市设计方面的研究、竞赛以及建设项目,其中仅针对易北河北岸与港口新城的研究及建设项目就超过了60个。多年的实践中,gmp也形成了一套适用于新旧更迭中的港口城市的独有设计方法。例如设计于1980年的汉堡内城河岛施泰根伯格酒店沿着河道做了一个很长的展开面,同时又在河道沿线局部预留开放空间(图16)。同样位于内城的还包括

图16 汉堡内城河岛施泰根伯格酒店
(来源:gmp Architekten;摄影:Klaus Frahm)

拉玛达文艺复兴酒店(1981 年)、德日中心(1995 年)(图 17)、苏黎世大厦(1993 年)、阿尔特瓦大街文保建筑综合体(2020 年)(图 18)等,均在不同程度上参考了周边的建筑语汇,并在建筑尺度、材料、色彩方面与之取得协调一致。在汉堡久负盛名的文保城区仓储城,gmp 研究了仓储城建筑独有的特征,例如双塔山墙、立面上典型的竖向狭长开窗与垂直肌理,以及在建筑基座、中间区域和屋檐线以上结构的水平分割,并用现代建筑语言进行全新的诠释。代表项目还包括凯尔维德内岛角—汉萨同盟交易中心(1999 年)、汉堡仓储城 X 街区(2002 年)、汉堡仓储城停车库(2004 年)(图 19)、德国劳埃德船级社业主中心(2010 年)等。建于 2016 年的汉纳曼兄弟集团总部扩建项目,则通过一栋完全采用现代建筑语汇的新建筑将两栋有着悠久历史的汉纳曼仓库整合为一组整体建筑组群——其分别见证了 19、20 和 21 世纪三个时代,并且在面貌上达成和谐的共鸣(图 20)。

图 17　汉堡德日中心

(来源:gmp Architekten;摄影:Klaus Frahm)

图 18　汉堡阿尔特瓦大街文保建筑综合体
（来源：gmp Architekten；摄影：Marcus Bredt）

图 19　汉堡仓储城停车库
（来源：gmp Architekten；摄影：Christoph Gebler）

图 20　汉纳曼兄弟集团总部扩建

（来源：gmp Architekten；摄影：Marcus Bredt）

4.4　玛格提出的港口新城规划纲领以及最终的实施方案

正是由于 gmp 多年来在汉堡的建筑城市实践得到当地政府的高度的肯定与认可，1996 年，港口新城方案对外公开的前一年，玛格教授——此时他已兼任著名的亚琛工业大学建筑系教授——接到了来自港口建设总指挥汉茨・吉萨斯（Heinz Giszas）的秘密任务——用 3 个月时间制定出港口新城的城市规划及设计导则，包括功能组成、占比、防汛防洪、交通组织以及分期建设规划，以此作为接下来新城建设的指导，并呈现出切实可行的空间效果与发展前景，帮助政府做出经济评估并为政治决策做好专业上的准备。由于整个计划必须完全保密，政府不提供任何设计任务书，玛格教授的团队也不能与其他相关部门合作协商。玛格教授最终呈交的提案是一份 A3 的图册，其中最重要的是一张港口新城的手绘设想草图（图 21）。这张草图以直观的方式呈现了未来港口新城的城市格局、建筑尺度、建筑风格乃至设计细节。一份名为《格拉斯河与巴肯港之间内城港口区发展研究》的报告分析了汉堡典型城区的街巷及建筑尺度，并提出了指导性的港口新城总规划平面布局（图 22）。

该报告用多个章节概述了汉堡港的历史、欧洲港口城市的结构变迁、防汛措施以及具体的城市设计理念。未来的港口新城需具备包括居住、工作、商业、旅游及休闲娱乐的复合城市功能，居住面积最大占比 70%，住宅楼 4～6 层高。报告提出了几条关键的城市设计原则[1]：

① 决定采用防洪层（Warften）作为防洪防汛措施；

② 保留仓储城面向桑德托港的南岸空地，桑德托港北部码头用作散步道，保留港口原有的

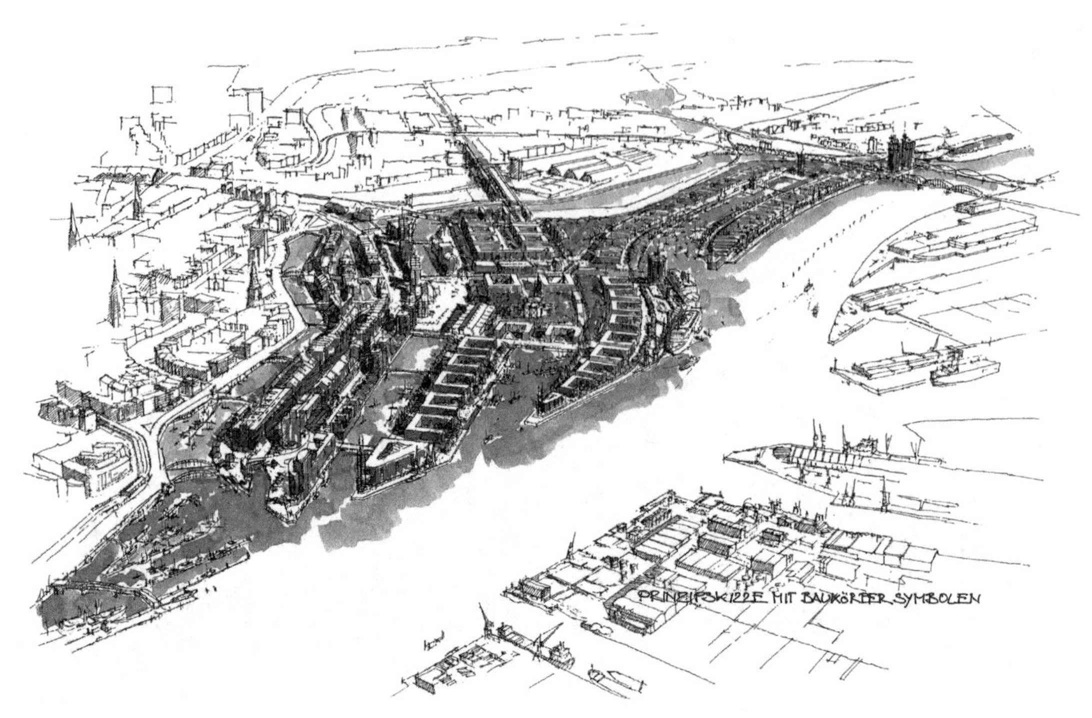

图 21　玛格教授手绘草图——汉堡港口新城设想
（来源：gmp Architekten）

图 22　《格拉斯河与巴肯港之间内城港口区发展研究》中对港口新城肌理及尺度的研究
（来源：gmp Architekten）

标志性建筑物；

③ 优先选择滨水空间建设住宅，缺少吸引力的背面则用作商业用途；

④ 为日益增多的邮轮设立游客中转站。

最终实施的港口新城在很多方面都采纳了玛格教授的研究成果（图 23）。新城的更新建设综合考虑了原有自然景观、历史人文条件，以及城市新的发展需要。功能布局方面，港口新城内还规划了大量住宅，既包括豪华住宅，也有社会普通住宅，甚至难民住宅，希望将社会人群混合到一种理想状态。总平面充分尊重了原有空间格局与肌理，保留了大量港湾。城市改造建设过程充分尊重历史风貌，保留老结构的同时植入新建筑，例如由 gmp 利用废弃的锅炉大楼改造设计的港口新城展示厅，在改扩建时用钢结构抽象地再现了两个被战火毁坏的标志性的烟囱（图 24）。同样由

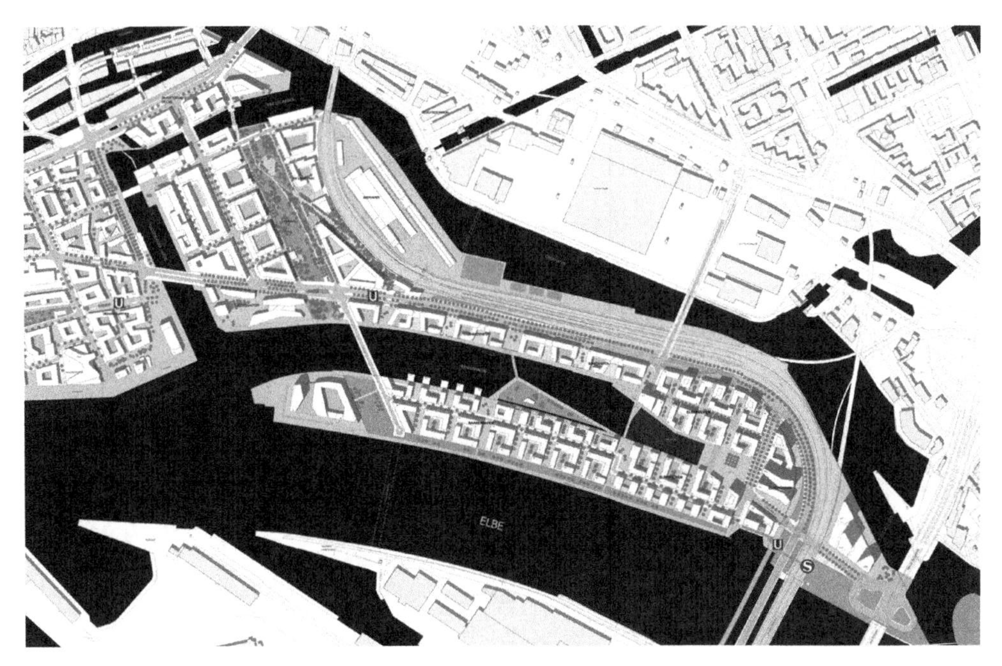

图 23　汉堡港口新城控规图
(来源：参考文献[1])

图 24　由锅炉大楼改建的汉堡港口新城展示厅
(来源：gmp Architekten；摄影：Christoph Gebler)

gmp 设计的基伯斯泰格桥作为防洪桥贯穿历史悠久的仓储城,将规划中的汉堡港口新城防洪高地与防洪墙后面的汉堡老城区连接了起来。新桥梁保留了原货栈城桥梁的传统钢结构构造,完全融入了周边的文物保护建筑组群(图 25)。后续在针对建筑单体的控规要求中,明确了建筑材料、色彩、尺度均需与周边现有建筑协调统一,甚至规定了越靠近仓储城的建筑,材料色彩应当越深、接近砖红色。在防汛措施方面也实现了玛格教授当时的设想:新城原来部分区域在防洪线以内会遭遇水淹,但在更新建设中并没有将水体与城市建筑分隔开,而是通过设置防汛闸门等技术手段,允许滨水建筑部分可被水淹,甚至在防洪层安排了餐厅等商业功能,通过防水闸门来防止洪水进入建筑,成为城市一大特色(图 26)。

图 25　汉堡仓储城基伯斯泰格桥

(来源:gmp Architekten;摄影:Felix Borkenau)

5　gmp 在上海南外滩的城市设计实践

欧洲对滨水空间进行系统性的改造是从 20 世纪 70 年代开始的,相比那些城市,上海对滨水空间的思考、开发和再利用稍晚了一些,但前者也恰恰为上海提供了很多有价值的范例和经验。早在 2002 年上海市就宣布实施包括 2010 年上海世博会会址在内的"黄浦江两岸综合开发规划",标志着黄浦江两岸地区开发正式上升为上海市的重大战略。黄浦江与苏州河的变迁是上海这座城市发展历程的缩影,从老城厢到外滩再到陆家嘴,"一江一河"始终与上海的发展

图 26　汉堡港口新城防汛层

(来源:吴蔚)

紧密相连。进入 21 世纪以后,与汉堡曾经的城市发展策略不谋而合,上海市政府提出"还江于民"的指导理念,将黄浦江逐步由生产岸线释放为生活岸线,由工业仓储功能向公共功能空间转型。近年来上海也出现了不少滨水公共建筑,例如外滩金融中心、龙美术馆西岸馆、民生码头筒仓改造、船厂改造、浦东美术馆、艺仓美术馆等诸多知名文化空间及商业空间。上海市规划和国土资源局(现上海市规划和自然资源局)将"一江一河"——黄浦江、苏州河定义为上海建设"卓越的全球城市"的代表性空间和标志性载体,致力于将"一江一河"打造成为具有全球影响力的世界级滨水区。

5.1　上海南外滩城市空间发展历史概述

南外滩可以说是上海最早出现的城区之一。从复兴东路至南浦大桥,这条长 2.2 千米、总用地面积 1.6 平方千米的黄金水岸线,其历史可以追溯到宋代。上海一直有"一城烟火半东南"的说法,指的就是南外滩的腹地——早年董家渡一带的繁荣局面。

2010 年 7 月上海市发布了《外滩金融聚集带建设规划》,在城市总体规划层面将南外滩作为上海国际金融中心建设的重要战略发展空间,明确将外滩金融功能向南外滩地区延伸,与陆家嘴金融城错位互补、协同发展,共同构成上海"一城一带"的总体金融格局。[5]

整个董家渡地区的大规模城市更新于 2010 年上海世博会前启动,随着大量本地居民搬迁至上海其他区域,董家渡片区的居住属性逐渐减弱。2018年初,南外滩滨水空间贯通,结束了之前以生产、轮渡功能为主的衰落局面,逐步重新恢复滨水空间的城市活力。

5.2 近年来南外滩区域的规划思路

董家渡及其东部滨江地区先后做过多轮城市设计。虽然建筑形态各不相同,但主要的空间要素已经在后期各项设计中沉淀下来作为地区空间规划的基础,如董家渡中心区向北延伸的绿化主轴线,以及董家渡中心区环形围合式的高层建筑形态等。但之后由于外滩金融功能发展的要求,董家渡地区的功能定位已经由较为纯粹的居住地区,转化为以商务、居住为主的综合功能区,早期城市设计的一些空间和形态要素则无法延续。根据最新的上海市黄浦江两岸地区规划,南外滩是连接北侧世界著名的上海外滩和十六铺渡轮码头以及南侧世博地块的重要节点,董家渡黄浦江两岸的第一线都将建设成为大型滨江景观绿地和商业配套,集滨水旅游、金融、贸易、办公、商业、居住为一体。

按照规划要求,南外滩地区需要一组建筑引领整体天际线,遮挡后排视觉较乱的住宅楼,衔接南外滩与老外滩地区。在城市风貌方面,南外滩地区将形成通透灵动的滨江界面、疏密有致的空间尺度、高低错落的天际轮廓、统一整体的建筑组群、现代典雅的立面风格,并充分利用滨江景观资源,形成与国际金融集聚区相适应的城市风貌。

5.3 gmp基于汉堡经验的城市设计策略

gmp自1999年开始在中国进行建筑实践以来,一直秉持着“对话式设计”的策略,在迥异的文化背景下摸索新的设计方法,同时应用之前在欧洲几十年积累的先进建造经验。在过去十几年间,gmp参与到上海外滩沿岸多个城市设计与建筑设计项目中,希望能够应用以汉堡为首的城市规划设计经验,创造出符合上海城市特征及地域文化的滨水空间。

5.3.1 策略一:城市记忆与肌理的尊重与延续

世界上大部分港口城市都有着相似的鱼骨状历史街道结构,这完全是由港口功能决定的——行人和货物都需要一条天然快捷的运输通道,即连接码头与内城的最短距离。上海外滩也不例外,港口和上海老城厢之间小尺度平行街道所形成的网络成为外滩区域独有的特色。这种极富特征的城市肌理是城市空间的骨架和底图,也是构建城市记忆的重要载体,建筑师与规划师应将这个肌理在城市更新中织补和重构。在《滨水而建》报告中,玛格教授就提出了“主干道交通与水道垂直设置”的规划原则。

在外滩SOHO项目上,gmp对周边的城市肌理进行了分析,采用薄板式体块叠加形成六座建筑组合的方案,采用纯几何的组成关系使得建筑的体量和周边建筑形成一种恰当并协调的关系,虽然使用了现代的建筑语汇,几座自然高低错落的塔楼依然轻松融入了包含了多种古典建筑风格的外滩风貌保护区。六座办公塔楼的高度从60米到135米不等,向外滩凸出,在南侧形成清晰的空间线条。两座较低的建筑则顾及相邻建筑的体量。建筑之间沿垂直外滩方向形成狭长的广场、小径,打通了外滩水岸与内城之间的联系,并提供了越过黄浦江、直达浦东新区的贯穿视野(图27—图28)。

在南外滩滨江岸线公共空间方案设计时,gmp对垂直于外马路的,并由于黄浦江弯曲而形成的放射状的巷子进行了发掘和梳理,在城市空间设计上提出了重构原有巷子空间的概念,恢

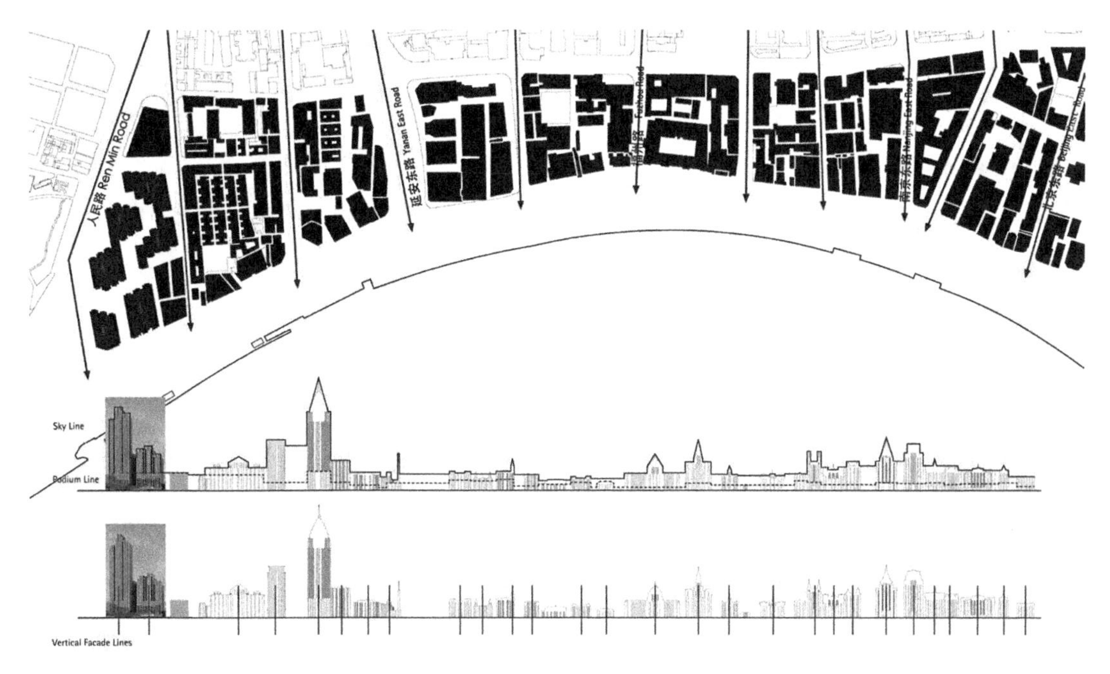

图 27　外滩 SOHO 设计过程中对外滩城市肌理和天际线的分析

（来源：gmp Architekten）

图 28　外滩 SOHO 沿黄浦江实景照片

（来源：gmp Architekten；摄影：Christian Gahl）

复了历史城市肌理。从 gmp 所有南外滩区域城市设计项目的总图中，可以看出，新建筑的布局和组成方式均延续了旧有的城市及建筑肌理，即垂直岸线排布，以一定的尺度划分体量并形成巷道空间。新总图往往延续了道路、建筑和相邻空间的历史结构，同时还强化了竖向尺度的线性肌理（图 29—图 30）。

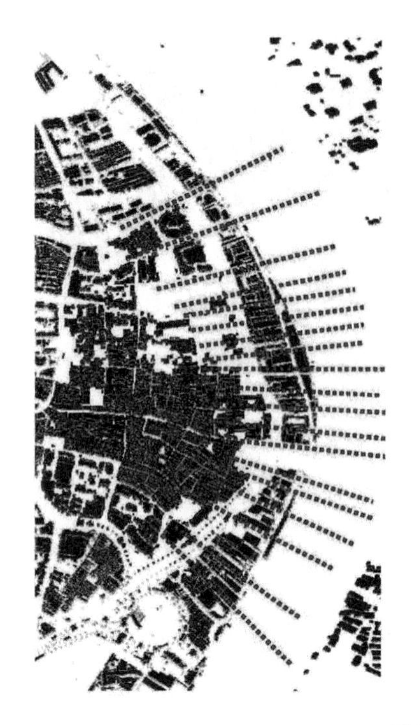

图 29　上海南外滩城市肌理分析图
(来源:gmp Architekten)

图 30　上海南外滩城市设计规划总平面图
(来源:gmp Architekten)

5.3.2 策略二：对历史建筑的修缮、保护与激活

正如吴志强院士说的，上海现在的城市形象是过去各个历史时期的“绽放”的集成，城市中可以看到各个历史时期的建筑。如何在沿江城市更新过程中延续我们目前所处的时代的“绽放”也是一个需要建筑师仔细思考的问题。人们对外滩 SOHO 之所以从一开始的“议论纷纷”到建成后的“欣然接受”就是因为建筑师恰当地处理了历史和现代之间的关系。从建筑立面的比例划分、横竖线条的应用、石材和玻璃相间、细部处理都是在仔细拿捏，细心处理当代建筑与整体外滩风貌的关系。而位于民生码头旁边的陆家嘴滨江中心采用简洁的建筑语汇，通过贯穿所有建筑的、有序的外露框架来隐喻这个地块在历史上的码头功能(图 31)。

图 31 上海陆家嘴滨江中心
(来源：gmp Architekten；摄影：清筑影像)

在沿外马路的南外滩地区有不少优秀的历史建筑，包括一些工业、仓储建筑。笔者建议将具有价值的历史建筑保护下来，赋予其新的功能，同时进一步仔细研究其他现有建筑，发掘有价值的建筑。还有，笔者认为在新建筑设计时也要充分考虑所处时代的特征，即秉持一个设计原则：“保护真古董，认定新古董，杜绝假古董”。

在 2021 年的南浦地块城市设计竞赛中，gmp 提出了“新旧互惠，利用历史建筑作为商业助推器”的设计主旨，不禁使人联想到 20 世纪 80 年代汉堡“易北河的珍珠项链”——事实上，很多港口城市更新案例都一再证明，保护旧建筑、植入新建筑，互相依托、彼此激活，是旧城更新的灵药。在南浦地块的城市设计中，gmp 保留了放射状的街道空间，历史建筑被置于更为开放的环境中，与新引入的记忆公园、南市市集广场、动力文化广场融为一体(图 32)。市民工作生活将以历史保护建筑为轴，围绕中心广场展开。四组历史保护建筑分别在南北侧与滨江侧，成

图 32 南浦地块城市设计公共空间节点
(来源:gmp Architekten)

为具有历史风貌辨识度的门户。信息服务站、餐厅、健身、会议、展览、秀场等功能的植入赋予了它们新的使命。gmp 特别对地块内的历史风貌建筑(如沪南慈善会旧址、新昌仓库、上海动力机场旧址等)进行了逐个研究,将其分为原址保留、保留具有风貌特征的构件及铭牌保护三种处理方式,并逐个提出保护策略(图 33)。gmp 认为,保护建筑遗产不应仅仅是保护个别建筑物突出的建筑品质,还要延续空间特征、基本结构和场所精神,这些内容共同构成了一个城市的历史。

5.3.3 策略三:滨水空间用于休闲功能,全民可达性

在黄浦江两岸 45 千米的滨水空间贯通工程中,gmp 与魏斯景观建筑事务所(WES Landscape Architecture)合作完成了全长 2.2 千米的南外滩段滨水空间设计,北连十六铺码头区域,南接南浦大桥。这条漫步道建成之前,南外滩滨水空间一度被认为是城市的背面,充斥着工业废地和垃圾转运场。然而,周边的大片居民区意味着这里有着较高的健身和休闲需求。南外滩的滨水岸线宽度较外滩狭窄许多,如果说外滩是上海黄浦江岸线的亮点,以及最公共的空间,那么南外滩较为私密的空间,更像是附近居民的会客厅。滨水岸线的设计将水岸西侧老城厢的城市空间肌理延伸至江边,波浪形的岸线对应着原有街巷。滨水空间在入口处向江面展开,形成亲水的“阳台”,在入口之间,种植低矮的绿植,由此形成蜿蜒的 S 形滨水岸线。在这个地方,亲水性是一个重要的话题,如何让市民最大限度地感受到水、接触到水,一直是设计师关注的。出于安全性的考虑,亲水性最后不得不被栏杆“打了折扣”,但跌落的标高还是给人一种向水的感觉。靠近外马路的边缘设置了休息座椅,为游客、居民提供了“静静地坐一会儿”的可能性,从而实施会客厅的功能(图 34)。

历史风貌保护 | Preservation of Historical Features

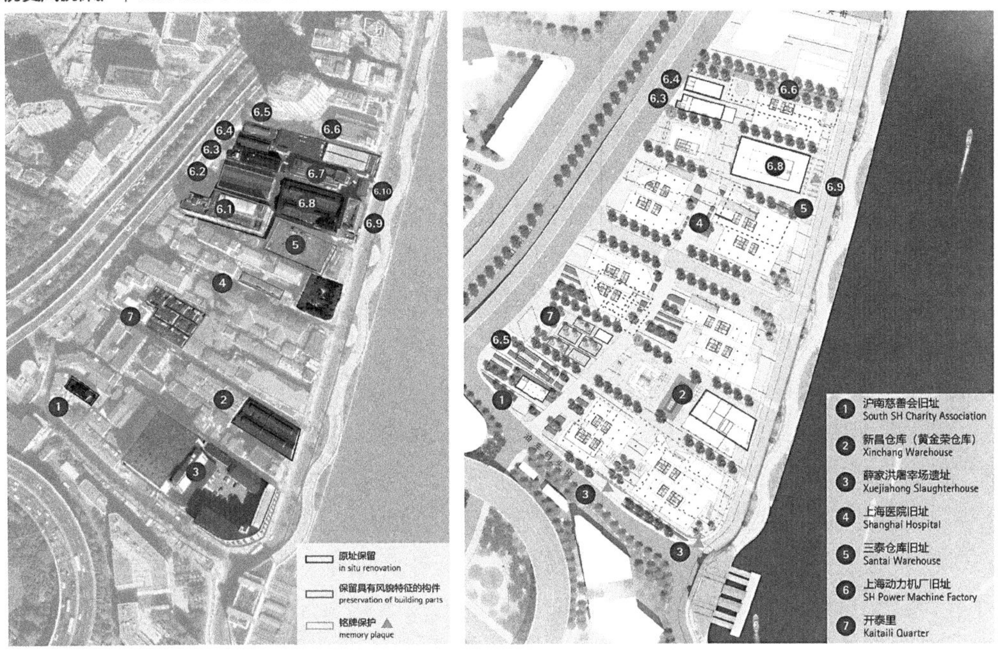

图 33　南浦地块城市设计历史文物建筑保护策略

（来源：gmp Architekten）

图 34　上海南外滩滨水岸线设计实景照片

（来源：gmp Architekten；摄影：清筑影像）

5.3.4 策略四:在城市整体规划上将滨水空间与城市进行有机联系

黄浦江两岸的贯通工程对上海的城市发展、城市功能、市民生活产生了深远的影响。沿外马路从董家渡至南浦大桥段的南外滩滨江岸线将封闭的、主要服务城市市政的沿江空间释放出来,对大众开放,这为后面腹地的建筑、城市空间也创造了新的条件。这个区域不应再是封闭式的空间,而是一个集办公、休闲、文化、商业于一体的新的城市空间。而沿江岸线休闲空间的标高既为旁边的建筑以及公共空间提供了一个有利条件,同时也出了一道题。新建建筑的首层和二层、架高平台,以及与滨江岸线公共空间的可能的连接都会为城市功能的多样性和复合性提供新的契机,并可以给公众提供更多的与水的视线联系,这也是 gmp 在这个区域的城市设计研究或竞赛中一直想表达的。

南外滩滨江步道整体设计以黄浦江为背景,目的是吸引人们回到上海老城区(图 35)。漫步道以前是停船的码头,紧邻江边。谈到新的滨水空间如何与老城区产生联系,gmp 合伙人玛德琳·唯斯(Magdalena Weiss)表示:"整体设计都是为了展现当年的航运风情。我们希望漫步道能够与这些老巷子相连接,不管从哪条小巷子走,都能进入漫步道,漫步道的路口处也会安放标志牌,就在这些顶棚边上。我们希望漫步道能有多个面对小巷的入口,这些入口连接了街道、小巷,将历史感接入了南外滩。讲讲本地的历史,或者码头停泊的故事,加上一些老照片、旧图片,我们要整合更多的信息,不能失去特色,而要与地方掌故联系起来,与以前的城市空间功能联系起来。"[6]

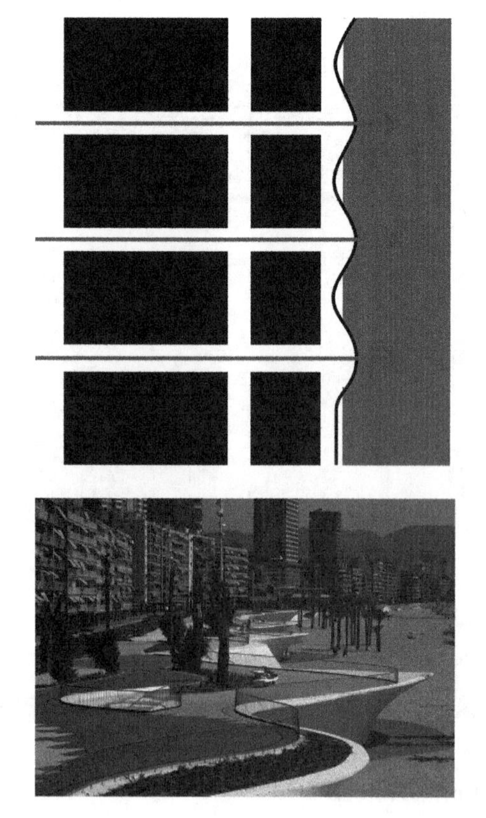
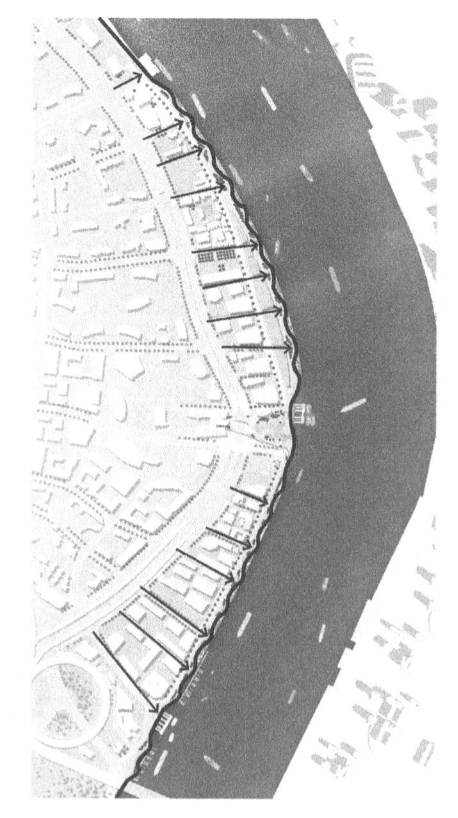

图 35 上海南外滩滨水岸线设计分析图

(来源:gmp Architekten)

5.3.5 策略五:防汛墙的设计

防汛墙是滨水漫步道的设计必须考虑的一个关键问题。以外滩为例,整条漫步道都在防汛墙上,人们全程在水面之上散步。南外滩的水岸空间十分狭小,地势较低,在整片区域里属于洼地,必须加入防汛墙。较之汉堡港口新城可以允许淹水的防洪层,上海的防洪要求更为严格,留给建筑师的发挥空间也更小。

南外滩原有防汛墙平均高度为2.15米,严重阻碍了从市区到黄埔滨江的视线,造成了市区和滨江空间的分离。在遵守现存防汛墙位置的前提下,开放的入口设置确保了重要区域的视线关系,即《滨水而建》中提出的一个重要原则:城市中水体的可视、可达性。从市区内看向外马路一侧的防汛墙则由两条绿篱巧妙融合起来。平日状态下,台阶成为居民滨江眺望、休憩驻足的休闲平台。汛期状态下,两级平台清楚预警水位高度。被淹没的台阶部分,预防了失足滑落的危险。这一设计可以说是gmp在防洪设计方面一次充满地域色彩的成功创新(图36—图37)。而gmp力荐的玻璃防汛墙则在相关部门对安全性的顾虑下最终被放弃。

图36 上海南外滩滨水岸线防汛墙设计图
(来源:gmp Architekten)

图37 上海南外滩滨水岸线防汛墙实景照片
(来源:gmp Architekten,摄影:清筑影像)

6 结语

滨水空间是世界规划、建筑、景观专业一直高度关注和潜心研究的课题,世界各地根据具体环境和条件已经建成了很多成功的实例。随着城市的发展、产业的升级、运输业的演变,传统的用于船运和市政的滨水空间已经成为城市中心地带最有价值的空间,如何开发再利用传统的滨水空间是摆在城市管理者、运营商、规划师、建筑师面前的课题。经过半个多世纪的实践,欧洲的经验证明,滨水空间的公共属性和功能复合性是正确的方向,也是进一步完善城市功能、增加城市活力的有力举措。汉堡的港口新城经过 20 多年的建设,已基本形成规模,具有鲜明的特色,也成为汉堡乃至整个德国的新热点,这也在房地产的价值上得到了证明。而那里,不仅创造了人与建筑、自然特别是水的和谐关系,而且也通过居住、工作、商业、文化、旅游和娱乐形成了一种宜居、宜业、宜游的城市区域,并有机会采用具有前瞻性的节能绿色设计,为未来城市提供了范例。上海作为一个典型的滨水城市,首先解决了“一江一河”的水质问题,然后逐步释放滨江的景观资源,而浦江两岸的贯通工程则达到了“还江于民”的目标。和欧洲迄今的滨水空间相比,上海的滨水空间有异曲同工之妙,同时紧密结合了上海当地实际情况。在参与滨水空间的各种不同项目的设计时,gmp 也感受到了自己滨水空间设计的经验得到了尊重和接受,获得了多个实践的机会。同时,看到了上海对各种设计理念的包容,“海纳百川”是最恰当的表述,以人为本则是上海滨水空间最核心的理念。

参考文献

[1] Gert Kähler. Geheimprojekt Hafencity[M]. Hamburg: Dölling und Galitz Verlag, 2016.

[2] Bell Vanguard. Die Bell Vanguard war das erste deutsche Containerschiff[EB/OL]. [2022-07-18]. https://de.wikipedia.org/wiki/Bell_Vanguard.

[3] Hafen Hamburg. Willkommen auf der offiziellen Webseite des größten deutschen Seehafens[EB/OL]. [2022-07-18]. www.hafen-hamburg.de.

[4] Volkwin Marg. Hamburg: Bauen am Wasser[M]. Hamburg: Volkwin Marg, gmp Architekten von Gerkn, Marg und Partner, 2001.

[5] 奚文沁,黄轶伦.“全球城市”目标下的滨水区多维度城市设计:以上海南外滩滨水区城市设计为例[J].城乡规划,2017(2):83-92.

[6] 上海城市空间艺术季.建筑师唯斯讲述:南外滩从城市的背面到居民的大客厅[EB/OL].(2018-12-21).https://www.sohu.com/a/283616794_708446.

基于三维地理信息系统的历史街区保护与传承实践

——以南京南捕厅历史街区更新设计为例

The protection and inheritance practice of historical blocks based on 3D GIS system

—A case study of renewal design in the historic area of Nanputing, Nanjing

易　鑫　翟　飞　黄思诚　陈袁杰

Yi Xin　Zhai Fei　Huang Sicheng　Chen Yuanjie

摘　要:本文以南捕厅历史街区为例,综合使用三维地理信息系统、历史研究信息比对和实地调查等技术手段,展示了以恢复原有历史格局为导向的数字化保护更新实践。首先,通过无人机倾斜摄影测量技术,对甘熙宅第及周边建筑群的大场景进行纹理数据采集,构建整个历史街区的三维数据模型。其次,在历史研究的基础上,为历史街区的更新构建合理的历史空间形态框架。最后,在三维地理信息系统的支持下,对历史街巷内部一系列公共空间节点进行了保护更新设计。

关键词:历史街区;三维地理信息系统;大数据分析;保护与传承

Abstract: With the example of Nanputing historic area, this paper uses different methods such as the three-dimensional GIS system, multiple temporal, historical research information comparison and field investigation to demonstrate the practice of digital protection and renewal oriented to the restoration of the original historical pattern. First, use UAV oblique photogrammetry technology to collect texture data for the large scene of Ganxi Residence and surrounding buildings, and build a three-dimensional data model of the entire historical block. Second, on the basis of historical research, a reasonable historical space is established as amorphological framework for the renewal of historical districts. Finally, with the support of the 3D GIS system, carry out protection and update design for a series of public space nodes in the historical streets and alleys.

Key words: historic area; 3D GIS system; Big Data analysis; urban conservation and inheritance

1 引言

伴随我国经济水平提升,为满足人们对更美好生活的追求,国家提出高质量发展的要求,城市规划也因此更加注重城市的品质与特色。历史文化作为城市特色中重要的精神内核,其保护与传承的重要性也与日俱增。早在2014年2月,习近平总书记在北京考察时就曾对历史城市保护工作做出重要指示:“要本着对历史负责、对人民负责的精神,传承历史文脉,处理好城市改造开发和历史文化遗产保护利用的关系,切实做到在保护中发展、在发展中保护。”2015年12月的中央城市工作会议指出要“留住城市特有的地域环境、文化特色、建筑风格等‘基因’”。2021年9月中共中央办公厅、国务院办公厅联合印发了《关于在城乡建设中加强历史文化保护传承的意见》,提出要“建立分类科学、保护有力、管理有效的城乡历史文化保护传承体系”。

从“传承历史文脉”(2014),到“留住城市特色基因”(2015),再到“建立城乡历史文化保护传承体系”(2021),历史文化名城保护与传承工作的地位不断得到提升。在此背景下,有必要对传统历史街区的保护与更新模式加以发展,结合新的技术手段挖掘相应的潜力。本文以南捕厅历史街区为例,探讨了利用三维地理信息系统等新技术手段,对历史街区空间更新的探索,并结合当前数字技术的发展对历史街区的保护和传承工作进行了展望。

2 当前历史文化名城保护与传承面临的挑战及其对策

随着我国历史文化名城数量、种类的增加,保护理念及其内涵也不断拓展,历史文化名城保护与传承实践经验得到不断总结提升;但在城镇化建设过程中,仍然出现了历史文化名城保护传承不到位,甚至遭到破坏、拆除等现象。当前历史文化名城保护与传承依然面临许多挑战[1]:

一是对文化遗产价值观念认识不足。很多城市之所以出现破坏文化遗产的情况,一方面是因为缺乏文化自信,对历史遗产的文化价值认识不足;另一方面是对文化价值的观念淡薄,任由经济利益凌驾于文化价值之上。

二是保护传承理论与方式亟待更新。历史文化名城的保护工作进入到保护与传承并重、以保护为基础强调传承的阶段,要求“要素全囊括、空间全覆盖、时期全包含”,这对过去的名城保护传承体系提出了新的挑战。过去的工作框架受限于技术手段,局限在物质层面的、静态的保护。面对全要素的保护对象,需要从更广泛的角度深化价值认识、拓展保护理论。在各项数字技术飞速发展的条件下,人们可以获取比以往更多的关于历史名城的信息,并结合新的技术手段丰富保护传承的对象内容与方式方法,帮助构建与新阶段新要求相适应的工作框架。

三是传承与利用工作不够深入。历史文化名城是活态的遗产,在满足保护好历史遗产的前提下,如何合理传承利用它们也是需要重点考虑的问题。近几年来,国家在对名城物质遗产的修复与保护方面开展了许多实践,但展示传承与活化利用的工作却往往被作为规划中的额外内容,并没有真正被纳入规划编制体系中。如何利用数字技术等手段把传承利用工作落到实处,真正地将历史文化价值传承下去并加以活化利用,是新时期的重要课题。

3 数字工具对历史文化名城保护与传承的意义

3.1 城市信息的采集、处理与利用

作为体现城市“文化自信”的重要举措，历史文化名城保护与传承工作是实现城市发展由增量规划到存量规划、由扩张性发展转向内涵式发展的重要一环。数字技术的驱动对开展历史城市保护与更新领域的重大科学问题和关键技术的研究，加强各学科领域的学术和行业交流，以及推动学科队伍建设和人才培养等，具有积极的意义。特别是在历史街区层面，集中反映了城市的历史文化和传统的社会生活环境，是展现城市价值和城市认同的重要组成部分[2]。

进入信息时代，越来越多的时空数据得到收集，使得人们对复杂的城市系统进行细致深入的调查研究成为可能。信息技术的兴起带来了观察、测量、量化和分析城市的新方法，遥感技术、物联网、计算机视觉、大数据和机器学习等技术的发展创造了新的城市数据源，使得我们能够从不同尺度和维度对城市进行研究，并利用数据整合和分析进一步揭示城市环境与人类活动之间复杂的相互作用关系：

① 信息获取。借助遥感影像、激光扫描、倾斜摄影等测绘技术采集数据，通过图像处理或测绘软件系统及三维建模软件，生成历史文化名城的高精度、多时段的二维、三维模型，为规划决策提供基础信息。

② 意象感知。借助移动传感数据、大数据、街景识别等手段，揭示人群活动与历史空间之间的互动关系，从人群认知体验的角度评估历史名城文化意象的可感知程度。

③ 价值评估。借助大数据挖掘、语义识别、机器学习、知识图谱等手段，对大量历史资料进行信息搜集、分析与整合，提高价值评估过程的全面性和科学性。

④ 动态监测。借助遥感图像捕捉、激光扫描比对、移动传感、物联网等技术，定时对历史名城的土地利用、建筑形变、土地沉降等进行监测，为规划实施评估以及预警提供支持。

⑤ 展示传承。利用数字平台作为历史文化的载体开展传承工作。通过将历史文化名城的二维、三维模型与整合后的历史信息叠加，构建可阅读、可交互的虚拟历史场景，拓宽历史文化名城的展示方式。

3.2 基于三维地理信息系统采集历史街区的空间信息指标

地理信息系统(Geographic Information System, GIS)技术经过了40多年的发展，已经成为城市科学研究的重要工具。作为能够搭载复杂信息的空间信息平台，地理信息系统技术提供了强大的分析能力与完备的查询功能。近年来，人们进一步开发出三维GIS平台。三维GIS平台在空间信息利用以及空间显示方面具有明显的优势，给人带来了更为直观的互动方式。

在历史街区领域，三维GIS平台能够将空间分析与三维可视化结合起来。各种真实数据可以直接在现实的地形或历史街区的地物要素上展现出来，并通过交互式的方法用图形图像信息加以表达，使人们对于数据所表达的信息有全面、深层次的理解。因此，三维GIS平台既

是一种解释工具,同时也是一种成果展示的工具。

历史文化街区作为活态的历史文化遗产,在快速城镇化发展的进程中面临比其他街区更为严峻的压力和挑战。为了服务于遗产价值的延续、历史文化遗产的真实性和完整性保护,有必要梳理相关的空间数据,确定历史街区的三维空间信息指标,从而建立其历史街区空间信息的分析框架,以便于历史街区的监测和长期开发管理。通过利用多种测绘技术采集数据,可以生成历史文化街区的高精度、多时段的二维、三维模型,为规划决策提供基础信息。

3.2.1 街区整体层面

在整体层面,要考察历史街区在街巷格局、用地布局等方面是否具有统一风格。相关信息被作为体现历史文化街区核心空间格局的关键,有着重要的导向作用。

① 街巷格局的延续性。街巷系统能够直接体现历史街区的历史风貌,其本身也是访问者获得空间感受的基础。

② 用地布局延续性。用地布局体现了当地经济活动的关键信息,同时也能够反映历史街区在城市中的社会方面的职能。

③ 街区轮廓的完整性。历史街区的肌理与周边城市空间具有明显的差异,因此历史街区的边界就成为可识别的街区轮廓,街区边界还会受到河流、城墙等重要自然、人文要素的影响。反过来,人们在划定历史街区边界的时候,也会把轮廓线作为体现历史街区特征的关键内容之一。

④ 建筑高度协调性。历史街区内部存在数量不等的新建建筑,通过比较原有历史建筑和新建建筑高度的差异,可以帮助人们判断新旧建筑之间在风貌方面协调与否。

3.2.2 作为局部的线性区段与块状空间层面

历史街区本身可以细分为由若干街巷组成的线性空间区段和由院落组成的块状空间单元。通过对这些线性空间区段和块状空间单元空间特征的信息加以分析,可以进一步帮助人们把握历史街区的空间信息特征,并判断历史街区的风貌保持程度如何。此外,还有必要对历史街区内部的建筑外观、古树名木等要素的信息进行整理。

① 街巷尺度真实性。历史街区内部原有的街巷除了需要保持二维的格局以外,还有必要结合各个区段街廓的高宽比来评估街巷空间尺度是否保持了原有特征。

② 沿街界面连续性。为了保持风貌统一,需要采集历史街区的外部边界和内部街巷的各个区段的数据,以确保其在秩序上的连接性和视觉上的协调性。

③ 居住院落完整性。院落单元本身是承载居民传统生活的关键场所。历史街区经历了复杂的变迁过程,原居民生活方式、行为方式和社会生活关系往往经历了巨大的变化,因此,历史街区保护工作往往首先需要采集院落单元及其庭院空间的信息。保持院落单元的完整性,有助于展示历史街区居民原有的生活方式。

4 南捕厅历史文化街区概况

4.1 历史沿革

南捕厅历史文化街区位于南京老城南历史城区、评事街历史风貌区东侧,其覆盖范围北至南捕厅巷、东至中山南路、西至大板巷、南至升州路道路红线80米。该地区北距南京最繁华的商业中心新街口约2千米，东距夫子庙地区约1千米。全国重点文物保护单位“甘熙宅第”位于街区北侧，占地9 500多平方米，建筑面积5 400多平方米是6组多进穿堂式古建筑组合而成的典型南京地方明清民居建筑群，也是南京现存面积最大、保护最完整的清代私人豪宅。

最早在三国时期，该地区已有居民，在元朝已经形成完整街区。明初朱元璋定都南京，将城市分为宫城、居民市肆及西北部军营三个区。该地区处于当时居民市肆的中心，遍布茶楼、酒肆、作坊、道观与寺庙等，是当时热闹非凡的商业区。南捕厅道判署设立于此处，南捕厅也由此得名。该片区虽然在历史上曾辉煌一时，但由于受到太平天国时期的战乱破坏，现存的建筑多为清中晚期至新中国成立前建造的住宅，同时也不乏新中国成立后建造的现代建筑[3]。新中国成立前，由于其交通便利性，该片区在发展成为工商业发达的城市中心同时，也是社会中上流阶层的聚居地。而新中国成立后，由于计划经济体制的建立和南京城市中心不断北移，商业、手工业逐渐向夫子庙以北迁移，南捕厅地区的商业逐渐衰落，致使其逐渐成为城市的棚户区，原有的独门独院的居住形式被打破，形成多户聚居的大杂院格局，一度变成了高龄化、集聚低收入者的衰退型和贫困型社区。

4.2 核心问题与挑战

本文的研究范围包括南捕厅历史文化街区和邻近的评事街历史风貌区的部分地区，街巷传统风貌较好，鱼骨状街巷格局十分清晰完整，传统民居建筑较为集中。该地区本身面临着当代历史街区保护与更新的一系列典型问题：街区内部的用地结构呈现出文物古迹、居住、商业等功能混合的局面，建筑风貌杂糅，建造年代较为多样，除了体现明清风貌的文物建筑，也有大量民国时期的建筑，以及新中国成立后的工厂宿舍等。该地区的建筑产权情况也较为复杂，随着近年来的旅游开发，商业空间过度侵入传统空间的情况较普遍[4]。

在现有《南京老城南历史城区保护规划》中，对南捕厅历史文化街区的定位是以全国重点文物保护单位甘熙宅第为中心，反映南京士绅宅第文化的重要历史街区，相邻的评事街历史风貌区是南京传统商业与手工业的典型街区。周围存在大量的城南门西地区的老小区，生活气息较为浓厚。

南捕厅历史文化街区及其南部的风貌保护区用地近年已完成了文物修缮和建筑更新。建筑主要为文物建筑和新建仿古建筑。内部分布着2个文保单位，包括甘熙宅第(国家级文保单位)和绫庄巷31号(市级文保单位)。其中甘熙宅第的建筑格局保存完好，是国内规模最大，保存最完整的城市传统民居。2002—2007年，南京市分两次对甘熙宅第进行了保护整治，并将其作为南京市民俗博物馆对外开放。街区内部大多数院落格局完整，一定程度上反映了老城南传统民居特色，由此成为融合了民俗文化展示与商业休闲的特色街区。此外，当地还分布着一系列的古井和古树名木，共同营造出传统生活中的公共交往空间。

4.3 复合历史空间导向的数字化保护与更新

南捕厅历史街区具有巨大的发展潜力，应在立足历史、延续核心价值的前提下，改善历史街区的文化环境、提升公共空间品质、发掘利用历史文化方面的深厚内涵，创造新的价值要素，使历史街区的价值得到整体提升。

历史街区的保护与更新涉及非常多样且复杂的问题,在有限的人力和时间条件约束下,有必要引入一系列新的数字技术手段,帮助其恢复历史上的空间格局,保护更新策略还需要兼顾建筑空间和社会空间的要求,确保可持续发展。本文以三维地理信息系统为框架搭建历史信息平台,借助可视化技术手段展现历史信息在空间分布上的特征,分析历史街区空间的演变轨迹,并以其为依托进行建筑空间方面的更新设计。

首先,通过无人机倾斜摄影测量技术,对街区内部的甘熙宅第及周边建筑群的大场景进行纹理数据采集,构建整个历史街区的三维数据模型(图 1)。其次,通过全野外测量全站仪获取建筑本体的三维坐标,将近景摄影测量与倾斜摄影数据相结合,应用近景摄影测量技术采集重要文物建筑的细节纹理。最后,通过后期的空中三角测量、实景三维重建,实现对甘熙宅第及内部有恭堂的超高精细化三维测绘。还通过物理单体化技术,将整个街区的建筑模型进行单体拆分,以便对各个地块进行分别赋值比较,以及后期的更新改造。

图 1　南捕厅历史街区的三维数据模型
(来源:作者自绘)

5　基于三维地理信息系统的历史空间更新

5.1　构建早期历史空间框架

本文首先考虑为历史街区的保护与更新构建合理的历史空间框架。通过查阅相关资料,重点研究1929年美军为南京老城制作的航拍图(图2),再结合早期的历史地图和1936年民国时期的地籍图资料,以此为基础构建起该地区早期的历史空间框架,并逐步划分出院落的基本格局(图3)。

图2 1929年南京老城航拍图
(来源:美国国会图书馆)

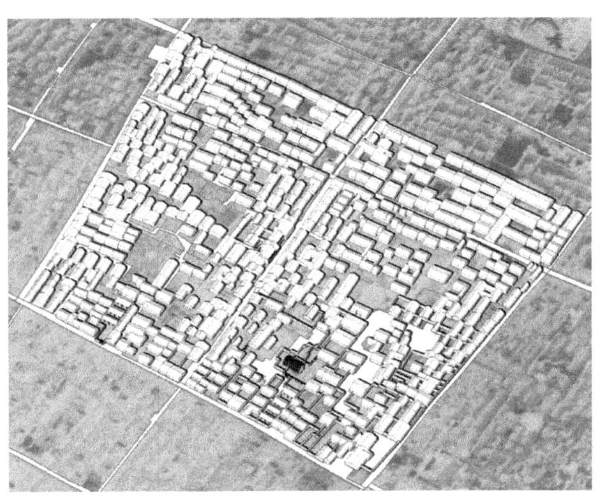

图3 南捕厅历史街区早期的历史空间形态
(来源:作者自绘)

南捕厅历史街区见证了南京城市景观的变迁,具有独特的景观审美价值。该地区与中华门城堡、夫子庙历史街区是南京老城南历史空间结构中的3个关键节点[5]。南捕厅历史街区的建筑物在南京老城南历史街区保存至今的清代民居景观体系中独占鳌头。以甘熙宅第为例,其保留着清代江南多进穿堂式建筑的基本结构与院落格局,在整体组织和建筑逻辑性上具有较高的审美价值。表1列出了以空间复原为目标的相关措施,下文将进行详细说明(表1)。

表1 基于三维地理信息系统的历史空间更新

切入点	现状问题	复原手段
功能布局	①商业占比过多 ②与空间呼应形式单一	①商业功能引导转换 ②设计作坊空间、院落空间、花园空间
单元密度	①熙南里单元过大 ②建筑拆除形成空地	引入条形空间单元(居住、公共服务、绿地等)
街巷格局	①街巷尺度过大 ②过于通达	①街头小空间设计 ②适当添加要素,增加转折
节点视域	①视域范围狭窄 ②大体量建筑夺人眼球	①建筑退让 ②植被遮盖 ③加建传统立面遮盖
地块肌理	建筑类型、院落类型不符	改成相符的建筑和院落类型
建筑立面	①风貌不符 ②立面过长过大	①参考年代进行立面整治 ②立面拆分

5.2 街巷网络的恢复与更新

5.2.1 历史空间信息比对

通过与早期历史空间框架比对可以发现,南捕厅历史街区的主要街巷较好地延续了历史格局,评事街、绫庄巷、大板巷、绒庄街、南捕厅等街巷传统风貌较好,立面完整性较高,构成了街区十字形的主街系统,塑造了当地居民生产、生活的线性空间框架,能体现老城南特殊的审美意境。相比之下,南捕厅的支巷网络自明清以来发生了较大的改变,其街巷格局与原有历史空间相去甚远,传统格局特色不明显,同时区域入口缺乏明显的标识。在传统格局中,主街巷的贴线率较高,院落单元排布紧凑;现状主街巷的贴线率明显偏低,院落单元排布松散,支巷明显增多。主街巷贴线率对比如图 4 所示。

图 4 主街巷贴线率对比
(来源:作者自绘)

需要指出的是,支巷是居民私人生活空间的延伸,过去城南居民在支巷中淘米、洗衣、洗菜、与邻居闲谈、晒被子……因此成为重要的公共交往空间。表 1 总结了历史空间更新的各项措施建议。

5.2.2 基于视域分析塑造公共空间网络

由于支巷网络不畅、绿地空间的匮乏造成现状公共空间品质不足,街区内大量古树古井也没有得到利用。街区内部的围合院落是居民重要的交往空间,但是基本上被大量杂物填充,品质不佳,阻断了人群之间的交往,阻碍了街巷活力的生成。

在三维地理信息系统的支持下,本文使用视域分析工具对历史街巷内部的一系列重要节点进行了比对。空间视域分析应用包括空间围合度分析[①]和可见性分析[②](图 5—图 6)。

① 空间围合度分析本来是用于检测行人的视觉盲区,有助于从空间围合程度的角度比较两个场地空间感受的差异。以设定的视点为中心,将可见部分的轮廓投影在一定范围的半圆上,可以直观地反映空间的围合程度以及空间朝向。围合度过高需要考虑是否产生压抑感,过低需要考虑该空间是否给人空旷感。该投影结果同时也反映了场地四周的构筑物在人眼视线范围中占据的体量,有助于判断场地中最"博人眼球"的构筑物,如果该构筑物没有什么价值,应该考虑整改或者遮挡。

② 可见性分析通过设定视点位置、朝向、角度、距离,可以判断场地内构筑物是否可以被视点观察到,并以不同的颜色显示以区分。该工具可以用来验证重要视点与重要景点之间是否存在视线联系,并为观景点的优化提供精细的分析结果。判断可见范围内哪些构筑物影响整体观感,哪些构筑物具有重要价值却无法被看到,依此可以提出针对景观视域优化的空间细部的调整策略。

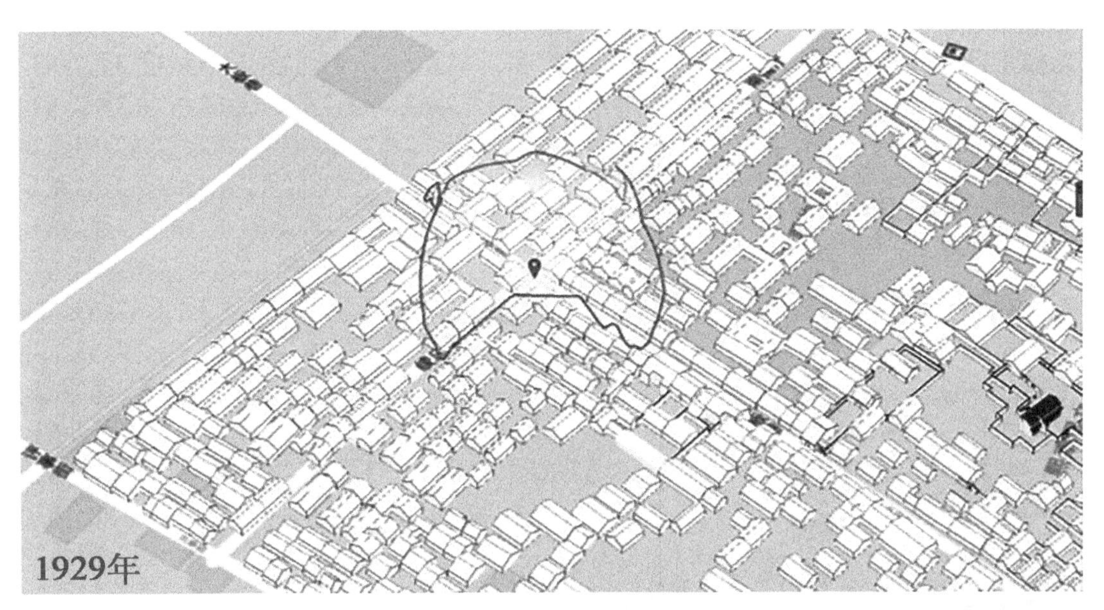

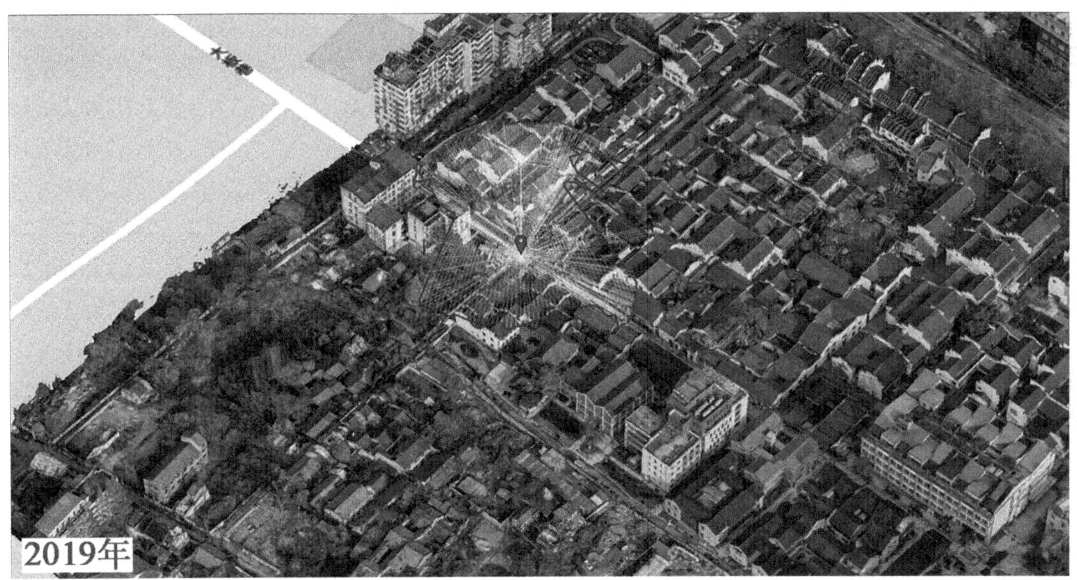

图 5　大板巷北入口的空间围合度分析

（来源：作者自绘）

将现有街区的空间特征与 1929 年历史空间的形态加以比较可以发现：

① 现有空间节点的可感知视域相比 1929 年明显减少，传统风貌有待提升。

② 由视域分析的对比可知入口节点，街巷空间与广场空间的视域相较于 1929 年大幅降低。

③ 现代建筑降低传统街巷的可感知程度。大板巷沿街的现代建筑与厂房建筑破坏了传统建筑风貌的连续性，不利于对街巷空间的感知。

从提升街巷视域范围出发，提出以下措施来加强公共空间网络：

① 提升街巷入口标识性，打造入口节点广场。

图6　南捕厅东北侧入口的可见性分析
（来源：作者自绘）

② 整饬现代建筑立面，使其与传统街巷风貌保持协调。

③ 增加街巷绿化景观，通过绿化景观遮挡风貌不协调的现代建筑。

5.3　院落建筑群及建筑立面调整

5.3.1　院落建筑群

传统南捕厅街区的建筑类型包括多进式民居、作坊、会馆、洋楼等，其中以多进式民居为主。作坊主要是织染作坊，密集分布于绒庄街和绫庄巷周边，采用前店后坊的基本形式（街角可能有展览戏台、公共服务驿站之类的，但是无法考证，这里不做深入研究）。相比之下，现状场地中存在的主要功能包括展览（南京民俗博物馆等）、商业（熙南里以及周边餐饮）、办公和居住（大部分为质量较差的老房子）等。

现状街区内部的院落单元密度较传统格局明显稀疏，除了南侧熙南里的商业建筑单元过大以外，西侧场地内大量的老旧建筑被拆除改建（图7—图8）。可以考虑在现有单元之间引入一系列院落式的功能单元，如居住、公共服务、绿地等，在提高院落单元数量的同时，强化服务功能与空间体验。

5.3.2　街巷立面

除了甘熙宅第、绫庄巷31号这两处文保单位外，街区内部较多传统建筑存在残损情况，部分传统风貌建筑甚至结构破坏较重。总体上现代建筑与传统建筑混合，良莠不齐的传统建筑风貌影响了街巷立面的完整性，影响了街巷风貌的质量。利用上文提到的公共空间节点的视域分析，对沿街建筑提出了以下改造建议（图9—图10）：

图7　院落单元密度对比

(来源:作者自绘)

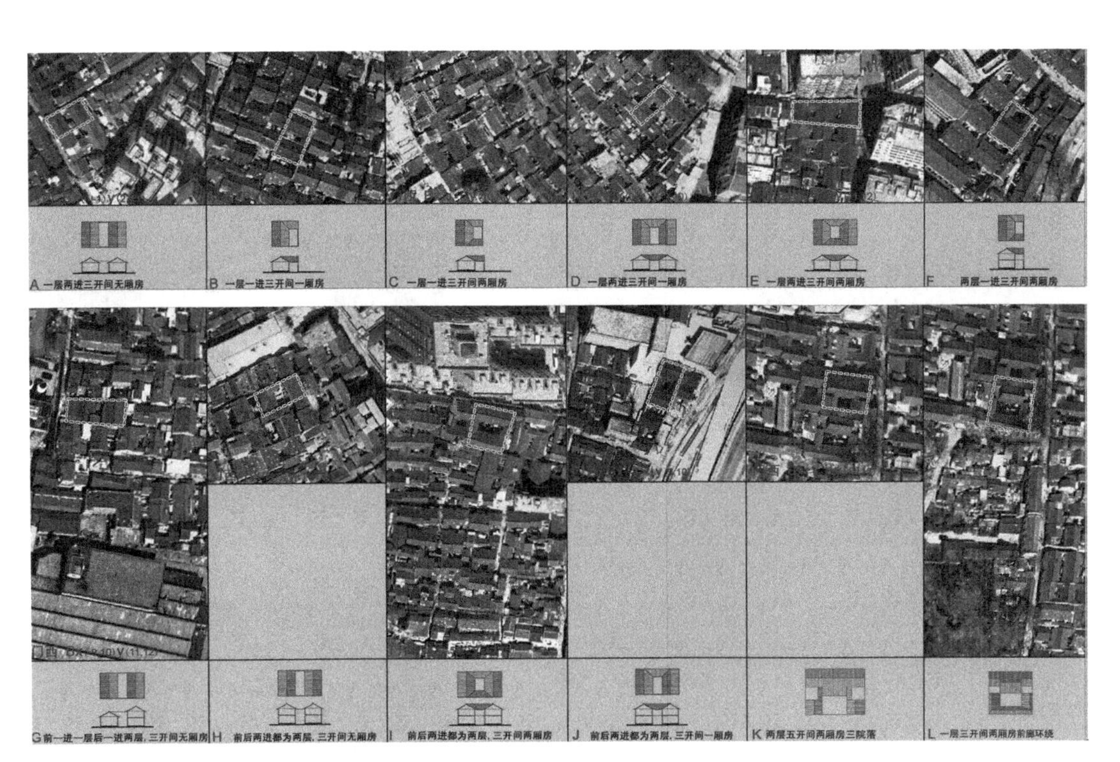

图8　老城南地区各种院落单元类型

(来源:参考文献[5])

功能布局

商业功能转换为文化活动功能

增加作坊形式的展览功能

增加花园空间

街巷格局

街头小空间设计

节点视域

遮盖立面的绿化设计

加建传统立面

地块肌理　单元密度

肌理恢复设计

建筑立面

立面整修

规划范围

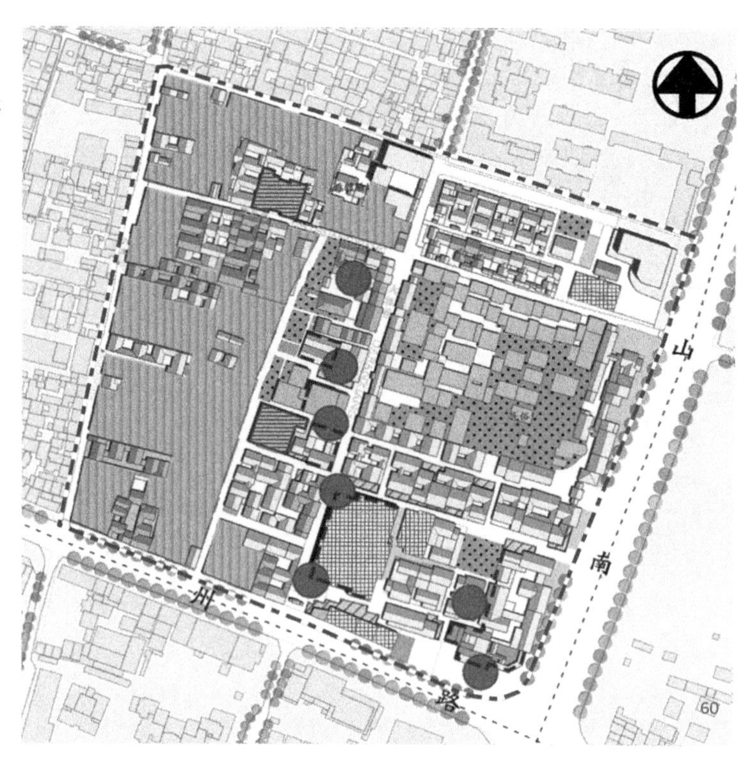

图 9　复原性设计——策略汇总

（来源：作者自绘）

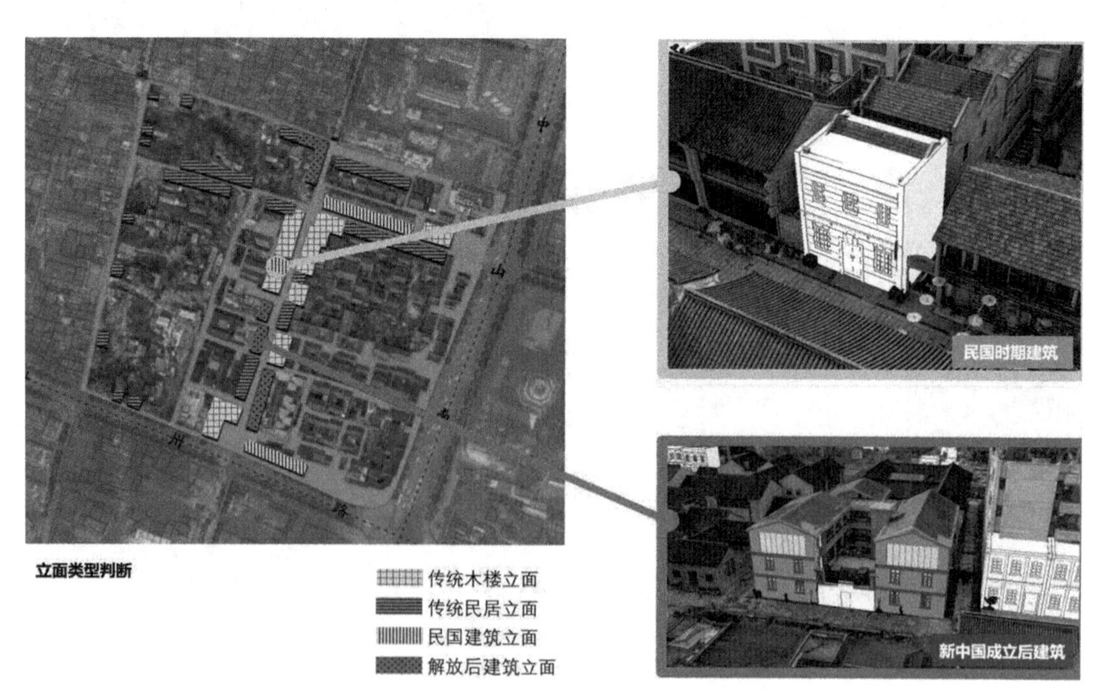

图 10　三维地理信息系统内对街巷立面的更新改造

（来源：作者自绘）

① 商业功能转换为文化活动功能。
② 增加作坊形式的展览功能。
③ 增加花园空间。
④ 遮盖立面的绿化设计。
⑤ 加建传统立面。
⑥ 对传统立面加以整修。

6 结论与讨论

需要指出的是，历史街区数字化保护与传承实践的任务是综合利用各项新的技术成果，基于建筑空间与社会空间的复合历史空间更新策略，综合推动历史街区的建筑实体保护与传统文化价值活化。近年来，随着一系列新技术手段的应用，历史街区保护取得了新的进展，但其应用主要集中在对建筑空间和文化遗产的数据采集方面，暂时没有形成系统性的数字化保护更新模式，以避免那些非整合性的、相互之间没有联系的局部性构想。具有整体构想的历史街区数字化保护更新的构想必须能够涵盖不同的尺度层次和工作领域，为历史街区的保护与更新描绘出一个差异化且涉及广泛的完整画面，涵盖建筑空间、社会、经济和生态等不同维度[6]，将历史长河中沉积下来的历史街区通过多样化方式展现给世人，在实现可持续的保护与更新同时，尽可能地使其能够适应当代的人群需求，展示出各时期历史遗留下来的记忆与场景。

文章在《基于数字技术的历史街区空间更新与文化价值活化设计——以南京南捕厅历史街区为例》基础上改写。

参考文献

[1] 朱子瑜.加强城市设计工作，助力历史文化保护传承[C].南京：第三届“以人为本的城市设计国际会议”，2021.
[2] 东南大学建筑学院，天津大学建筑学院，西安建筑科技大学建筑学院，等.南京城墙内外：生活·网络·体验——城市规划专业六校联合毕业设计[M].北京：中国建筑工业出版社，2014.
[3] 江慧.基于“3S”技术的历史文化遗产动态监测方法研究[D].北京：清华大学，2010.
[4] 易鑫，翟飞，黄思诚，等.基于数字技术的历史街区空间更新与文化价值活化设计：以南京南捕厅历史街区为例[J].中国名城，2021，35(4)：38-47.
[5] 北京清华同衡规划设计研究院.南京老城南南捕厅等地块详细设计[R].北京：北京清华同衡规划设计研究院，2011.
[6] 邵甬，陈欢，胡力骏.基于地域文化的城乡文化遗产识别与特征解析：以浙江嘉兴市域遗产保护为例[J].建筑遗产，2019(3)：80-89.

第三部分

城市更新的理论与实践

城市设计与详细规划的辩证思考

——北京城市设计工作探索

Dialectical thinking of urban design and detailed planning —Exploration of urban design work in Beijing

王　引

Wang Yin

摘　要：本文从破与立、分与合、生与养三个主题出发，深入思考了城市设计与详细规划在学科构建、法定路径以及协同发展等方面的辩证关系。首先，通过对城市设计内涵特征的系统梳理与辨析，提出了异化并共生发展是城市设计学科的立身之本。其次，依托北京在详细规划层级的大量实践工作，探索了城市设计法定化路径的模式整合、内容综合与机制融合。最后，从全域、全层级、全类别、全要素、全周期的视角探讨了城市设计协同国土空间规划发展的三个方向，以推动中国的城市设计迭代升级与可持续发展。

关键词：城市设计；详细规划；融合发展；北京实践

Abstract: Starting from the three themes (destruction and construction, differentiation and integration, as well as fertility and parenting), this paper deeply considers the dialectical relationship between urban design and detailed planning in terms of discipline development, legal paths, and coordinated development. By systematically sorting out and analyzing the connotative characteristics of urban design, it is proposed that alienation and symbiotic development are the foundation of urban design discipline. Relying on a lot of practical work at the detailed planning level in Beijing, the author has explored the integration mode, content integration and mechanism integration of the legalization path of urban design. Finally, from the perspective of integrating all domains, all levels, all categories, all elements, and all cycles, the author discusses three directions for the development of urban design in coordination with territorial and spatial planning, and is committed to promoting the iterative upgrading and sustainable development of urban design in China.

Key words: urban design; detailed planning; integrated development; Beijing practice

1 引言

城市设计是国土空间规划体系中的重要内容之一,贯穿于国土空间规划建设管理的全过程。在“五级三类”的国土空间规划体系中,详细规划是国土空间开发保护利用、实施用途管制、核发建设工程规划许可、进行城乡建设等活动的法定依据,决定了城市空间品质的基本面。因此,推动城市设计与详细规划的深度融合,对构建宜人空间场所、营造美好人居环境具有重要意义。

自20世纪80年代城市设计引入中国以来[1],基于详细规划层面的城市设计工作始终是项目实践的焦点。许多地区在快速城市化过程中开展了大量城市设计协同详细规划指导建设实施的实操工作,尤其在重点功能区、历史文化保护区、特色风貌区等城市标志性、独特性地区发挥了巨大作用,切实支撑了城市空间品质的高质量发展。然而与此同时,从学科建设角度来看,针对详细规划这一阶段城市设计工作的角色定位、介入方式、实施路径等却莫衷一是,“城市设计万能论”“城市设计无用论”等观点在学界、业界屡屡出现,充分体现了城市设计与详细规划的相互关系尚未取得共识,深度契合、协同发展的学科架构尚未建立,兼具系统性和普适性的技术方法和工作模式仍亟待突破。

北京自20世纪90年代起,以城市重点功能区为引领,进行了大量城市设计的项目实践,在CBD(中央商务区)、金融街、中关村西区、大望京等地区,通过国际方案征集、控制性详细规划综合、城市设计导则实施等方式,实现了城市设计协同详细规划指导城市建设,成功塑造了一大批各具特色的城市空间地标。自2010年起,北京率先开展了城市设计融入法定规划的制度探索,在总结前期实践经验的同时,结合自身规划建设管理的程序与机制,不断尝试城市设计深度嵌入规划管理的更优解。近期,在新一轮城市总体规划实施背景下,国土空间规划尤其是详细规划阶段的改革创新为与城市设计的融合发展提供了从顶层设计到项目实践、制度建设等多层次、多维度的新思路与新路径。由此,本文依托北京的大量工作探索,深入思考城市设计与详细规划的辩证关系与内在逻辑,重新审视城市设计的内涵特征、聚焦其法定化路径及未来发展方向,希望能够见微知著,助力中国城市设计学科架构的完善,切实支撑项目实践,推动技术创新,实现中国城市设计工作的迭代升级与可持续发展。

2 破与立:对城市设计内涵特征的再认识

近年来,随着城市设计工作的普及,我国开展了大量城市设计国际方案征集,服务特定地区的规划建设。这些方案征集的规划设计范围不等,从几十公顷到几十甚至上百平方千米。征集内容多样,包括功能定位、空间布局、开发强度、综合交通、运营管理等内容。总体来看,多以城市设计、概念方案的名义,实则涵盖了城市规划的全领域、全要素,且在不同的空间尺度上有很强的相似性。由此可见,在当代中国,城市设计的内容与城市规划逐渐趋同,甚至产生了城市设计取代城市规划的论调。是必然规律或是在地诉求?在这一背景下有必要回归学科知识体系，对城市设计的客体、主体及其具有的内涵特征进行重新审视。

2.1 城市设计的客体内涵

客体对象的差异性与独特性是学科确立的基本根基。城市设计作为一门独立学科，必然并且必须具有明确的研究客体。《中国大百科全书》（第三版）将城市设计定义为："主要研究城市空间形态的建构机理和场所营造，是对人、自然、社会、文化、空间形态等因素在内的城市人居环境所进行的设计研究、工程实践和实施管理的活动。"[2]可见，城市设计是一门基于建筑学、景观学和城市规划学的交叉学科，其客体核心即为空间形态与空间场所。

一般而言，建筑学、景观学的研究领域多为微观场地中的详细设计，以建筑或景观本体为核心，往往具有明确的空间物理边界。而城市规划的工作对象多为宏中观层面的城市系统性规划研究，涉及功能规模、交通市政、公共服务、城市经济等方方面面。为此，城市设计自诞生起就聚焦于各学科的边缘地带，承载起织补缝合各学科边界、完善空间管理体系的重要使命。城市设计的客体内涵如图1所示。城市设计一方面专注于对中观尺度下空间形态的塑造，包括空间肌理、城市天际线、风貌特征等内容；另一方面重点关注空间场所的营造，尤其是城市中系统性的公共空间，例如街道空间、蓝绿空间等，旨在弥补从建筑、景观到城市规划中间维度的缺失，实现对于城市空间资源从微观到宏观、完整连续的系统性管理。正如郑时龄院士指出的："城市设计的主要目的是对城市的空间和形态进行设计，尤其是在城市更新和对城市空间修补时，城市设计发挥着极其重要的作用"。[3]

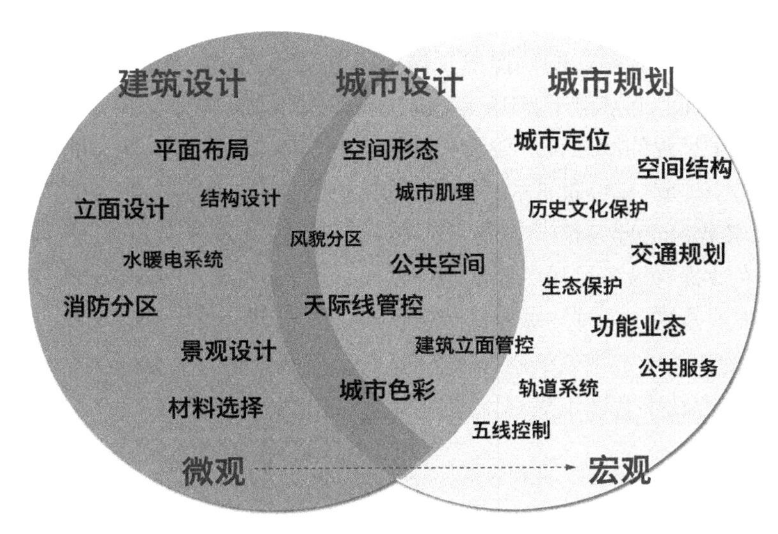

图1 城市设计的客体内涵

（来源：作者自绘）

2.2 城市设计的主体特征

城市设计的主体是人对空间的设计，具有独特的人文属性和强烈的技术属性，其核心是将各地区人类群体的文化认知、审美共识和行为模式等具象化，转译为具有独特识别性和广泛接受度的空间形态和空间场所的技术方法，这种技术方法存在于从专业精英到普通民众的每一个人的头脑之中。正如丹尼斯·斯科特·布朗(Denise Scott Brown)提出:"城市设计是设计的一种类型,这不是一个规模的,而是方法的。"[4]亚力克斯·克里格(Alex Krieger)也指出:"城市设计是致力于城市和改善城市生活方式的各个基础学科的共享的一种思想框架,而非单纯的技术学科。"[4]这种以空间设计为主体的技术属性深刻体现在各级各类的空间规划和建设管理中。

一方面,在各级各类城市规划的编制中,应当充分运用城市设计的技术方法,切实支撑城市规划中空间资源配置、服务系统构建等核心议题。城市设计工作聚焦特定空间历史文化基因识别和特色挖掘,经过设计者深度整合、思考判断后,输出空间、营造场所,强调依场所精神塑造场所空间。例如北京与上海处于不同的自然地理环境,历史发展脉络各不相同,造就了各具特色的城市文化特征和市民生活方式,深刻影响了两座城市中差异化的城市设计思维模式,形成了具有独特性和可识别性的城市空间范式。由此,在《北京城市总体规划(2016年—2035年)》中强调"塑造首都风范、古都风韵、时代风貌的城市特色"[5],而各级各类的规划与设计工作中都注重传承千年城市意象与传统营城理念,彰显富有东方文化意境的城市格局。而《上海城市总体规划(2017年—2035年)》强调:"挖掘'开放、规则、精致、时尚'的海派文化内涵"[6],在大量街道空间的规划管控中都注重人本尺度的空间设计,以承载地区居民独特的生活方式、行为习惯与空间喜好。

另一方面,在城市规划建设实施和管理阶段,应当注重发挥城市设计的引领作用,切实支撑城市精细管理。从国家层面来看,住房和城乡建设部于2017年出台了《城市设计管理办法》,强调了城市设计贯穿于城市规划建设管理全过程[7]。此后,自然资源部于2021年出台了《国土空间规划城市设计指南》,明确提出了城市设计应当在用途管制和规划许可中发挥应有的作用[8]。在市级层面,北京市于2019年出台了《北京市城乡规划条例》,提出建立贯穿城市规划、建设和管理全过程的城市设计管理体系[9]。此后在2021年起实施的《北京市城市设计管理办法(试行)》中提到,将经批准的管控类城市设计成果和实施类城市设计成果作为土地出让和规划许可的依据和必要条件[10]。可见,国家和地方都逐步认识到城市设计在城市建设阶段的重要性,是有效提升城市品质的重要管理手段,切实支撑城市治理现代化。

因此,共生发展是城市设计与城市规划融合演进的方向。全面加强顶层设计,将城市设计的技术性内容深度嵌入法定规划编制管理各阶段,运用城市规划的体系平台支撑城市设计,运用城市设计的技术方法丰富城市规划,互利共生,促进学科和谐共赢。

3 分与合:城市设计的法定化路径

城市设计的学科发展有利于指导城市设计项目实践,而实践的核心目标是项目的整体性实施,法定化是保障城市设计有效实施的重要支撑。然而,我国的规划与建设相关法律文件中尚未明确城市设计的法律地位,因此,从国家的法律体系而言,城市设计是"非法"行为。但从实操来看,各部门、各地方通过出台一系列的部门规章、管理办法、标准规范,来保障城市设计的编制与实施,解决城市设计的"法定化"问题。总体而言,各地区城市设计的法定化有两条路径:一是通过城市设计导则进入建设管理机制,尝试将导则与法定规划并列为行政许可的前置条件，实质上城市设计导则被赋予了一定的法定性；二是将城市设计的核心内容纳入详细规划，通过法定规划的审批与实施，实现城市设计的法定化。两者或“分”或“合”，充分体现了城市设计法定化路径的适应性，却又对相应的技术内容与模式机制提出了不同的要求。

3.1 导则模式下的城市设计法定化

城市设计导则是城市设计法定化的重要路径之一，在重点功能区等特定地区应用广泛。导则将城市设计方案转译为相对易操作的管理语言，补充完善法定规划的技术性内容，旨在解决大量城市设计要求相对复杂、弹性，难以简单通过指标数值进行刚性管控的问题。它的非法定化地位和可控的执行程序为建设管理与市场博弈提供了重要工具，对高品质空间的系统化建设具有突出价值。

早在 2010 年，北京就在全国率先开展了城市设计导则的积极探索。在当时大量征集方案难以有效指导建设实施的背景下，北京市规划委员会出台了《关于编制北京市城市设计导则的指导意见》，首次划定了北京中心城的城市设计重点地区，首次提出了北京市城市设计导则编制基本要素库，以指导并规范全市的城市设计编制工作[11]（图 2）。此后，全市多个重点功能区落实指导意见要求，采取控规和城市设计导则双轨制，在概念方案征集后，同步编制控规和城市设计导则，在导则中力图将方案参数化、标准化，形成分地块规划设计条件。控规和导则经审查、审批后作为地区建设管理依据，成功营造了一批整体形态富有特色、空间品质优秀的城市地区。

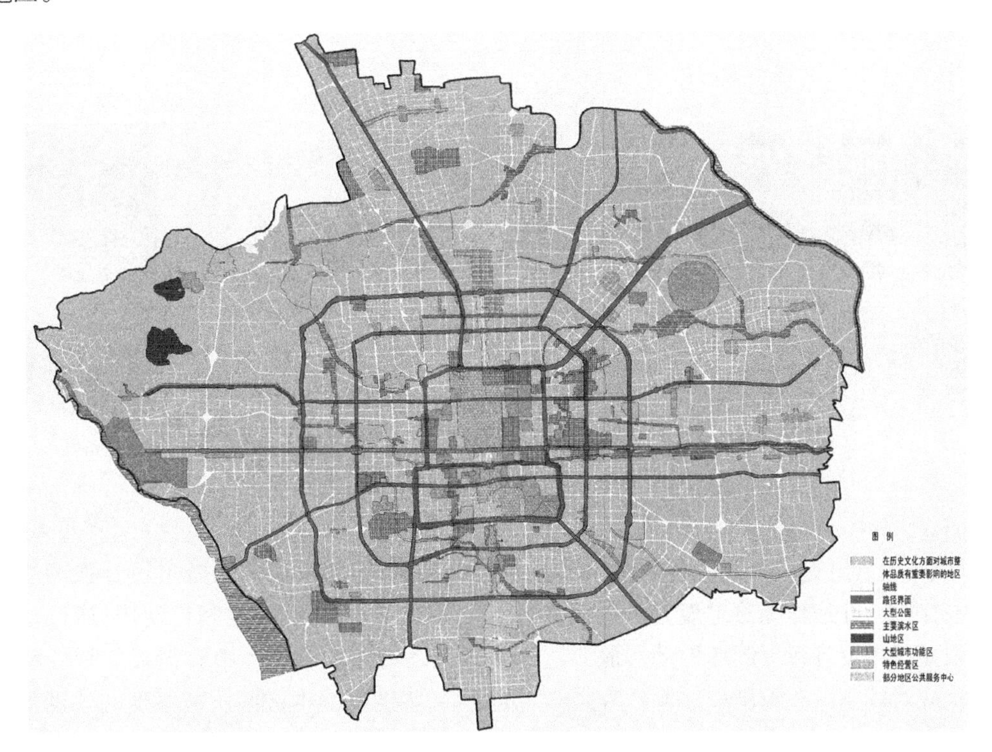

图 2　北京中心城城市设计重点地区划定

（来源：参考文献[11]）

近年来,"控规+城市设计导则"的管理模式在北京城市副中心的规划实践中进一步迭代更新。城市副中心建立了"1+12+N"的规划体系,其中"1"是指街区控规,"12"是指各组团控规深化方案,"N"是指城市设计导则,基于专项规划的城市设计导则成为副中心精细化规划管控体系的重要组成部分(图3)。此后,为应对具体执行过程中导则数量多、使用较为烦琐、缺乏统筹等问题,管理部门进一步将导则进行系统梳理分析、归纳汇总,形成更为精练、好用的《北京城市副中心规划设计导则(规划管理版)》[12],服务建设管理(图4)。

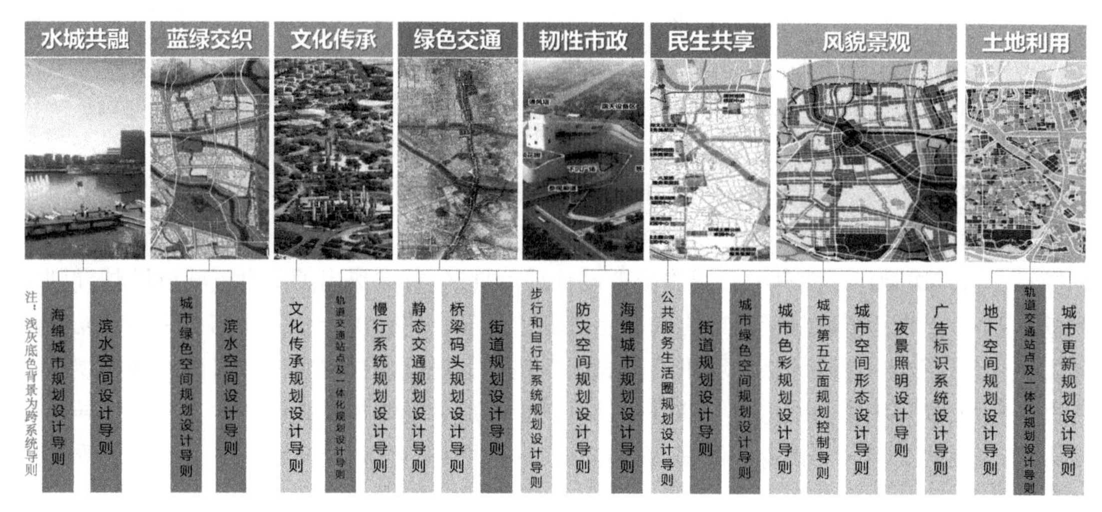

图3 北京副中心规划设计导则体系

(来源:参考文献[12])

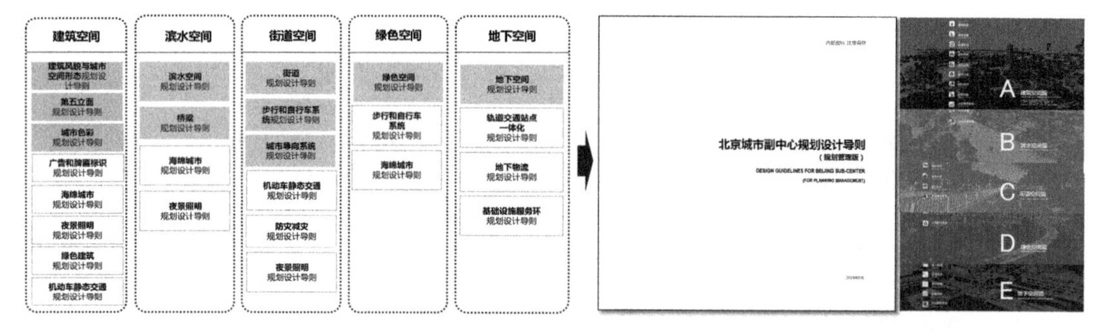

图4 北京城市副中心规划设计导则(规划管理版)

(来源:参考文献[12])

从城市设计导则在北京的发展脉络和执行情况来看,导则模式下的城市设计强调法定化程度的有限性,往往作为法定规划对控规进行有效补充,在特定地区定制化使用,通过行政审查后,依托城市设计管理制度推动实施。这一法定化路径在实施过程中有很强的弹性和适应性,积极应对规划统一编制和建设分散实施间的矛盾,为随时间推进而不断涌现的建设需求提供了政府和市场博弈的空间,在整个建设周期中不断丰富完善。

然而辩证来看,城市设计导则模式也提高了规划编制和建设管理的成本,庞杂的管控系统、大量的技术语言、多样的表达方式、复杂的设计规范等都对导则编制人员、管理人员、二级业主、建筑师等提出了更高的要求。过于理想化的城市设计导则有可能丧失实操价值而流于形式。过于弹性的管理制度有可能导致一事一议的局面，丧失了城市空间的系统性和整体性。因此，更为合理简洁、精准可操作的导则编制，并配套公平有序、制度化、常态化的实施管理机制应当成为导则模式下城市设计法定化的持续探索方向。

3.2 详规模式下的城市设计法定化

城市设计法定化的另一项重要方法即是将城市设计的核心内容纳入法定规划，通过法定规划的管理程序实现城市设计法定化。相较于导则模式，将城市设计与城市规划深度融合，尤其是在详细规划阶段，实现编制、审批、管理一体化，将有助于依法行政、精细管控，切实保障城市设计的有效落实，对实现城市设计引领建设实施具有重要作用。因此，详规模式始终是城市设计法定化的另一条切实可行的实施路径。

自 2017 年城市总体规划获批后，在国土空间规划体系构建的背景下，北京在既有城市设计导则体系的基础上，逐步转向与法定规划相融合的城市设计法定化方向。尤其是伴随着新一轮详细规划的体系构建与规划实施，进一步探索了与城市设计的技术融合、内容综合与机制整合(图 5)。

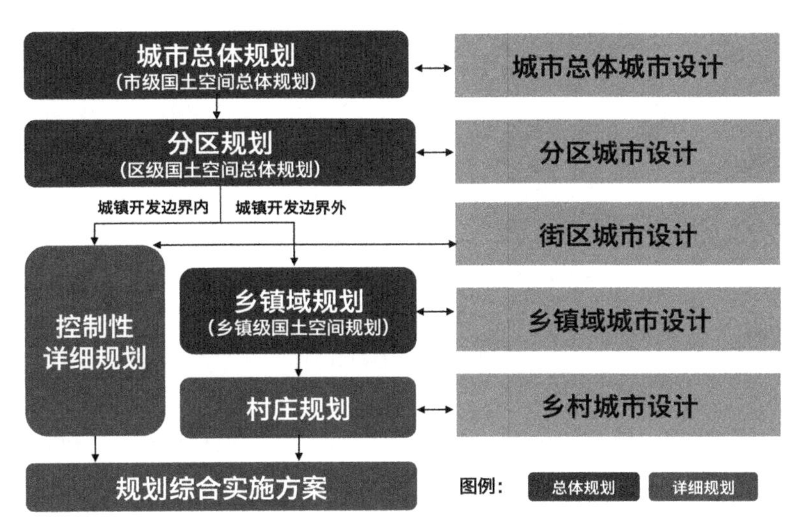

图 5　北京市国土空间规划体系
(来源：参考文献[13])

一是探索在详细规划中深度融合城市设计的技术方法，实现对空间资源的精准、优质配置。例如，在控规阶段构建“街区—街坊—地块”的三级单元网格，依托街坊单元固化城市设计工作，确定主导功能、基准强度和基准高度三个核心指标，将城市功能布局、建筑规模分布及整体空间形态等系统性内容参数化[14]，形成街区主导功能分区、基准强度分区和基准高度分区，作为控规刚性管控的核心内容，推动全域空间从规模到结构、从平面到三维的精细管控，并为具体地块的指标落实和建设实施预留好一定的弹性，有效提高空间管理的容差性和城市功能形态的多样性(图 6、图 7)。

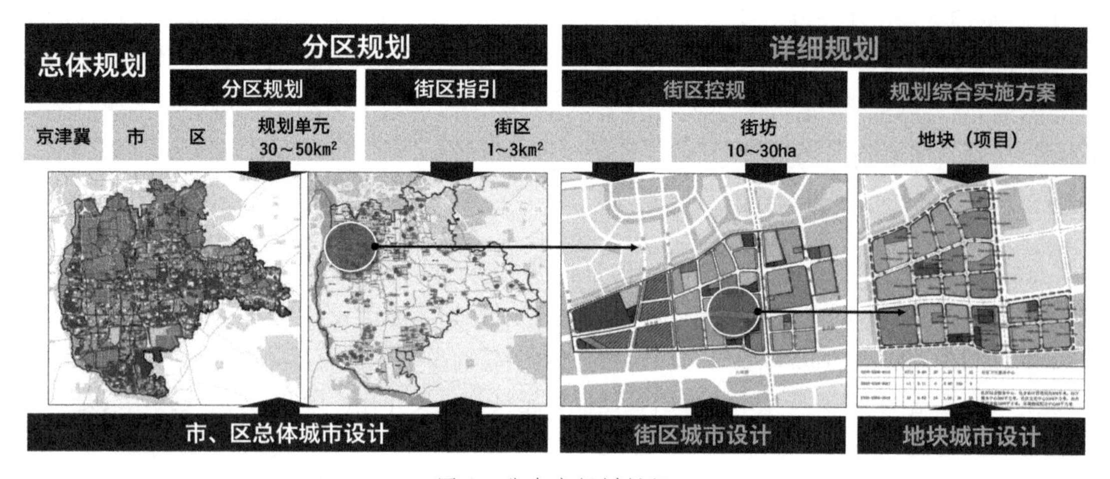

图 6　北京市规划层级

（来源：作者自绘）

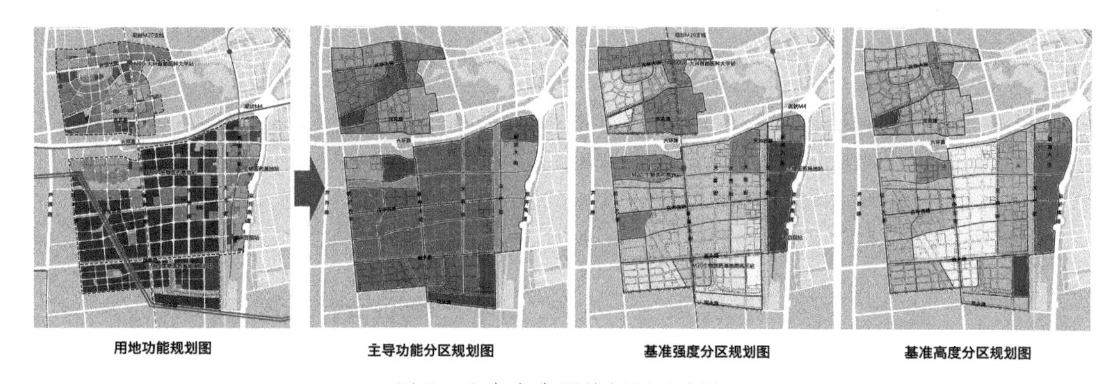

图 7　北京市街区控规图纸表达

（来源：参考文献[15]）

二是探索在详细规划中全面综合城市设计的工作内容，实现一体输出，保障规划设计落实。一方面为贯彻城市发展战略性要求，加强城市功能、格局、关键性地区的精细管控，在全市详细规划工作中明确划定六类城市设计重点地区，主要包括重点功能区、历史风貌区、公园及景观风貌区、交通枢纽地区、重要滨水地区和其他公共活动区。根据“五类十八项”管控要素开展规划编制管理工作，落实不同类型重点地区的差异化管控要求，彰显空间特色，激发城市活力(图 8)。另一方面，在控规“1 管控图则 + 2 引导导则”的法定成果中，明确规划设计导则的编制管理要求，形成“系统框架”和“要素菜单”，充分落实城市设计中混合引导、历史文化、蓝绿空间、街道空间、建筑空间、地下空间等系统性内容，实现高质量人居环境和高颜值城市风貌(图 9)。

三是探索在详细规划中充分整合城市设计的管控机制，实现合法合规、有序传导实施。一方面在管理程序上，将一体编制的城市设计视同法定规划管理。2021 年北京正式发布了《北京市城市设计管理办法(试行)》，将城市设计进一步细化为管控类、实施类、概念类三个类别，同时提出将管控类城市设计纳入法定规划，同步报批，为北京的城市设计协同法定规划管理提供了法理依据[10]。另一方面，在管控深度和力度上，不同层级的城市设计工作注重与法定规划高

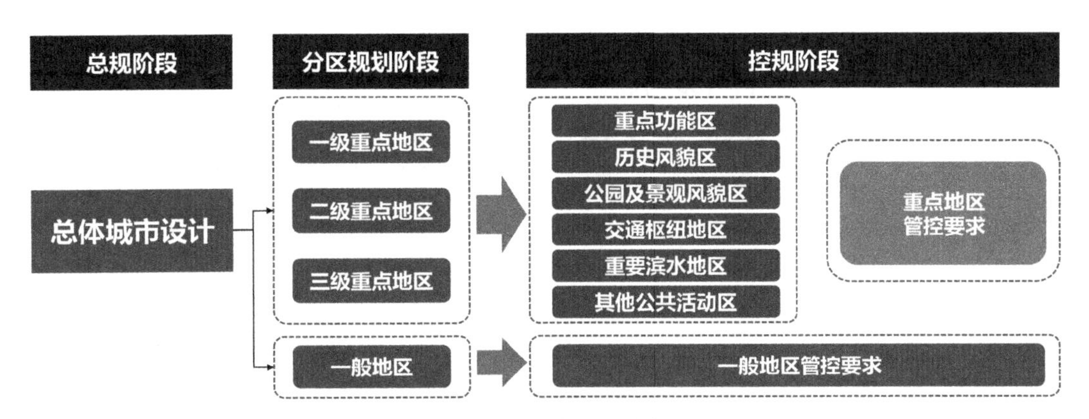

图 8　重点功能区模式
(来源:参考文献[16])

图 9　规划设计导则样例
(来源:参考文献[16])

度统一,保障城市设计内容管用、好用,有效落实上位规划要求,解决各阶段核心问题,指导具体项目建设。在控规阶段对应街区、街坊颗粒度,城市设计相应的聚焦系统及刚性底线的管控深度;在规划综合实施方案阶段对应地块颗粒度,城市设计给出更加精准的控制指标,使规划管理合法,许可有据可依、有数可查、有图可循。例如在《丽泽金融商务区综合实施方案(2020 年—2030 年)》中,打破既有控规和城市设计的管控边界,构建地块层面规划要素体系,涵盖空间资源、功能业态、形态风貌、公共空间、绿色生态、道路交通、地下空间7个系统,共计54项,全面加强指导地区建设[17](表1)。

表1 《丽泽金融商务区综合实施方案(2020年—2030年)》地块层面规划要素体系

管控系统	序号	管控型要素		引导型要素
		A级(9项)	B级(34项)	C级(11项)
空间资源(3项)	1	用地面积		
	2		总建筑面积	
	3		地下空间建设范围	
功能业态(3项)	4	用地性质		
	5		功能细分	
	6			业态类型
形态风貌(9项)	7	**建筑高度**		
	8	**建筑塔楼控制范围**		
	9			**建筑风格**
	10			**建筑形态**
	11			**建筑色彩**
	12			**建筑材质**
	13			**建筑照明**
	14		**第五立面**	
	15		**建筑通廊**	
公共空间(14项)	16	建筑退线		
	17		**贴线率**	
	18		**首层透明度**	
	19		**首层活跃功能长度占比**	
	20		**地块出入口位置**	
	21	众享花园规模		
	22		众享花园范围	
	23			众享花园设计
	24		**街坊路宽度**	
	25		街坊路位置	
	26		**标志性节点**	
	27		禁止机动车开口段	
	28			**夜景照明**
	29			**城市家具**

续　表

<table>
<tr><th rowspan="2">管控系统</th><th rowspan="2">序号</th><th colspan="2">管控型要素</th><th>引导型要素</th></tr>
<tr><th>A 级(9 项)</th><th>B 级(34 项)</th><th>C 级(11 项)</th></tr>
<tr><td rowspan="13">绿色生态
(13 项)</td><td>30</td><td>绿色空间主导功能</td><td></td><td></td></tr>
<tr><td>31</td><td></td><td></td><td>生境类型</td></tr>
<tr><td>32</td><td></td><td>绿化用地占比</td><td></td></tr>
<tr><td>33</td><td></td><td>设施用地占比</td><td></td></tr>
<tr><td>34</td><td></td><td>年径流总量控制率</td><td></td></tr>
<tr><td>35</td><td>林木覆盖率</td><td></td><td></td></tr>
<tr><td>36</td><td></td><td>岸线形式</td><td></td></tr>
<tr><td>37</td><td>生物多样性保护廊道</td><td></td><td></td></tr>
<tr><td>38</td><td></td><td>跨河桥梁位置</td><td></td></tr>
<tr><td>39</td><td></td><td>设施功能</td><td></td></tr>
<tr><td>40</td><td></td><td>场地功能</td><td></td></tr>
<tr><td>41</td><td></td><td>公园出入口位置</td><td></td></tr>
<tr><td>42</td><td></td><td></td><td>植物配置</td></tr>
<tr><td rowspan="4">道路交通
(4 项)</td><td>43</td><td></td><td>道路断面形式</td><td></td></tr>
<tr><td>44</td><td></td><td>过街位置与形式</td><td></td></tr>
<tr><td>45</td><td></td><td>轨道站点出入口位置</td><td></td></tr>
<tr><td>46</td><td></td><td>轨道交通附属设施范围与规模</td><td></td></tr>
<tr><td rowspan="8">地下空间
(8 项)</td><td>47</td><td></td><td>主导功能</td><td></td></tr>
<tr><td>48</td><td></td><td>开发深度与分层</td><td></td></tr>
<tr><td>49</td><td></td><td>轨道交通线路范围</td><td></td></tr>
<tr><td>50</td><td></td><td>地下连通道</td><td></td></tr>
<tr><td>51</td><td></td><td>下沉花园位置</td><td></td></tr>
<tr><td>52</td><td></td><td>地下空间人行出入口</td><td></td></tr>
<tr><td>53</td><td></td><td>市政管廊位置与深度</td><td></td></tr>
<tr><td>54</td><td></td><td>地下交通环廊位置与要求</td><td></td></tr>
</table>

注:黑体字标出的要素是城市设计相关要素。
(来源:参考文献[17])

详规模式下的城市设计强调法定化内容的有限性。通过核心内容的甄别提炼、纳入法定规划执行来保障城市设计的实施,明晰了政府与市场的权责边界,对提升城市设计的合理性与可实施性意义重大。然而,对比控规用地功能、容积率、建筑高度等简约好用且具有普适性的管控指标,亟须构建出具有共识性、可标准化的城市设计指标体系与内容,以统一城市设计语境,提升城市设计严肃性,适应法定规划刚性要求。以街道空间管控中广泛使用的贴线率指标为例,应当统一贴线率的定义、认定方式、计算方法,以及在不同城市、不同功能地区贴线率的合理赋值等等。

因此,无论是导则模式或是详规模式下的城市设计法定化,都需要视具体项目,形成城市设计与城市规划或有无、或主次、或并行的相互关系,在法定化的路径上持续探索"和合共生"。

4 生与养:城市设计的可持续发展方向

国土空间规划体系的建立给原有的城乡规划学科带来不小的冲击,要求学界、业界从全域、全层级、全类别、全要素、全周期的视角重新审视空间规划的发展方向。作为贯穿城市规划建设管理全过程的城市设计亦是如此,引领全域高品质空间场所营建、探索新技术场景下的城市设计方法、融入各层级法定规划建设实施并持续陪伴空间迭代等应当成为城市设计协同详细规划可持续发展的必然方向。

4.1 全域全要素的城市设计覆盖

国土空间规划体系要求全面统筹山水林田湖草沙,构建"多规合一"的空间规划实施管控体系。因此,全域、全层级、全类别、全要素的国土空间规划必会产生与之相对应的城市设计内容。城市设计内容的拓展一方面在于管理边界的拓展,由当前关注城市内部的生活生产以及城市外部的自然生态,拓展为关注城市外部的生活生产以及城市内部的自然生态空间营造;另一方面在于管理要素的拓展,由当前关注城市内部的居住、商业、办公等城市建设空间,拓展为关注城市外部的乡野空间与大地景观营造。总体来说,在城市发展变化过程中,城市设计应当有限度地、有序地、固本地与详细规划同步探索。

例如,北京新一轮详细规划工作创新性地提出了生态复合街区的类型。生态复合街区主要位于中心城区、新城的绿隔地区,是构建生态安全格局、推动城乡统筹发展、实现人与自然和谐共生的关键地区。为此,在全面加强非建设用地底线管控、保障全市生态安全格局、推动城乡统筹发展的基础上,进一步探索制定了生态复合街区城市设计的引导要求,重点营造系统化多元化的生境体系,彰显大水大林大田的景观格局、建设人本共享活力的绿色空间。以温榆河公园实施为例,规划实践中重点加强非建设用地的城市设计工作,实现"精野"结合的特色景观。"精"包括精心的设计、精彩的活动、精致的园林及精明的智慧公园服务与管理体系;"野"指以大尺度森林湿地风貌为特色,以低维护、近自然为特点的、富有野趣的自然景观,塑造贴近自然、生生不息的风貌特征[18](图10)。

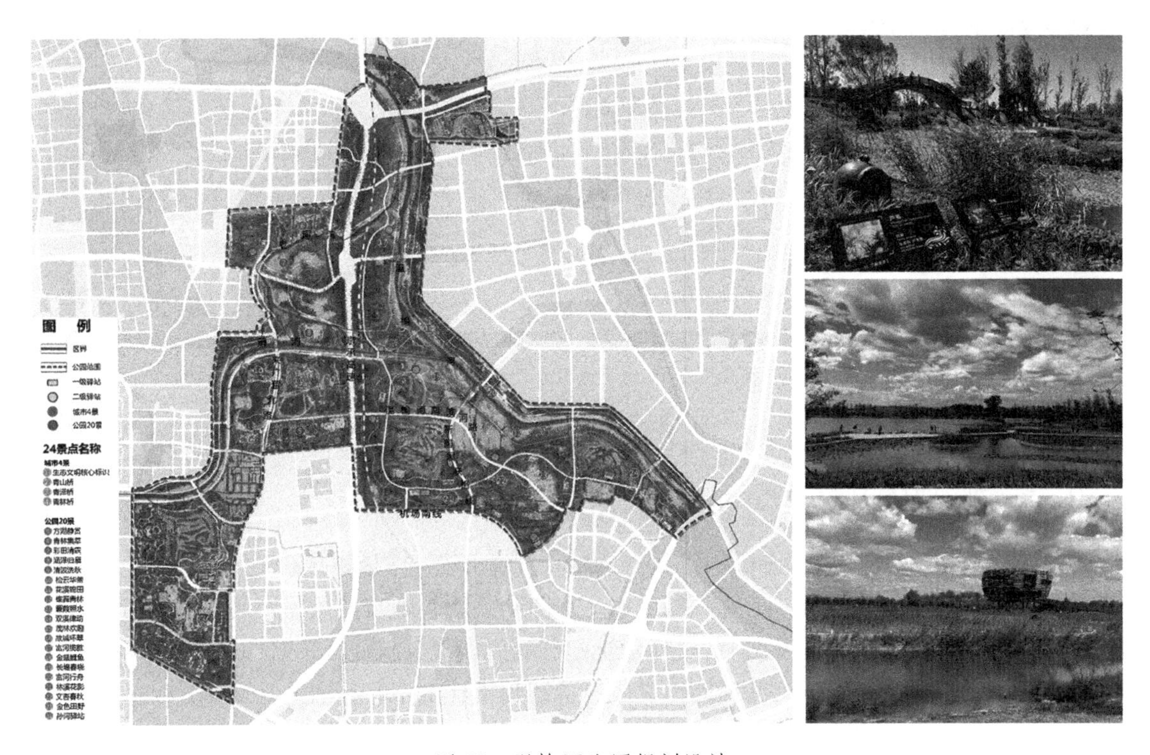

图 10 温榆河公园规划设计
(来源:参考文献[18])

4.2 新技术场景下的方法探索

城市设计既有技术方法仍以方案推演为主,传统上以“摆房子”推导出规划管理依据的方式正面临实施分散性、主体差异性的巨大挑战,急需更为科学有效的城市设计技术方法。因此,应积极探索数字技术、人工智能等尖端技术在城市设计、空间规划中多元场景下的丰富应用,充分应对城市设计在编制与管理阶段的复杂性。

一是应进一步研究多项信息技术、数字技术交互使用的城市设计研究与编制方法,辅助形成更为科学、精准的城市设计方案和管控体系。例如,近年来北京市探索性地开展了 AI(人工智能)赋能的大规模城市色彩谱系感知,基于色度学、色彩心理学和城乡规划学等理论,构建了“城市—街道—建筑”三级城市空间的城市色彩感知数据模型框架。通过模糊神经网络和 K-means 聚类算法,对大规模的街景图像进行分析处理,结合传统调研修正系数,形成符合人类视觉心理兼具实施指导意义的色彩谱系图,为城市色彩的精细管理提供科学依据[19]。

二是应进一步加强城市设计实施监督信息平台的建设,将城市设计的管控要求参数化、可视化,协同国土空间一张图数据平台的搭建,切实服务规划决策与日常管理。目前,在北京城市副中心“规划建设管理三维智慧信息平台”中,将城市设计导则中的部分内容有效植入,形成三维的“建筑管控盒子”。在审查时,将方案模型放到所在地块的建筑管控盒子中,有效分析方案与管控盒子是否存在建筑高度、贴线率等指标在空间上的碰撞冲突,直观反映审查效果,一键输出审查结论,实现城市设计的精细管理(图 11—图 12)。

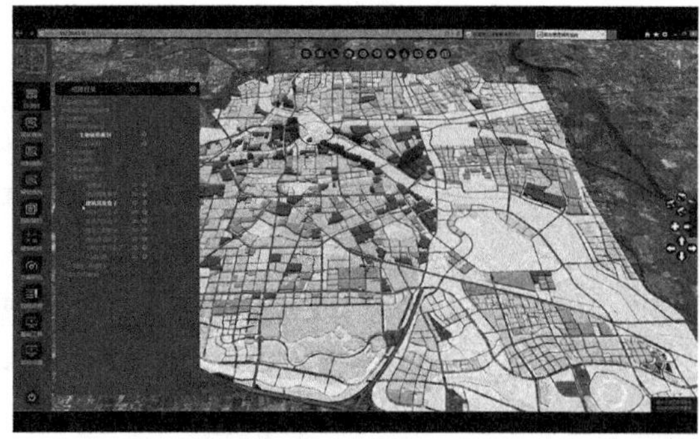
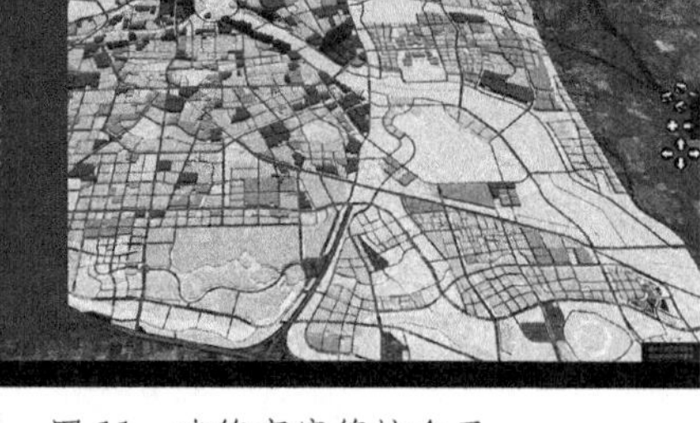

图 11　建筑高度管控盒子

图 12　高度管控碰撞分析

(来源:参考文献[20])

4.3　持续陪伴的制度建设与自我完善

城市规划并非一成不变,城市建设并非一蹴而就,城市设计亦是如此。在规划管理全生命周期中,构建持续陪伴式的规划设计责任制度成了保障高品质实施与可持续发展的重要抓手。目前,许多城市地区建立了责任规划师、责任建筑师(简称"责师")制度。在重点功能区,责师工作往往是地区规划设计的延续,在短时间内完成总体规划设计工作的基础上,长期关注、把控各具体项目的建设实施,保障了地区发展战略性、系统性内容的延续,对塑造系统性、整体性的城市空间起到了良好效果。而在社区,责师的工作往往是公共空间与公共服务的织补与提升,依托社区营造,与当地居民深入沟通、互动,实现小规模、渐进式、共参与下的微设计与微更新(图 13)。

图 13　史家胡同院落微更新

(来源:作者自摄)

另一方面,在存量时代的背景下,城市作为一个有机生命体,其成长发展有赖于每一个空间细胞的迭代更新。如果说精英的、经典的城市设计精雕细琢了整个城市的地标节点,那么专业技术人员和普通民众的组合拳就推动了日常生活空间(城市小微空间)的自然生长与自我完善,让城市设计与详细规划自然而然地渗透到城市与乡野的每一个角落,深刻决定了城市空间品质的基本盘。因此,将城市设计普惠到市民公众,形成"责师＋民众"共同参与的城市设计与详细规划实践,这种无图纸、无文字的非法设计行为成为法定规划与精英设计的自然补充,有效地推动了共建共享的社会治理和高品质的国土空间营造,是城市空间更新完善的必然方向。

可以看到的是,城市设计诞生于工程技术学科,带有深厚的科学技术底色,而在不断应用发展的过程中,又融入了浓郁的社会人文色彩。因此,做有技术、有温度的城市设计,通过物质空间场所承载文化传统、体现精神价值,应当成为城市设计和城市设计从业者的基本态度。

5 结语

城市设计学科在中国发展30余年,构建体系,丰富内容,成果颇丰。

系统建立城市设计学科架构,回归理性、保持独立性,不断深挖其地域性和规律性内容,有利于在源于西方的城市设计学科基础上,补充中国经验,赓续发展,完善学科;是中国城市设计专业人员的义务与责任,也是中国应该对世界做出的贡献。

城市设计探索永远在路上!

参考文献

[1] 金广君.城市设计:如何在中国落地?[J].城市规划,2018,42(3):41-49.

[2]《中国大百科全书》总编辑委员会.中国大百科全书[M].33版.北京:中国大百科全书出版社,2021.

[3] 城市规划学刊编辑部."城市设计与实践"座谈会发言摘要[J].城市规划学刊,2015(2):1-5.

[4] 北京规划建设编辑部.关注特色与体验的多元尺度城市设计[J].北京规划建设,2020(5):2-3.

[5] 北京市委,北京市人民政府.北京城市总体规划(2016年—2035年)[Z].北京:北京市人民政府,2017.

[6] 上海市委,上海市人民政府.上海城市总体规划(2017年—2035年)[Z].上海:上海市人民政府,2017.

[7] 中华人民共和国住房和城乡建设部.城市设计管理办法[S/OL].(2017-03-14)[2022-06-07].http://www.gov.cn/gongbao/content/2017/content_5230274.htm.

[8] 中华人民共和国自然资源部.国土空间规划城市设计指南[S/OL].(2021-05-30)[2022-06-07].http://www.gov.cn/xinwen/2021-05/30/5613973/files/eeac85b4098048eeac4ecf17bbdb309b.pdf.

[9] 北京市人民代表大会常务委员会.北京市城乡规划条例[S].北京:北京市人民代表大会常务委员会,2019.

[10] 北京市规划和自然资源委员会.北京市城市设计管理办法(试行)[S].北京:北京市规划和自然资源委员会,2021.

[11] 北京市规划委员会.关于编制北京市城市设计导则的指导意见[S].北京:北京市规划委员会,2010.

[12] 北京市规划和自然资源委员会、北京市通州区人民政府.北京城市副中心规划设计导则(规划管理版)[S].北京:北京市规划和自然资源委员会,2019.

[13] 北京市委,北京市人民政府.关于建立国土空间规划体系并监督实施的实施意见[Z].北京:北京市人民政府,2020.

[14] 徐碧颖,吕海虹,陈嚣,等.系统传导与多元适应:北京控规单元的演进与探索[J].城市发展研究,2021,28(10):73-80.

[15] 北京市大兴区人民政府,北京市规划和自然资源委员会.北京大兴区生物医药基地DX00-0501~0510街区控制性详细规划(街区层面)(2020年—2035年)[R].北京:北京市大兴区人民政府,2022.

[16] 北京市规划和自然资源委员会.北京市控制性详细规划编制技术标准与成果规范(2021年10月版)[R].北京市规划和自然资源委员会,2021.

[17] 北京市丰台区人民政府,北京市规划和自然资源委员会.丽泽金融商务区综合实施方案(2020年—2030年)[R].北京市规划和自然资源委员会,2021.

[18] 北京市水务局,北京市规划自然资源委员会,北京市园林绿化局.温榆河公园控制性详细规划(专项规划)[R].北京:北京市水务局,2020.

[19] 张梦宇,顾重泰,陈易辰,等.人本视角下的城市色彩谱系[EB/OL].(2021-09-27)[2022-06-07]. https://mp.weixin.qq.com/s/V4txxwoSxnZXM13O3-Tu0g.

[20] 北京市规划和自然资源委员会.北京城市副中心规划管控三维智慧信息平台[DB].北京:北京市规划和自然资源委员会,2021.

城市设计:营造以人为本可持续发展的近地空间

——以青岛市中心城区城市更新为例

Urban design: Cultivating a people-oriented sustainable development in near ground space

— A case study on the urban renewal of Downtown Qingdao

展二鹏　代　峰　孙　丹　张良潇　王毓鹤　安　娜　张海佼
Zhan Erpeng　Dai Feng　Sun Dan　Zhang Liangxiao　Wan Yuhe　An Na　Zhang Haijing

摘　要:近地空间是城市活动的重要依托,是人群、资源汇集和流通的主要场所,是城市功能、交通及各项配套设施集中建设、运行的空间载体,也是集中展示城市经济社会发展"基本面"和城市文化的"大舞台"。以正在全面启动的城市更新、老旧小区改造为契机,强化以人为本的城市设计,营造可持续发展的近地空间,并协同解决现状城市建设、使用和运营中的问题,对于全面提升城市功能、交通组织和市民生活水平,优化城市环境、形象及社会空间分布,以及系统地解决我国城市中心城区多年来形成的空间布局相关问题,具有深远和现实的重要意义。

关键词:以人为本;近地空间;特别关注人群及节点;典型空间及做法;空间治理与城市运营

Abstract: Near ground space is an important support of urban activities, a main place for people, resources to gather and circulate, a space carrier for the centralized construction and operation of urban functions, transportation and various supporting facilities, and a "big stage" to display the "fundamentals" of urban economy, society and culture. Taking the opportunity of the urban renewal and the transformation of old neighborhoods, we should strengthen the urban design of people-oriented near ground space and solve the problems in the construction, use and operation of the present situation, which is of practical and far-reaching significance to improve the urban function, transportation and people's living standards in an all-round way, as well as to optimize the urban environment, image and social spatial distribution, and systematically solve the problems related to the spatial layout formed over the years in urban centers of our country.

Key words: people-oriented; near ground space; special focus; typical space and Practice; space governance and urban operation

1 背景及问题的提出

1.1 背景

我国高质量、可持续发展背景下的城市设计，必须坚持“以人民为中心”，更加以人为本、开放包容，才能真正作为空间正义的重要手段，促进实现优化功能布局、提升环境景观，完善公共产品供给、强化社会资源合理分配的基本目标。为此，要更加关注对既有资源的合理利用与整合提升，更加关注涉及人民生活和公共利益的基本需求，更加关注城市基本空间、基础设施和保障系统的整体构建及可持续发展，并深度关怀有特别需求以及可能被不断或持续“边缘化”的人群，统筹做好社会空间规划，促进多元开放的包容发展。本文将以青岛中心城区城市更新为例，探讨如何营造以人为本可持续发展的近地空间(图 1)。

图 1　青岛

(来源：作者自摄)

近地空间是城市活动的重要依托，是大量人群、资源汇集和流通的主要场所，是城市功能、交通及各项配套设施集中建设、运行的空间载体，是集中展示城市经济社会发展“基本面”和城市文化的“大舞台”，也是基本建设、城市运营和空间治理相关问题表现突出的地方。因此，强化近地空间的规划研究和城市设计，统筹解决各类“历史遗留问题”以及现状建设、使用和运营中的突出问题,对于全面提升城市功能、交通组织和市民生活水平,以及优化城市环境、形象和社会空间分布,都具有现实和深远的重要意义。

1.2 问题的提出

城市设计是贯穿世界城市发展史的“空间意识”或“意愿行动”[1]。城市设计的根本问题,是通过合理的空间规划和环境营造,实现物质环境与精神环境的均衡协调,满足人们的基本需求。早在20世纪中叶,美国著名规划学家伊利尔·沙里宁(Eliel Saarinen)就深刻指出,城市的“物质秩序”和“社会秩序”不可分割,两者必须同时发展,相互启发。沙里宁还前瞻性地提出了“有机分散”的城市规划概念,并强调有机分散应当设法完成良好城镇建设的基本目标[2]。所以,有机分散必须首先符合下面这条古老而毋庸置疑的格言,即“城市的主要目的,是为了给居民提供生活与工作的良好设施”。他还对城市衰败、整顿以及相关的空间形态、土地制度、社会参与等,进行了具有开创性意义的阐述。

1971年,在沙里宁提出“有机疏散”理论约半个世纪后,在著名的巴黎蓬皮杜艺术中心设计竞赛中理查德·罗杰斯(Richard Rodgers)与伦佐·皮亚诺(Renzo Piano)合作的方案,从来自全球的681份方案中脱颖而出,一举中标。罗杰斯认为,蓬皮杜中心的核心理念是构建“一个为了所有人的场所”(a place for all people)[3]。作为一个毕生以“公民、城市与未来”为其“建筑梦想”,有强烈社会责任感的世界级现代建筑大师,他在跨世纪的职业生涯中,始终将“建筑与使用它的个人的经济价值、与社会可持续发展的密不可分”作为建筑师的首要行为准则,并特别关注高密度、混合功能、公共空间、交通组织、城市空间品质以及减少碳排放和环境污染,增加建筑的使用寿命及适应性等,形成了“紧凑型城市”的核心理念及理论框架。

从空间正义、社会文明的角度看,进一步突出公共利益导向的资源配置和基础设施建设,特别是中心城区近地空间及存量资源的整体完善,不仅有利于城市的安全保障、健康运行及综合治理,有利于历史文化的深度保护与开发利用,有利于城市形象的整体提升,更有利于城市社会空间的均衡发展,有利于共同富裕、社会包容、高质量发展战略的落地,从而不断夯实经济社会协调可持续发展的基础。特别要看到,以正在全面推进的绿色低碳、城市更新、老旧小区改造为契机,强化以人为本的城市设计,将对从根本上系统解决我国城市中心城区多年来形成的功能布局和空间形态等问题产生前所未有的引导和促进作用。

为此,规划及城市设计不仅要聚焦近地空间的构成要素和现状问题,持续关注人们的基本需求,包括物质需求和精神需求,特别要高度关注老年人、残障人、妇女和儿童、低收入家庭等特殊人群,不断强化公共利益、社会服务导向的资源配置和基础设施建设;同时,也要积极把握深化改革开放的历史机遇,针对长期存在的根源性、结构性和机制性问题,强化相关要素配置和政策扶持,提出系统、合理、协同并切实可行的解决方案。

2 近地空间的功能构成、基本需求及现状主要问题

2.1 基本概念与功能构成

本文的近地空间,主要是指中心城区各类建筑物(多层、高层建筑)接近地面的空间,包括

地下一层和地上一、二层,以及建筑物周边的地下空间、外部空间、城市道路及环境景观和设施等。如果按项目用地平均建筑密度 30%、地下一层计算,其近地空间的面积比例就会达到用地面积的 1.5 倍以上(不含城市道路),其功能、环境影响及规模效应不言而喻。

近地空间的功能构成,一般可包括居住、办公、文化和管理用房,各类商业服务、公共服务及配套设施用房,以及内外交通、城市道路、广场和绿地、环境艺术等(图 2)。特别需要指出,主要受产权关系、规划建设、运营管理等影响,近地空间的人群、社会使用方式,有更强的混合性、边界性及复杂性,比如那些千姿百态、几乎无所不在的违法建设。

图 2 近地空间的功能构成
(来源:作者自摄)

2.2 近地空间的基本需求

近地空间的基本需求包括城市生产、生活的方方面面,是城市设计和空间治理的主要依据。本文主要按人们的行为目的及其与近地空间的关系,将近地空间的基本需求概略分为三类:①常驻,包括居住、办公、会展、营业、各类配套服务和保障要求等;②停留,包括购物、餐饮、休憩、停车、观赏、等候、咨询等;③通行,包括出入、路过或散步等。

为满足以上需求,首先应该提供符合人们行为方式的空间,包括位置、规模、尺度、形态,以及配套设施和景观等;同时,须结合当地现状条件和财力物力,依据相关法规、规划及规范,提供相应空间、环境和设施的正常使用条件,确保必要的安全、开放、联通、便利和舒适;

最后,还应不断健全产权保护、公共安全、城市运营等相关法规,并依法进行物业管理、社会服务和空间治理。

2.3 现状主要问题

以青岛中心城区为例,现状近地空间的主要问题表现在:

一是功能构成及布局不合理。例如,大量自发或非设计形成的底层商业设施,存在空间定位与布局不合理,特别是地面停车位与各类商业服务的混合,对道路交通、街区生活特别是居住区环境产生持续的负面影响。

二是空间形态、尺度及路径不适宜。以火车站、地铁口、医院、学校等大量人群聚集场所为例,不适宜的空间形态、尺度、路径及出入口设置,特别是人为的管制措施(如防护栅栏、出入口等),产生附加的通行障碍或干扰,并严重降低社区及城市空间环境的品质。

三是空间管理封闭。在社会空间、职能管理(包括疫情防控)背景下的空间封闭管理,涉及居住区、广场绿地、地下空间、公共服务设施等,严重影响近地空间的正常使用,明显降低了社会使用、运营管理的效率,甚至还形成了更多不利于公共卫生和安全的"死角",也破坏了街区空间应有的生活氛围和文化品质。

四是环境景观及设施不足。以商业中心、居住区及大量社区中心的地块为例,普遍存在市政环卫设施老旧、绿化景观差的问题,并存在大量违章建设(包括供热、通信等设施),不同程度地侵占了近地空间的公共用地。

五是配套服务设施不完善。同样,主要在居住区大门、社区中心地块以及街坊路口和建筑物入口,缺乏必要的交通安全、公共卫生、无障碍通行设施以及城市街具、导向标识等,不仅影响正常使用,也存在安全隐患。

导致以上问题的原因,主要包括规划设计本身以及建设、使用与管理过程中的要素或职能缺失。其中,建设决策、规划设计层面的原发性不合理,以及建成后的非规划、非设计改造及社会使用,是特别值得关注的问题。

3 特别值得关注的人群与节点

3.1 人群与街道表情

人群及其需求,无疑是近地空间规划设计与场所营造的核心依据。要特别关注那些最需要被城市和近地空间精心呵护的人群,包括步履蹒跚的老人、病弱及残障人员、带孩子出门的妈妈、等候爷爷奶奶回家的小学生、早出晚归的通勤职员、各类商贩及保障服务劳动者,还有举目无亲、疲惫焦虑的外来人等等(图3)。

以人为中心的城市,应该让生活在其中的人们能够在上下班的路上以及每天都要停留或路过的地方,获得应有的公共关怀,温馨"如家"的体验,以及人人都需要的安全、尊严和归属感。正如老沙里宁所说:城市规划应当"始终把合乎人情与方便生活作为主题,……把未来的城市想象为人们安居的家乡城市"。

图3　近地空间中的人群及活动
(来源:作者自摄)

3.2　重要空间节点

从日常使用及现状运营管理的典型问题看,那些其实特别重要却往往被忽视,或者被随意甚至被过度"设计"的空间节点,主要包括:①建筑物(小区)出入口;②建筑物转角及街角;③对外营业的底层开放空间;④街心(或街角)绿地;⑤建筑裙房的屋顶平台及室外楼梯;⑥半地下空间、通道及出入口;⑦配套用房、设施及周边空间等。这些空间节点的主要问题及原因已如前所述。其中,非规划、非设计的空间(环境)形成及其社会使用,以及密切相关的物权关系和社会空间问题,正是目前城市更新及老旧小区改造中特别难以解决的突出问题,需要高度关注、重点解决。

3.3　"温度"以及环境、街具与设施

近地空间的"温度"能够直接表达对人的关怀程度,是场所品质的重要评价因素。一方面,当人们需要停留、社交、等候或休息的时候,身边的空间环境(形态、尺度、植物等)及配套设施(座椅、网络、护栏、果皮箱、导向标识等)就会变得特别重要;另一方面,缺失及不合理的功能配置(停车、环卫、市政设施等)以及形式简陋、漠视基本需求的环境设计(地面、台阶、植物、色彩、艺术装置等),必然降低场所品质,影响空间使用乃至人们的精神状态。

以人为本,要非常关注与人群行为、场所功能及运营管理密切相关的空间设计,以提供适宜、健康、有温情的环境条件。此类空间设计主要包括:①空间的规模、形态和尺度;②地面、坡道的坡度,以及台阶、护栏的形式及高度等;③地面、墙面及各类配套设施表面的强度、硬度、质感和色彩。

所有这些,都要符合人的基本需求,都有“温度”要求,都是影响空间环境及其社会使用的要素,并直接影响场所的识别性、归属感和文化品质。

3.4 小结

最后,要结合城市规划与社会管理,高度关注并协调解决无所不在的“边界”问题。例如,围墙、护栏和街坊内的步行通道,各类市政、环卫、通信、监控等配套设施的产权、布局、建设、使用、管理,以及那些利益相关范围大、社会使用过程错综复杂,甚至可能已持续多年的所谓“邻避”问题。

解决公共利益相关的“边界”问题,是结合智慧城市建设,整体优化近地空间城市功能、运营管理及环境景观的重要前提条件,不仅有利于营造多元开放、健康宜人、社会包容的近地空间和街区环境,还能为构建可持续发展的空间及社区治理体系,奠定必要的空间基础条件。

4 典型空间与做法:以青岛中心城区为例

青岛中心城区的典型空间与做法如图 4 所示。

4.1 四方路“三聚成”广场绿地

项目位于四方路历史街区,曾经是老城区最著名的商住混合街区和生活品购物区,也是近年来历史风貌保护与城市更新的“热点”街区。场地由易州路、四方路、黄岛路三条城市道路围合,占地面积仅 367 平方米。

规划设计拟拆除既有二层商业建筑,但保留并修复历史遗留的地面空间形态及边界形式,结合周边业态、交通及环境条件,以“里院时光”为主题,安排市民活动、休憩及绿化空间,配置座椅、时钟、雕塑、水景和导向标识牌等设施,力求营造高密度、混合功能商业街区的生态公园和市民场所,并挖掘和恢复老青岛“大鲍岛村”的历史文化印象,培育历史文化街区的旅游目的地。

4.2 湛山小区中心广场绿地

湛山小区是伴随 1990—1993 年青岛市行政中心迁移,在拆除原有湛山村的基础上规划设计并建成的第一个住宅小区。受特殊的区位条件及东部开发带动影响,小区的人口结构、建设标准及开发模式等,均呈现与城市化发展阶段吻合但在同时期不多见的多样性。2010 年前后,由政府牵头、企业实施,启动小区中心绿地和广场改造,包括地下车库、生活超市、居民活动场地及公共绿地,目前基本建成。存在的主要问题有:①绿化景观及环境艺术贫乏;②地面过度硬化及排水问题;③地下空间孤立,联通不足;④道路交通运行存在风险;⑤街具及设施配置不足。

图4　典型空间与做法

(来源:作者自摄)

另外,新增居住建筑(类似复建)显然有资金平衡的必要性,却大大减弱了项目建设对社区、街区的综合贡献。

4.3　无棣路历史文化街区道路与绿地

无棣路历史文化街区形成于二十世纪二三十年代。街区顺应山地建设,具有混合功能、高密度、台地形态的显著特点。2000年前后的城市快速路建设,拆除了对青岛历史文化具有重要意义的"菠螺油子"历史街区,切断了无棣路与苏州路街区的联系,使江苏路以北街区的空间结构和历史风貌发生了重大变化。

规划设计着力彰显"台地廊道"空间特征,补充文化旅游、科技商务等功能及配套内容;并充分利用东西快速路高架桥下既有空地和地形,结合在建地铁站和停车场,以著名的"菠螺油子"历史街区为主题,建设小型博物馆、画廊和咖啡厅,为街区增加了新的社交场所、社区服务和城市文化旅游景点,整体改善了快速路桥下空间的道路交通、社会停车及环境景观品质。

4.4　馆陶路南端停车场及绿地

项目位于中山路、馆陶路之间,紧靠铁路和城市干道,用地形状狭长,附近有商业街、酒店、学校和居住区,以及公交首末站和公厕等。存在的主要问题有:①停车规模、形式不合理;②缺乏地下空间开发及必要的商业服务功能;③公交站与出租车空间不足;④绿地景观及生态环境贫乏;⑤街具、导向标识等配套设施明显不足,"边界"问题突出。正在进行的虚拟规划及城市设计建议:应适当扩大规划范围,对上述问题进行整体评估和研究,并强化地下空间开发、交通组织以及公共交通和商业配套服务。

4.5 延吉路人力资源市场出入口

场地位于延吉路、镇江北路两条城市干道转角,办公楼前有封闭的前广场,地面与城市道路之间有明显高差,工作日期间,每天有大量求职(招工)人员在门口聚集。存在的主要问题有:①前广场过于封闭,空间形态、尺度与功能定位不协调,缺乏公共绿地景观,与周边街区的空间联系不理想;②竖向设计过于简单,缺乏与功能需求相适应的内外空间衔接;③商业服务、公交、社会停车以及街具等配套设施不足。虚拟规划及城市设计建议,应按口袋公园及开放空间定位,整体开放前广场,打通广场与北侧小区的联系,并应充分利用南北地形高差,合理安排配套设施及停车场,增设公交站点。

4.6 青岛大学附属医院(总院)出入口

项目位于历史城区内多条城市道路交汇的复杂地段,空间局促,地面有明显高差,高峰期人流、车流量很大,周边有学校、幼儿园、办公楼、住宅、教堂等,并有在建地铁站及若干公交站点。存在的主要问题有:①封闭管理的前场和街心绿地、模糊的外部交通组织及管制,以及私家车专用线及地面停车的负面影响;②大量商业网点及摊贩(早市)占路经营,地下空间开发明显不足;③对原有空间、遗产及绿化缺乏保护,新增建筑功能与体量需要论证。相关规划实施建议,应全面强化与在建地铁项目的结合,整体论证、统筹解决这些问题,并认真落实历史文化名城保护相关法规及规划。

4.7 大路小学出入口及周边道路、环境与设施

项目位于山东路城市交通干道及高架桥下的转角地段,紧邻在建地铁站,周边有大量老旧住宅和办公楼,早晚高峰时段交通量很大。存在的主要问题有:①学校用地局促,出入口位置不当,缺乏专用泊车区;②桥下空间的配套功能、环境景观及配套服务设施缺失,缺乏必要的道路安全护栏;③缺乏校园与地铁站及周边街区、社区的整体规划设计等。围绕这些问题并依托在建地铁站,已经启动以公交导向型发展(transit oriented development, TOD)为主题的虚拟规划及城市设计。

4.8 华严路(湛山小区)菜市场及周边道路、环境与设施

该菜市场位于高密度居住区、办公区的混合地段,与多家餐饮、酒店等商业建筑组合,环绕人工湖建设,是湛山片区的重要生活配套服务设施。存在的主要问题有:①用地规划条件模糊,周边资源环境需要整合;②建筑质量、整体环境品质较差,环卫设施配套不足;③公交、停车位不足,街具、配套设施及步行交通系统不完善。虚拟规划及城市设计建议,应对包括青岛市老年大学在内的片区功能进行整体评估和研究,在确保延续既有生活服务设施的基础上,整合资源、优化布局,全面提升商业服务、公共交通、环境景观和步行系统,营造更加宜居宜业、多元开放的绿色生态街区。

4.9 居住区及老旧小区

居住区及老旧小区的问题，主要体现在两方面：

一是住宅建筑底层(及半地下)空间、环境与设施。在目前使用及管理环境条件下，特别需要关注的问题是：①底层及半地下层过度商业化，各类非设计的“功能异化”以及持续的自发建设与改造较多；②室外开放空间的环境景观及配套服务设施不足；③大量分散、暴露和简陋设置的市政、环卫、通信等设施，存在安全隐患；④步行通道未能依法保留、维护完善及合理使用；⑤居民与社会停车混合、无序停放。

二是小区大门口(地下车库)空间及边界形式。在同样的使用及管理环境条件下，特别需要关注的是：①小区门口的功能构成及空间设计(形态、尺度和布局等)；②开放空间、配套服务设施的社会共享及管控；③机动车与步行交通分流；④社会停车及大量外来“小交通”的管理；⑤边界形式及安全监控方面的要求。相关对策及建议，另行论述。

4.10 工业遗产改造地段：长生植物油老厂区改造利用

项目位于老城区，毗邻有百年历史的青岛啤酒厂总部，靠近地铁站。规划总用地面积约1.81公顷，总建筑面积约15 000平方米。老厂区建于20世纪20年代，场地内部有确定保护的历史建筑，周围有历史街区、旧河道以及大量20世纪后期建设的老旧居住建筑，部分已列入区市改造计划。

规划设计在满足地铁用地约束前提下，结合文化旅游及周边社区居民需要，按照城市体育公园的定位，积极保护、利用既有工业遗产，新建体育文化综合体、社区绿地及配套设施，并充分整合环境景观及文旅资源，拆除旧围墙、打通尽端路，完善步行系统，实现“老厂区”与周边街区的融合发展。

4.11 地铁站口、地下通道及地面环境、街具与设施

此类问题集中体现在火车站、旅游景点以及存在大量公交换乘及商务办公人流的地段，也是“低效空间”的重要代表。本文选取两个典型地段：

一是青岛火车站及栈桥附近。存在的主要问题有：①大量地面机动交通汇集、地下空间开发不协调、出入口设置不合理以及车站广场的封闭管理，导致旅客步行距离大幅度增加，公交实际可达性差；②商业、旅游配套服务设施不足，导向标识缺失，使城市门户开放空间的运行效率及综合品质明显降低；③地下通道出入口位置不当，内部空间环境差，影响使用及运营，亟待整理改善。另外，青岛站周边既有建筑的大规模拆除，片面追求“看海”景观效果，在历史文化保护修复、城市交通、商业服务以及海岸带景观、绿色低碳和运营管理等方面，还缺乏全面深入论证。

二是青岛民政大厦及旧湛山小学。主要问题是：①地铁与公交衔接不够，站口与海天大酒店高层建筑群距离过远，将导致大量附加的地面步行交通量的产生；②丽天大酒店门口的地铁站口严重挤占城市道路人行空间；民政大厦前广场及绿地缺乏与地铁站的有机结合，新建公厕位置不理想、影响城市景观；③民政大厦东侧的旧湛山小学，是有近百年历史的“保护建筑”，但其却长期闲置，一直未获得应有的保护和利用，处境堪忧。相关对策及建议，另行论述。

4.12 小结

综上,关于典型空间及做法的讨论,应充分认识以下几点:其一,近地空间问题由人群、需求、功能、形态、设施及运营管理等因素交织影响形成,由来已久并伴随城市化发展不断变化;其二,生活和工作中的人们,总是需要通行、停留、社交和休息,成千上万人们脸上的"街道表情",是以人为本、可持续发展城市设计的"风向标"和"温度计";其三,要贯彻包容发展、公共利益优先原则,采用"虚拟规划"手段,并从实体空间、城市运营和社会管理方面协同发力、动态完善,才能实现近地空间功能、品质的整体优化;其四,住宅及老旧小区的问题集中反映了城市化发展的阶段性规律和特点,必须在政策、法规和规划层面整体决策,提出合理、系统、可行的方案,并根据城市、区市的财力、物力等实际情况,科学组织、循序渐进、协同实施,以便从根本上解决。

5 空间治理及城市运营层面的问题

此类问题的共性和基本特点在于,由于涉及政策法规、产权关系、城市运营等复杂的边界条件,具有更强的综合性和长期性,往往无法直接通过规划设计的技术途径解决,而需要政策、策划、实施和管理层面的更多协同和过渡,需要虚拟规划与城市设计的动态组合,需要更多的社会共识和公众参与。

5.1 步行商业街区及独立开放空间的地面环境与设施

青岛现状及规划有大量步行商业街区,包括四方路、辽宁路、台东商业街、李村商街等,还有青岛天主教堂、基督教堂广场以及栈桥、八大关、太平角等地带的若干步行开放空间。

这些地段总体上都不同程度地存在空间封闭异化、交通组织无序、环境景观缺失、配套服务设施不完善等问题,与街区职能及高质量发展的要求有明显差距,也不符合青岛国家级历史文化名城和国际旅游城市的定位。因此,既有资源环境的优化提升,应更加聚焦社会生活、公共服务及文化复兴。

5.2 与产权及管辖权密切相关的近地空间

近地空间的根本问题,是环境资源的定位及其权属问题。大量市政环卫设施、网络系统、地铁建设、商业服务业的占路建设和运营,以及长期闲置的待开发用地等,不仅会涉及相关规划及实施的"错位",也往往与产权、建设或经营主体等方面的管理问题有持续和密切的关联。

从城市安全运行、空间治理及环境保护角度看,此类问题的积累,不仅影响城市景观、社会管理以及城市空间的正常使用,甚至可能成为城市运行、应急保障的风险因素,并存在物权法相关问题,亟须进行全面梳理、排查和分类研究,并强化相关规划衔接,依法提出合理、系统性的解决方案。

5.3 城市公园、海岸带及滨海开放空间的社会使用及运营管理

山海自然环境与城市空间的有机结合,形成了青岛特有的空间结构、建造方式和城市形

态，也是城市化发展相关社会空间问题的侧面展示。其中，城市海岸带、滨水环山的绿地公园及各类开放空间，对城市功能、产业布局、交通组织、市民生活、文化旅游及环境景观等，都有重要的约束、支撑和调节作用。

20 世纪 80 年代的封山育林，对青岛中心城区的生态修复和绿地系统建设发挥了重要作用；但后期的“见缝插针”建设，却蚕食了大面积绿地空间。与此同时，由于产权、管辖权等因素影响，导致此类区域违章建设的滋生蔓延、环境配套建设水平差异，并形成难以实施整体管理及开放使用的“灰色地带”，对城市景观、社会生活以及城市空间的正常使用和管理，产生了持续不良影响。

5.4 与道路交通、地面停车相关的近地空间开发建设、使用和管理

大量公交运输、社会停车以及市政设施和地铁建设等，与近地空间密切相关并直接影响生产和生活。特别需要关注的是：公交路线及站点的不合理选址与建设，公共交通与社会服务、商业服务及市政环卫设施的随意组合，还有居民与社会停车的无序混合等，都会严重影响近地空间的环境品质和正常使用。

此类问题的统筹解决，必然对城市安全运行、空间治理及环境保护等，产生整体的积极影响，作为存量优化和城市更新的重要内容，也应该激发产权、物权以及建设和经营主体等管理层面的系统性优化和深度改革。

5.5 涉及功能布局与综合交通体系的空间规划问题

各类公共服务设施（医院、学校、托幼及社区中心等）、商业服务及文化设施（餐饮、酒店、电影院和博物馆等）的合理规模与布局，以及综合交通体系、相关基础设施的配套建设，对该地段的空间环境、城市生活、综合交通及人群活动以及相关规划设计与开发建设，往往具有决定性的长期影响。

因此，要特别关注总体规划、专项规划及详细规划的编制与实施，及其对近地空间以人为本、可持续发展的城市设计，以及各类场所和环境的合理营造、培育与生长，已经并正在产生的、难以替代的基础性、引导性或决定性作用，并在城市更新过程中择机做出系统、合理的调整。

5.6 铁路、轻轨、高速路及城市快速路（高架）沿线

穿越青岛中心城区的铁路、轻轨、高速路及城市快速路（高架），总长已超过数百千米，对沿线用地规划、功能布局、交通组织、社会管理及城市景观有重要影响。其中，由于城市化发展的历史原因，在环胶州湾沿岸及铁路沿线存在大量工业遗产、交通仓储及市政基础设施用地，城市设计不能只进行简单的“梳妆打扮”，而要统筹城市功能、空间结构、交通体系和产业发展，科学规划、整体优化。

同时要关注，城市快速路对两侧居民、功能和交通的负面影响由来已久，阻碍交往，成为“低效空间”。近年来，高架路下部空间不断被用于社会停车场、自由市场、货物堆放以及城管、环卫等临时设施建设，环境景观破败，产权关系模糊，整体生态环境及安全运行状况堪忧，亟待管控和改善。

5.7 城市会展及重大活动场所

此类场所具有位置重要、突击实施、建设标准高等特点,对城市功能、风貌、形象以及文化旅游和服务业有重大影响。以青岛国际啤酒节为例,自1991年创办以来,举办地从中山公园、汇泉广场,到崂山国际啤酒城、世纪广场,再到西海岸金沙滩,至今已举办31届,成了青岛有国际影响力的“旅游品牌”。

然而,此类场所也一直存在空间过大、配套功能缺失、运营模式单调,以及占用优质资源、对市民生活和城市文化发展的综合贡献过低等问题,须结合总体规划实施,加快优化完善。相关研究特别指出,应认真研究借鉴国际先进理念及成功经验,对展会产业的空间布局、协调发展以及相关配套建设进行整体论证,关注民生需求和社会就业,促进实现跨越式、可持续发展。

5.8 棚户区及城中村

20世纪90年代,国内若干大城市特别是沿海城市,都曾以“不把棚户区带进21世纪”为目标,实施了前所未有的大规模旧城改造。然而,不少当年棚改后的新建住宅,却已重新加入了今天的“老旧小区”行列——如此大规模的快速衰老,这是值得政府、学界深刻反思和认真研究的问题。

必须指出,近年来曾经一度被延伸放大的“棚户区”概念,几乎成为“旧城改造”的代名词。这种房地产开发背景明显、有规划也有计划的“集体动作”,延续并强化了“大拆大建”模式,复制甚至拓展了历史性的城市空间结构及社会空间问题,并对老城区历史文化保护与发展构成政策性风险和挑战。

相关研究认为,棚户区不是一般的住宅建设问题,而是与城市化发展、城市空间结构以及住宅政策密切相关的社会空间问题;国内外城市化发展也表明,只有坚持持续的社会福利政策导向和支持,统筹协调文化保护、经济建设和社会发展的关系,才能不断实现生活环境及社会空间的全面提升。

6 借鉴与思考:全方位融入全球可持续发展

6.1 联合国可持续发展目标和全球宜居城市

2015年巴黎气候大会以来的发展日益表明:联合国可持续发展目标(Sustainable Development Goals, SDGs)和全球宜居城市(Global Livable City, GLC)对于生态环境、公共安全、社会公平、贫困救助、医疗健康、文化教育的共同关注,构建了可持续发展的基本框架,反映了人类及城市化发展新阶段的核心诉求,也体现了国际社会坚持以人为本、可持续发展,促进人类命运共同体建设的共同愿望。在新时期、新发展、新格局大背景下,全面转变发展方式,强化促进空间正义,加快实现高质量发展,已成为我国经济社会全方位融入全球可持续发展的重大战略。

6.2 2021年度普利兹克建筑奖

2021年度普利兹克建筑奖非同寻常,其重大影响和重要启示在于,揭示并严厉斥责了大拆大建做法的危害性,从根本上充分肯定了延续、均衡、公平的设计理念和建造方式。正如安妮·拉卡顿(Anne Lacaton)在发表获奖致辞时所说的:“在法国乃至于世界各地,拆除行为在城市中大行其道,是城市换代的模式之一,甚至是一种回收利用的手段。但是拆除是不可逆的,任何拆除都会破坏大量的信息、知识、层次、材料和记忆等。生活需要很长时间才能建立和发展。成长、占用、栖居的时光极为珍贵、无法重构。要立刻停止拆除、淘汰、删减和砍伐,从城市原原本本的面貌出发,用我们目前现有的一切去进行设计和发明。任何建筑都能够加以改造和再利用。任何树木都应该得到精心养护。任何制约都可以转化为积极因素。”

这是一位职业建筑师对“发展方式根本转变”的精确诠释。

6.3 城市设计:从波士顿到上海

建于1630年的波士顿,以丰富的移民历史文化、世界级大学城而著称,并营造了由绿地系统、历史街区、公共服务、滨水空间构成的城市设计典范,在近现代世界城市化发展,特别是中心城区可持续发展方面,提供了样板。著名的95号公路下沉项目(Big Dig),是公园城市的经典,体现了自然环境和城市景观的新概念,甚至直接影响了上海外滩滨水空间的重构[4]。

作为我国全球宜居城市的重要代表,上海规划建设的成功经验是,在坚持整体保护资源环境,不断完善城市空间结构、功能布局及公共交通、市政设施等都市系统基础上,高度关注城市生活与包容发展相关的空间治理,聚焦中心城区的滨水地带,让城市绿地与开放空间成为优化生态环境、促进社会交往、改善市民生活、繁荣城市文化、彰显城市特色的重要载体与核心资源。

6.4 数字时代的场所及环境营造

城市空间是经济、社会和文化活动的核心载体。互联网、物联网、移动支付、智能制造和人工智能,以及跨越式的数字化、网络化发展,正在不断改变生活、消费、供应、分配、传播及管理的概念和方式,并对空间规划、城市设计及场所和环境营造,不断提出新的体验要求。这是在新时期城市规划与空间治理中开展公众参与的重要背景条件[5]。

城市正在进入生活诉求日益丰富、产权意识日益增强,但空间定义及管理边界却日益模糊的时代。与此同时,人们对空间诉求的表达方式也开始发生变化。从社会交往、城市运行、空间治理等角度看,那些与人们日常生活息息相关的场所,在不断提高城市功能、商业服务、环境品质及社会管理水平的同时,显然还需要获得更强的归属感、开放性及可识别性。

6.5 我国大城市中心区公共空间定位、形态及品质的整体优化与变革

“做前进的经典,在回归中超越。”[6]面对我国大城市中心区人口结构、城市功能、产业结构的异化和嬗变,应持续强化资源整合、空间治理以及整体规划与协同实施,进一步统筹落实近地空间及开放空间的公共优先、市场经营及社会公平要求,引导鼓励功能布局的混合协调、空间形态的多元开放,更加适应新时期、新格局、新全球化背景下的经济活动、社会交往与知识传播,协同推进相关制度和机制的改革与完善,构建更加适合我国国情、符合高质量发展战略,也

更加顺应全球可持续发展趋势的都市空间体系。

7 结论及展望

毋庸置疑,以公共利益优先的资源配置、投资导向和制度安排为依托,营造以人为本、可持续发展的近地空间,对促进我国大城市的空间治理以及法制化、市场化、生态化和国际化发展,都具有现实和深远的重大意义。与此同时,我们还将长期面临资源紧缺、气候改变以及经济社会发展不均衡、不充分的挑战。因此,城市设计需要结合各地资源环境的特点,适应城市化发展的实际情况和需要,全面强化社会空间规划,整体把握、统筹协调,不断解决产权关系、建设时序、投资计划及运营管理等方面的结构性、机制性问题。

展望未来,以人为本的城市设计,应该体现人的集体意志和文化追求。正如伊利尔·沙里宁 1943 年在《城市:它的发展、衰败与未来》中所说的:"当我们参观古老的城镇时——古典的、中世纪的或其他的——我们会说'这是属于这一世纪或那一世纪的城市'。"我们感觉到时代的精神。因此,当我们谈到城镇设计时,我们应当看到设计背后的居民集体意志的推动力量。情况往往就是这样。总体方案越是进一步发展,并形成各种不同的具体细节时,规划的结果则将越是带有各种目标及倾向的集体作用的标记。最终,各种事物越是紧密地交错融合,则城市面貌越能反映城镇居民本身的目标及倾向。也就是:"让我看看你的城市,我就能说出,这个城市的居民在文化上追求的是什么。"

参考文献

[1] 培根.城市设计[M].黄富厢,朱琪,译.修订版.北京:中国建筑工业出版社,2003.
[2] 沙里宁.城市:它的发展、衰败与未来[M].顾启源,译.北京:中国建筑工业出版社,1986.
[3] 罗杰斯,布朗.建筑的梦想:公民、城市与未来[M].张寒,译.海口:南海出版公司,2020.
[4] 克里格,桑德斯.城市设计[M].王伟强,王启泓,译.上海:同济大学出版社,2016.
[5] 王建国.城市设计[M].南京:东南大学出版社,2011.
[6] 展二鹏.发展:城市需要远见,规划建设需要协同[J].城市建筑,2008(12):7-11.

主要作者简介

展二鹏 男 1955.05 博士 原青岛市规划局总工程师,中国城市规划学会城市更新学术委员会委员
代 峰 男 1978.12 本科 山东卓远建筑设计有限公司总经理、设计总监
孙 丹 女 1988.06 本科 山东卓远建筑设计有限公司规划师
张良潇 男 1989.10 本科 山东卓远建筑设计有限公司建筑师
王毓鹤 男 1987.08 本科 山东卓远建筑设计有限公司建筑师
安 娜 女 1989.07 硕士 山东卓远建筑设计有限公司建筑师
张海佼 男 1986.04 本科 山东卓远建筑设计有限公司建筑师

迈向具有高过程品质的城市规划
——来自德国的方法

Towards urban planning with high process quality
—Approaches from Germany

[德]科德莉亚·波琳娜
Cordelia Polinna

1 引言

全球转型目前正在频繁发生,它们往往表现在地方而且通常是在城市挑战中。当前的挑战频率显示,必须对城市发展中那些已经尝试和检验的内容加以质疑,并进一步发展它们。在机动性、移民、数字化或气候危机等领域,欧洲城市正面临着规划师必须应对的挑战,如果欧洲城市要在未来保持其价值:一个具有认同感的地方,这一个代表着开放、经济和社会方面的机遇以及高品质的生活地方,这在历史上与欧洲城市联系在一起。为了能够在未来保持城市的这份承诺,在城市规划中需要许多推动力,而且在某种程度上,我们还必须重新定义城市规划的含义。

首先,重要的是要弄清楚城市规划是什么,以及如何定义它。在德国,城市规划与空间分配的利益协调密切相关。对我来说,城市规划意味着制定面向未来的战略,以解决空间相关的利益冲突。但这不是全部:在德国,目前人们采用了许多其他方法来开发未来的情景,这些方法也可以用类似的方式定义,但与城市规划有很大不同。以人为本的设计、设计思维、转型更新的设计、用户研究只是这些方法中的一小部分,它们本用来开发新的方法和解决方案,但缺乏一个关键事实:它们不一定会指向共同福利(德语“Gemeinwohl”)。共同福利本身就是一件复杂的事情。这是一组需要培养的价值观,需要根据当前的挑战不断调整和重新定义。这些挑战正在迅速变化,它们包括气候变化、能源系统转型以及相关的机动性变化、人口变化和老龄化社会、移民融合,以及与数字化和可持续管理问题密切相关的经济结构变化。这些是我们作为规划师经常遇到的重大挑战。作为规划师,我们同时也被要求在这些方面开辟新的道路。

在德国这样一个以法治为基础的福利国家中,德国城市规划体系中确立了一些原则,这种结构化的方式被作为实现利益协调的关键先决条件。这些方法包括市政规划当局、多方利益相关者办法、辅助原则或实现公平平衡的原则(德语“Abwägungsgebot”)。所有这些原则都是为了实现上文提到的共同福利。市政规划当局意味着市政当局的权限受到宪法的保护,市政当局的行动能力由其所制定的规划、专业人员和财政独立性来保证。城市有责任塑造一系列开放且广泛的行动通道,各个相关者之间的利益平衡是有组织和透明的。在正式参与程序中,可以在各种利益之间取得平衡。在这个过程中,私人利益或公共利益都没有优先权。尽管如此,市政当局可以权衡各方的利益,支持某一方的利益。

在德国的规划体系中,这些原则是最基本的内容,但同样清楚的是这个体系必须适应不断变化的挑战。所以问题是,我们怎样才能使城市规划做得更好,从而使它真正成为应对未来挑战的合适方法?

2 规划必须能够变革——通过规划,我们为转型设定了路径!

在历史上,城市规划一直受到根本性变革的影响,这包括社会和政治制度变化、新的技术成就、经济结构变化、文化和社会变化。城市范式转变是规划创新的核心驱动力[1]。它们的特征往往是对如何最好地应对动荡局势有很大的不确定性。特别是在20世纪60年代和70年代的德国,人们认为可以通过“强大的国家”和“实施福利国家”的原则来应对当时的挑战。

但近些年来,“战略规划”一直是空间与城市规划的争论焦点。20世纪90年代初,在鲁尔区(Ruhr)举办的国际建筑展上,卡尔·甘泽(Karl Ganser)提出了“远景的渐进主义”(perspective incrementalism)的战略方法。这种方法旨在将总体指导构想与实施具体的推动性项目联系起来,这些项目“按照迭代开发并不断相互作用”。战略规划是一种学习性规划。长期构想和直接项目之间的不断反馈导致规划和项目的不断调整。通过“远景渐进主义”的理念,卡尔·甘泽将场地范围内实施的项目,与非正式规划和法定规划的共同作用、行政控制活动之间的互动、私营行动者和组织的灵活组织结构相互联系起来。

从那时起,沟通方法在规划过程中变得越来越重要,人们需要更多地考虑那些差异巨大的参与者和产权所有者之间多层次利益。与“供给”状态不同的是,一种“激活”的状态正在出现,它将规划理解为通过项目和过程导向的规划对开发过程进行战略性的管理。

这一关于重大变革导致城市发展范式变化的简要概述甚至能够表明,对各种影响城市发展和规划的因素都要加以质疑,比如:政治上的基础、法律框架和实施战略、经济条件、相关行动者的整体情况以及它们之间的关系。当前的转型清楚地表明,有必要重新考虑规划和实施创新方法,这就需要从经济模式、规划和过程文化或参与方面着手。在德国的许多项目中,创新和大胆的方法已经在实践中,但还需要得到进一步发展和检验[2]。下面的内容将说明,可以从哪些方面监测到城市发展和规划的变化,以及伴随变化会带来哪些挑战。

3 谁来规划,谁做决定?当行动者组合出现变化的时候,规划如何应对?

在德国,国家、经济和市民社会之间原本界限分明的责任领域正变得越来越模糊。今天,许多人都希望成为塑造城市领域的行动者。当今时代的特点是工作、家庭和休闲时间之间的界限日益消失。这要求个体具有高度的灵活性和机动性,但也带来了不安全感。很明显,这会导致许多人寻找“能够休息”以及安全的地方。为了更好地兼顾工作、家庭和休闲,许多城市居民开始了城市园艺项目,参与当地倡议的活动,消费当地生产的食物。焦点正在转向城市居民,他们要求更多地参与其生活环境的设计。

然而,与此同时,由于裁员和资金削减,德国许多城市的行政部门近年来明显丧失了回旋余地,这是有问题的。为了解决行政部门负担过重的问题,越来越多的职能正在削减、外包或转移给私人和非营利机构。过去市政当局的正常任务,如绿地维护,正在被削减。与此同时,人们被要求采取更主动的行动并组织起来,所以他们介入并完成了其中一些任务,比如在炎热的夏季给街道树浇水或者组织社区庆祝活动。未来规划的进程中,在国家、市场和市民社会之间平衡责任范围和决策权将成为的一个挑战。

案例:柏林的联邦广场工作坊

柏林的联邦广场(Burdesplatz)社区就是一个市民社会参与城市规划的有力证明。联邦广场是一个历史悠久的公共空间,它的布局在 1900 年左右城市快速发展时期就被设计确定下来。它曾经是一个美丽的开放空间,周围是代表性的五层住宅楼,底层设有商店。第二次世界大战后,它变成了一个汽车友好型城市的典型代表:尽管它距离西柏林的中心只有 4 个地铁站,但为应对日益增长的交通,街道被拓宽了,同时在十字路口下还挖了一条隧道,以提高交通效率。一条高架公路将整个街区分隔开来。如今,联邦广场每天要应对 20 多万辆汽车的交通量,车辆从东西方向穿过,部分通过南北方向隧道穿行,在高架的 A100 道路上没有噪音保护。汽车噪音和污染物给联邦广场周围的社区带来了沉重的负担,并极大影响了城市生活、零售业和广场本身的生活质量。

终于,12 名居民不再能够接受联邦广场发展每况愈下的局面:2010 年,他们成立了“联邦广场倡议”协会,该协会如今拥有 230 多名成员。他们的目标是为该地区的未来提出有关行人友好和可持续发展构想。汽车交通的负面影响应当减少,特别是隧道和高架公路的障碍物,这使得社区非常缺乏吸引力。该倡议不仅是口头上的要求,而且还动用了人力资源——志愿者花了数千小时来清扫广场,用灌木和鲜花美化广场,还负责对长凳和废纸篓进行清洁。但倡议工作不仅仅是对广场本身的承诺:其目的是与政客和行政部门进行对话,并与科学界建立联系。

在市民的积极参与下,我承办了一个节日风格的工作坊活动,这得益于我们加入了德国联邦科学技术部资助的“未来城市(Zukunftsstadt)”第一轮项目。2015 年,作为“联邦广场乐园——探索未来”(Paradies Bundesplatz—Expedition into the Future)节的一部分,联邦广场的部分区域禁止机动车通行,在一个周末的时间里,约有 50 个停车位被清空。这提供了一个全新的空间,没有汽车,但为各种活动提供了空间。在这一天,作为交通枢纽的联邦广场在一天内变成了家庭、婴儿车、自行车手和美食爱好者的“乐园”。最终,广场可以被视为一个高质量的休憩场所,而不是一个由汽车主导的交通空间。在不同的站点,访问者可以测试如何以不同方式使用该区位,并讨论现在的问题和可能的解决方案(图 1)。

图 1 “联邦广场乐园——探索未来”节

(来源:作者自摄)

空间工作坊的讨论焦点是在市民的参与下制定“愿景 2030 + ”(Vision 2030 +)。为此目的,通过“空间之旅”(space safari)发展出一种新的市民参与形式,使访问者围绕社区具体场所和问题能够相互交流,并讨论变化和改进的建设性建议——这种参与显然不仅仅是提供信息。“空间之旅”成功地解决了各种用户和不同年龄群体的问题,并将联邦广场的挑战与访问者的日常体验联系起来。尽管不具有代表性,活动的结果仍然形成了清晰、可量化的图片,反映了关于个人想法与情绪,这对改进建议的进一步发展做出了重大贡献(图 2)。

基于这个活动带来的效果,所有利益相关者参与了一系列工作坊,制定了“联邦广场 2030”(Bundesplatz 2030)的愿景。联邦广场倡议的工作令人兴奋之处在于,它没有对行政规划做出反应,而是启动了空间本身的转型。

市民团体、市政当局和大学之间这一共同规划过程,强调了城市可持续转型的几个重要方面:机动性是一个高度情绪化的话题——当引入限速、停车位管理,或当街道上的车道数减少时,人们会感到自由度受到限制,但是通过减缓汽车交通,可以为行人和自行车道腾出空间。因此,在后化石能源时代的城市再开发中,居民对规划和再设计的参与必须在规划过程中发挥核心作用。我们需要经历远远超出以往的参与和合作方式的谈判过程。积极的情绪在这里起着关键作用,在联邦广场的节上,我们展示了空间改造对整个社区的好处。我们希望通过这种临时的措施说服人们,该地区的长期改造将是可行的,并将产生积极影响。

图 2 “愿景 2030 + ”(Vision 2030 +)空间工作坊

(来源:作者自绘)

4 我们应当如何共同规划?

但是,与不同的利益相关者一起规划并不总是容易的,因为他们往往追求不同的目标。在规划的过程中,人们对空间未来产生了不同的兴趣。因此,作为规划过程的一部分,有必要将它们结合在一起,协商一条实现目标的走廊,为今后步骤创造信任和共同基础。在德国,我们相信通过合作创造城市空间,以便将不同的想法可以融合在一起。参与式规划的方法使目标的潜在冲突在早期阶段变得显而易见,例如,当整个城市要求对邻里社区采取重新密集化的规划,却不得不面对当地居民“不要在我家后院”的态度时。重要的是,行政部门、政客或规划倡议的发起人应事先明确界定目标发展的框架,并阐明什么可以协商、什么不能。

基于共同“建造城市”的新认识,开始时会产生一个问题:如果没有专业规划背景的人士,参与者只有市民或企业主的时候,他们是否以及如何在空间规划过程中拥有发言权?其中一种方法被称为共同创意设计方法,即由不同的团队为邻里或城市发展提供想法。这些团队由规划师、居民、业主和其他利益相关者组成。最初,“共同创造”这个术语描述了一种协作管理方法,即公司直接让客户参与产品开发和设计。在城市发展方面,这种办法被视为使市民团体的参与者全面、直接地参与城市发展进程的一种方式。

共同创造过程始于参与者在各自位置的基础上,共同探寻合适的问题。由于具有严格规划专业语汇的定量方法(例如空间计划、明确建筑体量和开放空间)无法描述空间生产的基本因素,共同创意规划主要解决以下问题:未来邻里和开放空间的品质和价值是什么?谁是未来的使用者,他们的需求是什么?在交通方式、可持续性、应对气候变化的韧性方面需要建立了什么样的框架?规划项目的目标是什么?

5 我们如何设计规划流程?

关于规划过程的设计,从行政部门内部的第一个构想就开始了,下一步往往是招标过程,以便找到合适的工作室或私营规划公司,为市政府工作人员提供支持。特别是在规划全面参与过程时,市政府办公室的工作人员往往需要私营规划工作室的支持。招标过程之后是目标的确定、参与过程,最后是执行的政治决策——这是一个复杂的编排。共同创造城市发展的基础不仅是共同制定目标,还是将整个规划过程设计为一个基于行动者的、开放的过程。在这方面,开放的规划过程至少衔接了三个层次:公众对话、过程设计和空间规划。

在公共对话的框架内,信息的准备、交流和讨论是以"非规划人员"能够理解的方式进行的。各参与者以创造性合作的互动形式交流知识、需求和想法,例如共同的工作坊、宣传册或城市漫步。居民在这些活动中向规划师讲述他们关于各自地方的故事。在设计工作坊时,我们使用以对话为导向的规划工具,如比例为 1∶50 的适于步行的城市模型,这有助于更好地理解规划种的结构性干预措施,也更容易理解以及使用它们来进行演示或演讲。我们也喜欢 1∶1 的城市空间原型,可以直接对场地留下印象并讨论交流。除此之外,数字工具还可以让"非规划师"深入了解未来场景并开放获取城市发展的空间维度。公众对话的结果将被纳入空间设计,然后可以不断迭代并考虑可能的冲突目标。

案例:达姆施塔特总体规划实例——面向整个城市的整合性城市发展构想

达姆施塔特位于法兰克福—莱茵—美因增长区域的中心地带,作为这个欧洲经济最强区域的一部分,它距离法兰克福国际航空交通枢纽不到 20 分钟车程。作为一座科学城、新艺术运动之城(art nouveau)和数字城市,达姆施塔特希望在未来成为该区域的重要组成部分。高质量的生活、诱人的工作和学习场所是确保城市人口和就业增长的重要因素,这一趋势已持续多年。与不断增长的发展水平相联系的,是科学区位的良好声誉,以及新企业、工业、服务和知识型部门落户该地。达姆施塔特在教育、职业发展、技术基础设施、社会和医疗保健方面处于全国领先地位。

达姆施塔特正在蓬勃发展,预计会有大量新居民来此定居。这些可预见的变化对城市和居住在那里的人们来说都是挑战,但也为城市发展开辟了空间。达姆施塔特应该如何改变,在哪里改变?达姆施塔特如何为实现巴黎气候目标和城市自身的气候决议做出贡献?新居民区的开发如何与开放空间的保护、社会或交通基础设施的建设相协调?这座城市如何保持对企业和英才的吸引力?我们如何确保为达姆施塔特的可持续发展创造最佳条件?如何在现有邻里中加强社区、融合和包容,以及(新)邻里需要什么?对于这些和其他问题,我们需要对未来有一个清晰的愿景,以指导未来的城市空间发展。

在 Urban Catalyst(柏林)公司的支持下,达姆施塔特市制定了 2016—2020 年的总体战略——《DA 总体规划 2030 +》(Masterplan DA 2030 +)(图 3)。作为一个全市范围内的整合

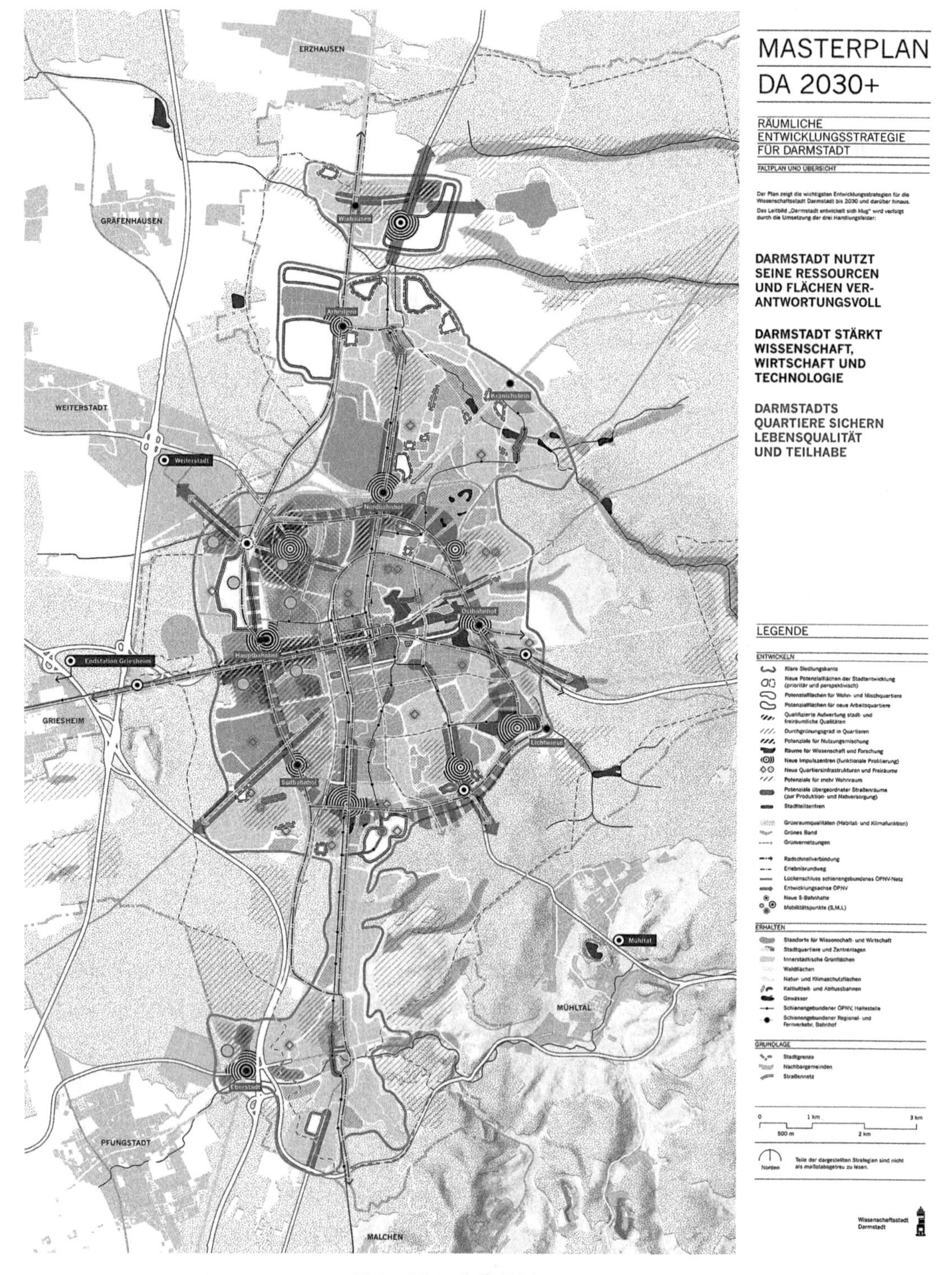

图 3 《DA 总体规划 2030+》

(来源:达姆施塔特市政府)

性城市发展构想，总体规划明确了城市的品质，确定了未来发展的行动领域和战略，并将其分解为空间行动重点和可以实施的措施。该规划将城市多方面的利益汇集在一起，展示了2030年及以后的空间发展重点。

2015年底，《DA总体规划2030+》得到了市议会的批准。城市规划部门、经济事务和城市发展办公室负责管理这个过程，并聘请了Urban Catalyst公司与市政府密切合作开展这一过程。该过程的一个核心组成部分是一个面向对话的合作规划进程，由民众、政客、行政当局和重要机构、专业规划团队的专家全面参与。5个中心主题被确定为城市未来发展的关键："城市中的居住""邻里城市""科学和工作城市""自由和绿色城市"和"机动城市"。为了收集关于主题的不同想法，市政府委托了5个规划团队，每个团队都有一个特定的主题，他们参与了大约一年半的规划过程。通过现状分析的形式，他们为讨论奠定了基础，接着为达姆施塔特未来开发了不同场景，然后将整个城市的空间理念以及可能采取的措施整合在一起。在公共论坛、行政和专家委员会上，人们讨论了各个步骤。Urban Catalyst公司随后将规划过程和5个团队的成果结合在一起，形成了《DA总体规划2030+》的基础。

作为基于对话和参与式规划过程《DA总体规划2030+》的一部分，所有市民、协会、机构和公司都被邀请来为塑造达姆施塔特的未来贡献自己的想法(图4—图5)。重点是公共市民论坛，规划团队在论坛上介绍了他们对5个工作领域未来的想法。此外，还有人呼吁发掘"达姆施塔特的宝藏"，要求人们告诉规划师城市中自己最珍爱的地方，如公园和花园、特定机构或商店、以及为公共利益工作的社区团体。所有市民论坛和电话的结果都进行了评估，并在该市网站上公布。一个由行政当局、议会团体、专家和公众代表组成的指导委员会协助进行评估，并就小组的工作以及结果的结合和叠加提出建议。这一进程得到了行政部门间项目协调支持和配合。此外，在市长的领导下，项目的中期成果也得以通过与达姆施塔特政府各个部门负责人的定期会议得到了协调。

图4　公共市民论坛(一)

(来源:作者自摄)

图5　公共市民论坛(二)

(来源:作者自摄)

作为第四届市民论坛“战略和关键空间”的一部分,5个规划团队在一张大型步入式城市地图上展示了他们的成果,并与公众,特别是高中生们一起讨论了这些成果。总体规划已经最终定稿,包括规划、措施列表、更详细的文字版本。在与政治机构就《DA总体规划2030+》达成一致意见后,市议会决定正式采纳该总体规划,规划过程的成果将在第五次公共活动和展览上展示。

现在《DA总体规划2030+》为达姆施塔特市的未来发展提供了关键的“护栏”。它们为克服转型挑战、有计划地实现城市发展创造了先决条件。预期的变化对该市及其所有居民提出了很高的要求。我们需要勇气迎接即将到来的变革,并愿意将变革视为机遇和朝着积极、可持续和面向未来的方向发展的可能性。

总体规划的核心信息是“达姆施塔特更为智能”。它被具体化为三个行动领域:

① 达姆施塔特负责任地使用其资源和空间。

② 达姆施塔特加强了科学、经济和技术。

③ 达姆施塔特的社区维护生活质量和社会福利。

尽管发展势头强劲,但在所有居民区相关的措施中,必须始终加强城市绿地和水域的开发和连通性,并不断升级,此外还要保护和进一步发展生态功能。气候保护是达姆施塔特所有行动领域中城市发展的首要任务。除了其休闲价值外,还必须保护和加强其在生物多样性、自然保护、生物群落网络和水域保护方面的生态功能。这座不断增长的城市也占用了更多的土地,因此将其设计要能够提供保护生命和资源的自然基础,并保持其生态功能。

为了创造生活空间,保持交通畅通,改善空气质量,提高公共空间的质量,改变交通方式、实现机动性的变革是必不可少的。对于创造一个宜居的达姆施塔特来说,有必要在不增加汽车交通量的情况下塑造城市的增长态势,并在中长期内显著减少其绝对数量。机动性的变革需要把基础设施改革和改善框架条件相互结合起来,以利于步行、自行车和公共交通。另一个重要目标是确保所有道路使用者的安全。除了避免事故那些客观安全指标以外,道路使用者对安全的主观感知也起着决定性的作用。道路空间和交通设施的可获得性也是交通规划的另一个目标。只有无障碍环境才能确保所有人参与社会生活。

总体规划将通过特别试点项目等方式实施。这些项目可以得到快速实施。试点项目旨在向该市民众展示达姆施塔特的转型为该市的可持续性、气候韧性、社会认可度和国际化发展带来的机遇。

《DA总体规划2030+》的战略和行动领域在全市范围内都有影响力。个别战略的实施涉及整个达姆施塔特的居民区和开放空间。此外,已在城市中确定了与3个行动领域相关的发展潜力集中的空间,这些空间特别需要规划行动。这些空间可以被称《DA总体规划2030+》的"关键空间"。未来几年,可持续发展的资源将集中在这里。

《DA总体规划2030+》中提出了许多战略和措施,它们不能仅由行政部门实施,而是需要民众、有组织的市民团体和私营经济部门的承诺。因此,在实施过程中,有必要专门研究有哪些地方可以为社区或公司的参与开辟出空间,帮助合适的参与者可以通过合作伙伴关系、责任转移等积极参与《DA 2030+总体规划》的实现。

6 结语

然而,尽管共同创造和共同生产的方法提供了各种优势,但必须始终考虑到,城市发展往往受到特定利益的强烈影响。无意中,对个体需求或想法的片面偏好可能会加强,尤其是当利益集团有特殊手段或机会巧妙地向公众展示自己时。为了确保公众关注的问题和代表性不足的利益集团的需求不会被忽视,负责人和规划师有责任在过程中关注这些利益,并帮助代表这些利益群体,从而实现共同福利(德语"Gemeinwohl")。

在德国,向利益相关者和过程导向型的规划文化的转变在城市发展中已经取得了很大进展。许多德国城市和城市区域已经以极大的创造力和开放性面对复杂的转型挑战。从总体和战略层面的任务和目标发展到整合性城市发展构想、具体措施和一个个项目,与新的城市发展范式相对应的新规划方法已经在尝试中。

从城市规划实践的案例研究中可以清楚地看到,通过促进自下而上的活动或使决策结构更灵活来为利益相关者赋权的战略在各级规划中都变得越来越重要。在未来,这将成为实现《巴黎气候变化协定》《可持续发展目标》和《阿姆斯特丹条约》等全球协议所设定规划目标的重要依托。

参考文献

[1] Polinna C. Towards a London Renaissance: Projekte und Planwerke des städtebaulichen Paradigmenwechsels im Londoner Zentrum[M]. Detmold: Dorothea Rohn, 2009.

[2] Bundesinstitut für Bau-, Stadt- und Raumforschung (BBSR). New Urban Agenda Konkret: Fallbeispiele aus deutscher Sicht, Konzeption und Umsetzung[M]. Bonn: [s.n.], 2016.

Towards urban planning with high process quality

—Approaches from Germany

Cordelia Polinna

1 Introduction

Global transformations that manifest themselves in local — and often urban — challenges are currently occurring with a frequency that shows that the tried and tested in urban development must be questioned and further developed. In areas such as mobility, migration, digitalisation or the climate crisis, cities in Europe are facing challenges that planners must deal with if the European city is to remain what is valued about it in the future: a place of identification and a place that stands for openness, for economic and societal opportunities and a high-quality of living that is historically linked to the European city. To be able to keep this city promise in the future, many impulses are necessary in urban planning and to some degree, we also have to redefine, what urban planning means.

First of all, it is important to figure out what urban planning is, and how it can be defined. In Germany, urban planning is closely linked to the reconciliation of interests when it comes to the allocation of space. Urban planning to me means working on future-oriented strategies to solve spatially relevant conflicts of interest. But this is not everything. In Germany, currently, a number of other methods to develop scenarios for the future are employed, which could be defined in a similar way, but which differ greatly from urban planning. Human-centered design, design thinking, transformation design, and user research are just a few of these methods, which are supposed to develop new approaches and solutions but which are lacking a key fact: they are not necessarily aimed at the common welfare — in German the Gemeinwohl. This common welfare itself is a complicated thing. It is a set of values which needs to be nurtured and which constantly needs to be adjusted and re-defined according to current challenges. These challenges are changing rapidly. They include climate change, energy system transformation and the associated change in mobility, demographic change and the aging society, integration of migrants, as well as economic structural change, which go hand in hand with issues of digitalisation and sustainable management. These are major challenges where we, as planners, are often at the end of our rope. As planners, we are called upon to develop new paths here.

We have a couple of principles in the German urban planning system which are actually a key precondition for achieving this reconciliation of interests in a structured manner, in a welfare state based on the rule of law as Germany is. These are the municipal planning authority, the multi-stakeholder approach, the principle of subsidiarity, or of achieving a fair balance — the Abwägungsgebot. And all of these principles are needed in order to achieve this Gemeinwohl. Municipal planning authority means that the competence of the municipalities is protected by constitutional law. The municipalities' ability to act is ensured by their planning, personnel and financial sovereignty. Cities are responsible for shaping the broad corridors of action thus opened up. The balance of interests between the various stakeholders is organised and transparent. A balance is struck between the various interests that come to light during formal participation procedures. In doing so, there must be no principal priority of private or public interests. Nevertheless, the municipalities are allowed to weigh the interests of one or the other party in favour of those of the other.

These principles are considered very basic in the German planning system, but it is also clear that the system has to be adapted to the changing challenges. So the question is — how do we make urban planning so good that it will be really the suitable method to cope with the challenges lying ahead?

2 Planning must enable change — with planning we set the course for transformation!

Throughout its history, urban planning has been shaped by radical transformation triggered by changes in social and political systems, new technical achievements, economic structural change or cultural and social change. Urban paradigm shifts are a central driver of innovation in planning[1]. They are often characterised by great uncertainty about how best to deal with upheavals. Especially in Germany in the 1960s and 1970s, it was thought that the challenges of the time could be met with a "strong state" and the implementation of welfare state principles.

But for some years now, "strategic planning" has been shaping the debate at the level of spatial and urban planning. For the International Building Exhibition in the Ruhr region at the beginning of the 1990s, Karl Ganser developed the strategic approach of "perspective incrementalism". This approach aims to link overarching guiding concepts with the implementation of concrete impulse projects that are "developed iteratively and in constant interplay". Strategic planning is learning planning. The constant feedback between long-term concepts and direct projects leads to a continuous adaptation of plans and projects. Ganser associated the idea of "perspective incrementalism" with the renunciation of area-wide realisation, the interweaving of informal and regulatory planning as well as the interplay of administration-controlled action and flexible organisational structures of private actors and organisations.

Since then, communicative approaches that increasingly take into account the multi-layered interests of heterogeneous actors and owners are gaining importance in planning processes. Instead of the providing state, an "activating" state is emerging, which understands planning as the strategic management of development processes through projects and process-oriented planning.

Even this brief overview of the change in urban development paradigms as a result of major transformation shows that various parameters influencing urban development and planning have been called into question, such as political anchoring, legal frameworks, and implementation strategies, economic conditions as well as the landscape of actors and the relationships between them. The current transformation makes it clear that it is once again necessary to rethink planning and implement innovative approaches in terms of economic models, planning and process culture or participation. In many German projects, innovative and courageous approaches are already in practice, but should be further developed and tested[2]. The following observations show in which facets of urban development and planning a change can be observed and which challenges accompany it.

3 Who plans — who decides? Responding to the change of actor constellations in planning

In Germany the boundaries of the originally clearly separated fields of responsibility between the state, the economy and civil society are becoming increasingly blurred. Many people today want to become actors in the production of the urban realm themselves. Today's era is characterised by the increasing dissolution of boundaries between work, home and leisure time. This demands a high degree of flexibility and mobility from the individual, but also imposes insecurity. This is evidently leading many people to search for a place of "coming to rest" and security. In order to better reconcile work, family and leisure, many city dwellers start urban gardening projects, get involved in local initiatives, and consume locally produced food. The focus is shifting to the users of the city, who are demanding greater participation in the design of their living environment.

However, it is problematic that parallel to this development, the administration of many German cities has dramatically lost room for manoeuvre in recent years as a result of cuts in staff and funding. As a solution to the overload of the administrations, more and more functions are being cut, outsourced or transferred to private and non-profit actors. What used to be normal tasks of the municipality, such as the maintenance of green spaces, are being cut back. At the same time, the population is called upon to take more initiative and organise itself, so they step in and fulfill some of these tasks, such as watering street trees in hot summer months or organizing community festivities. Balancing the areas of responsibility and decision-making powers between the state, the market and civil society will become a challenge in planning processes in the future.

Case study: The example of Bundesplatz in Berlin

One example where a strong engagement of civil society in urban planning can be documented is the Bundesplatz neighbourhood of Berlin. Bundesplatz is a historic public space and was layed out in times of strong growth of the city around 1900. It used to be a beautiful open space lined with representative five-story housing blocks with shops on the ground floor. After the second world war, it was turned into an example of a car-friendly city par excellence: although it is only four subway stations away from the center of Berlin's City West, the streets were widened to cope with growing traffic and a tunnel was dug underneath the intersection in order to speed up traffic. An elevated highway divides the neighbourhood. Today, Bundesplatz has to cope with more than 200,000 vehicles a day. They cross it in the east-west direction, partially tunneled in the north-south direction and without noise protection on the elevated A100. The cars are placing an excessive burden on the neighborhood around the Bundesplatz with noise and pollutants and are suffocating urban life, retail trade and the quality of life on the square itself.

The increasingly negative development of the Bundesplatz was no longer acceptable to twelve residents: in 2010 they founded the association "Initiative-Bundesplatz e. V. ", which today has more than 230 members. Their aim was to develop ideas for a more pedestrian-friendly and sustainable future for the area. The negative impact of car traffic should be reduced, especially the barriers of the tunnel and the elevated highway, which make the neighborhood very unattractive. The initiative not only talks and demands, but also uses its manpower — thousands of volunteer hours were spent on tidying up the square, beautifying it with shrubs and flowers, and working on the benches and paper baskets. But initiative work is more than the commitment on the square itself: the aim is to enter into dialogue with politicians and administrators and to network with the world of science.

With the extremely committed citizens' initiative, I carried out a festival-style workshop event, which was made possible by our participation in the first round of the "Zukunftsstadt" funding programme of the German Federal Ministry of Technology and Science. As part of the "Paradies Bundesplatz — Expedition into the Future" festival in 2015, parts of the Bundesplatz were closed to motor traffic and around 50 parking spaces were cleared for one weekend. This provided space for a completely new experience of the site without cars, but for a variety of activities. On this day, the traffic junction Bundesplatz was transformed for one day into a "paradise" for families, strollers, cyclists and food enthusiasts. Finally, the square could be perceived as a high-quality place to stay, not as a traffic space dominated by cars. At various stations, visitors were able to test out how the location could be used differently and discuss today's problematic situation and possible solutions(Figure. 1).

The focus of the spatial workshop was the development of Vision 2030 + with the participation of the citizens. For this purpose, a new format of citizen participation was developed with the "space safari", which enabled the visitors to get into conversation with each other about concrete places and problems in the specific areas of the neighbourhood and to discuss constructive suggestions for change and improvement — participation that clearly went beyond mere information. The space safari succeeded in addressing a wide variety of user and age groups and linking the challenges of Bundesplatz with the visitors' everyday world of experience. The result was a clear and quantifiable — albeit not representative — picture of the mood regarding individual ideas, which contributed significantly to the further development of the suggestions for improvement(Figure. 2).

Based on the results of this festival, a vision for Bundesplatz 2030 was developed by all stakeholders involved in a number of workshops. The exciting thing about the work of the Initiative Bundesplatz is that it did not react to administrative planning, but rather initiated a transformation of the space itself.

This common planning process between civil society, the municipality and universities which were also involved, highlighted several points which are important when it comes to the sustainable transformation of the city: mobility is a topic that is highly emotional — many people feel extremely attacked in their freedom when speed limits or parking space management are introduced or when the number of driving lanes in a street is reduced, thus slowing car traffic and making more space for pedestrians and cycle lanes. Therefore, in post-fossil urban redevelopment, the participation and involvement of users in planning and redesign must play a central role in the planning processes. We need negotiation processes that go far beyond previous forms of participation and co-productive approaches. Positive emotions play a key part here and with the Bundesplatz festival, we showed the benefits a transformation of the space could have for the entire neighborhood. With this temporary approach, we hoped to persuade people, that a long-term transformation of the area would be feasible and would create positive effects.

4 How do we plan together?

But planning together with different stakeholders is not always easy, as often they pursue different goals and objectives. In the planning process, different interests with regard to the future of a space become visible. So as part of the planning process, it is necessary to bundle them together and negotiate a goal corridor which creates trust and a common basis for the further steps. In Germany, we believe in creating urban spaces cooperatively so that different ideas can be incorporated. The method of participatory planning makes potential conflicts of objectives transparent at an early stage, for example, when city-wide interests in the redensification of neighbourhoods meet "not in my backyard" attitudes of the local population. It is important that the administration, politicians or the responsible initiator of the planning clearly define the framework for the development of objectives in advance and articulate what is negotiable and what is not.

The new understanding of joint "city-making" initially raises the question of whether and how participants without a professional planning background, such as citizens or business owners, can have a say in spatial planning processes. One method is called the co-creative design approach, where ideas for neighbourhoods or cities are developed by diverse teams. The teams consist of planners, residents, owners and other stakeholders. Originally, the term "co-creation" described a collaborative management approach in which companies involve their customers directly in product development and design. In the context of urban development, the approach is seen as a way to involve civil society participants comprehensively and directly in urban development processes.

Co-creative processes begin with a joint search for the appropriate questions regarding the respective location. Since a quantitative approach with rigid planning specifications — such as spatial programmes and specifications for building masses and open spaces — cannot depict essential factors of space production, co-creative planning primarily addresses the following questions: what qualities and values characterise the future neighbourhoods and open space? Who are the future users and what are their needs? What framework has been set in terms of transport modes, sustainability, and resilience to climate change? What is the goal of the planning project?

5 How do we design the planning process?

The design of a planning process from the first conception within the administration, the next step is often a tender process in order to find a suitable office/private planning company for support of the staff in the municipality. Especially when a comprehensive participation process is planned, the staff in the municipal office often needs the support of a private planning office. This tender process is followed by the definition of objectives, the participation process, and finally political decisions to implementation — this is a complex choreography. The basis of co-creative urban development is not only the joint elaboration of goals, but also the design of the entire planning process as an actor-based, open process. In this respect, open planning processes link at least three levels: public dialogue, process design and spatial planning.

Within the framework of public dialogue, information is prepared, communicated and discussed in a way that is comprehensible to "non-planners". The various participants exchange knowledge, needs and ideas in interactive formats of creative cooperation, such as common workshops, charrettes or city walks in which residents tell planners their stories about the respective places. When designing a workshop, we use dialogue-oriented planning instruments such as walkable urban models on a scale of 1 : 50, which provide a better understanding of planned structural interventions and which are easier to comprehend and work with as presentations or speeches alone. We also like 1 : 1 prototypes in the urban space, which enable a direct on-site impression and exchange. Apart from that, digital tools allow insight into future scenarios and open access to the spatial dimension of urban development for "non-planners". The results of the public dialogue are included in the spatial design, which can then develop iteratively and take into account possible conflicting goals.

Case study: The example of Darmstadt Masterplan — An integrated urban development concept for the entire city

Darmstadt is located in the heart of the Frankfurt-Rhine-Main growth region and is less than 20 minutes by car from the international air traffic hub of Frankfurt. Darmstadt is part of one of the economically strongest regions in Europe. As a city of science, a city of art nouveau and a digital city, Darmstadt also wants to be an important part of this region in the future. The high quality of life and the attractive range of jobs and study places are important factors for the population and job growth in the city, which has continued for years. The increasing development is linked to the good reputation of the science location and the settlement of new businesses as well as industries, services and knowledge-based sectors. Darmstadt is a national leader in terms of access to education, job development, technical infrastructure, and social and medical care.

Darmstadt is developing with great dynamism and expects high numbers of new inhabitants. The foreseeable changes involve challenges for the city and the people who live there, but also open up scope for urban development. How and where can Darmstadt change? How and what can Darmstadt contribute to achieving the Paris climate goals and the city's own climate resolutions? How can the development of new residential areas be reconciled with the preservation of open spaces and the creation of social or transport infrastructures? How does the city remain an attractive destination for businesses and bright minds? And how can we ensure that the best possible conditions are put in place for Darmstadt's sustainable development? How can community, integration and inclusion be strengthened in existing neighbourhoods and what do (new) neighbourhoods need? For these and other questions, a clear vision of the future is needed to guide the city's spatial development in the coming years.

The city of Darmstadt has developed an overarching strategy between 2016 and 2020 with the support of Urban Catalyst/Berlin: the Masterplan DA 2030 + (Figure. 3). As a city-wide, integrated urban development concept, the master plan defines the qualities of the city, identifies fields of action and strategies for future development and breaks these down into spatial focal points for action and measures that can be implemented. The plan brings together different interests in the city and shows the focal points for spatial development up to 2030 and beyond.

The development of the DA 2030 + masterplan was approved by the city council at the end of 2015. The City Planning Department and the Office of Economic Affairs and Urban Development managed the process and hired the company Urban Catalyst to conduct the process in close collaboration with the municipality. A central component of the process was a dialogue-oriented, cooperative planning process with the comprehensive participation of the population, politicians, the administration and important institutions, specialist planning teams and experts. Five central themes were identified to be the key to the future development of the city: "Housing in the City", "Neighbourhood City", "Science and Working City", "Free and green City" and "Mobile City". In order to receive a number of different ideas on the themes, the city commissioned five planning teams, each with one particular subject and they were involved in the planning process for about 1.5 years. They developed the basis for discussions in the form of the analysis of the status quo, moved on to develop different scenarios for Darmstadt's future, and then integrated and spatial ideas for the entire city as well as possible measures. The individual steps were discussed in public forums and administrative and expert commissions. The results of the planning process and of the five teams were subsequently bundled by Urban Catalyst and formed the basis of the DA 2030 + master plan.

As part of the dialogue-based and participatory planning process of Masterplan DA 2030 + , all citizens, associations, institutions and companies were invited to contribute their ideas to shaping Darmstadt's future (Figures 4 - 5). The focus was on the public citizens' forums, at which the planning teams presented their ideas for the future in the five fields of work. In addition, there was the call for "Darmstadt's Treasures", where people were asked to tell the planners about the places they most cherish in the city, such as parks and gardens, particular institutions or shops or community groups who work for the public good. The results of all the citizens' forums and calls were evaluated and published online on the city's website. A steering committee with representatives from the administration, the parliamentary groups and the expert public assisted with the evaluation and made recommendations for the work of the teams as well as for the bundling and overlaying of the results. The process was supported and accompanied by inter-administrative project coordination. In addition, interim results were coordinated with the regular meetings of Darmstadt's heads of the department under the leadership of the Lord Mayor.

As part of the 4th Citizens' Forum "Strategies and Key Spaces", the five planning teams presented their results on a large, walk-in city map and discussed them together with the public and in particular with high-school children. The masterplan was finalized both as plans, tables of measures and as an extensive text version. After the DA 2030 + master plan had been agreed with the political bodies and a decision had been taken by the city council to formally adopt the masterplan, the results of the planning process were presented at a 5th public event and exhibition.

The DA 2030 + masterplan now provides central "guard rails" for the future development of the City of Darmstadt. They create the prerequisites for overcoming transformation challenges and implementing the city's growth in a controlled and planned manner. The predicted changes place high demands on the city and all its residents. Courage is needed for the upcoming change and the willingness to see change as an opportunity and a possibility for development in a positive, sustainable, and future-oriented direction.

The core message of the masterplan is "Darmstadt grows smart". It is concretised by three fields of action:

- Darmstadt uses its resources and areas responsibly.
- Darmstadt strengthens science, economy and technology.
- Darmstadt's neighbourhoods save living quality and social wellbeing.

Despite the dynamic growth, the development, connectivity and upgrading of urban green spaces and water areas as well as the preservation and further development of ecological functions must always be strengthened in all settlement measures. Climate protection is a top-priority task for urban development in Darmstadt across all fields of action. In addition to its value for recreation, it must be preserved and strengthened in its ecological functions with regard to biodiversity, nature conservation, biotope networking and water protection. The growing city, which also takes up more land, is designed in such a way that the natural foundations of life and resources are conserved and their ecological functions and effects are maintained.

In order to create living space, keep traffic flowing, improve the air quality and increase the quality of public spaces, a mobility turnaround with a change in the choice of transport is indispensable. For a liveable Darmstadt, it is necessary to shape the city's growth without increasing the volume of car traffic and noticeably reduce it in absolute numbers in the medium and long term. The mobility turnaround requires a mix of fundamental infrastructural changes and improved framework conditions in favour of walking, cycling and public transport. Another important target is road safety for all road users. In addition to objective safety, i.e. the avoidance of accidents, the subjective perception of safety by road users also plays a decisive role. The accessibility of road spaces and transport facilities is also a further goal of mobility planning. Only accessibility ensures the participation of all in social life.

The masterplan is to be implemented, for example, through special pilot projects. These can be projects that can be implemented particularly fast. The pilot projects serve to illustrate to the city's population the opportunities that the transformation of Darmstadt brings for a sustainable, climate-resilient, socially acceptable and cosmopolitan development of the city.

The strategies and fields of action of the DA 2030+ masterplan have a city-wide claim. The implementation of the individual strategies relates to the whole of Darmstadt — to settlement and open spaces. In addition, spaces have been identified in the city where development potential is concentrated in relation to the three fields of action and where there is a particular need for planning action. These spaces can be described as "key spaces" of the DA 2030+ masterplan. In the coming years, resources for sustainable development will be bundled here.

Many strategies and measures proposed in the DA 2030+ masterplan cannot be implemented by politics and administration alone, but require the commitment of the population, organised civil society and the private economic sector. In the course of the implementation process, it is, therefore, necessary to specifically examine where spaces can be opened up for community or company engagement, i. e. where suitable actors can be actively involved in the realisation of the DA 2030+ masterplan through partnerships, transfer of responsibilities, etc.

6 Conclusion

However, for all the advantages that co-creative and co-productive approaches offer, it must always be taken into account, that urban development is often strongly influenced by particular interests. Unintentionally, tendencies towards a one-sided preference for individual needs or ideas can be reinforced, especially when interest groups have special means or opportunities to skilfully present themselves to the public. To ensure that public concerns and the needs of under-represented interest groups do not fall by the wayside, it is incumbent on those responsible and planners to draw attention to these interests in the process and to help represent them and thus implement the common good, the "Gemeinwohl".

In Germany, the shift towards a stakeholder- and process-oriented planning culture is already well advanced in urban development. Many German municipalities and urban regions are already facing complex transformation challenges with great creativity and openness. From the overarching, strategic level of mission and goal development to integrated urban development concepts and concrete measures and individual projects, new approaches to planning that correspond to a new urban development paradigm are already being tried out.

In the case studies from municipal planning practice, it is clear that strategies that focus on empowering stakeholders by promoting bottom-up activities or making decision-making structures more flexible have gained importance at all levels of planning. In the future, this will be a significant lever for achieving goals set by global agreements such as the Paris Agreement, the Sustainable Development Goals and the Pact of Amsterdam.

以人为本的精细化城市设计

People-oriented refined urban design

董　慰　顾嘉贺　王乃迪
Dong Wei　Gu Jiahe　Wang Naidi

摘　要:城市公共空间物质要素、所承载的社会要素,以及动态的发展过程共同组成了城市设计要素系统,其核心内涵是对城市公共空间使用者感知和行为特征、规律和需求的回应。当前存量更新的背景下,城市空间高质量发展的目标对面向存量建成环境复杂要素系统的城市设计提出了精细化的需求。因此,本文从精细化城市设计的角度出发,对城市空间、使用者、公众参与三个方面如何在人本视角下应用新兴技术实现精细化发展做出简述,回顾了近年来精细化城市设计研究和案例的发展进程。本文通过对精细化城市设计这一方向的系统性展示,为未来精细化城市设计发展提供多方面的经验借鉴。

关键词:精细化城市设计;以人为本;城市空间;公众参与

Abstract: The components of material elements, social elements and the dynamic development process of urban public space together constitute the urban design element system, whose core connotation is the response to the characteristics, laws and needs of perception and behavior of public space users. Under the background of stock renewal, the goal of high-quality development puts forward the fine demand for urban design facing the complex element system of the stock built environment. Therefore, from the perspective of fine urban design, this paper briefly describes how to apply emerging technologies to achieve fine development in three aspects of urban space, users and public participation from a humanistic perspective, and reviews the development process of fine urban design research and cases in recent years. Through the systematic display of the direction of fine urban design, this paper provides various experience for the development of fine urban design in the future.

Key words: fine urban design; people-oriented; urban space; public participation

1 引言

当前，“以人民为中心”已成为了新时期城市规划建设的重要价值取向。回顾城市设计的发展历程，从最初的传统城市设计以美学的角度对物质空间进行设计开始，到现代城市设计将关注问题逐步拓展到物质空间使用者，对城市中人与社会的设计，再到对城市设计过程的设计——参与式设计，城市设计的研究内容及理论方法都在不断地进行拓展，在这个发展历程中，作为个体或群体的“人”在城市设计过程中的地位愈加重要。

与此同时，我国城市发展已进入存量时代。城市空间高质量发展的目标对面向存量建成环境复杂要素系统的城市设计提出了精细化的需求。精细化城市设计不仅是指在更精细的尺度上进行设计，而且是指在城市设计各个过程中针对特定问题的更加精细的路径，是更加细致和深入地解决城市问题的方法。精细化城市设计需要融入更新的各个环节，对城市设计中物质空间、使用者、参与等各要素进行精细化的分析处理。

目前，对于精细化城市设计，已有很多学者从空间要素、人的要素、设计过程等方面开展了基础研究、理论探索与应用实践。本文从空间的精细化、使用者的精细化和参与的精细化三个角度对目前在精细化城市设计领域开展的研究进行归纳梳理，呈现当下精细化城市设计领域的相关研究进展。

2 空间的精细化

城市空间是城市设计最直接的设计对象，联系理论、图底分析理论以及类型学方法等经典的城市设计理论都主要是对城市空间要素的探讨。在传统的城市设计过程中，对城市空间的分析主要从城市结构、城市肌理、密度混合度等方面着手。随着近年来信息通信技术的发展，来自商业网站和政府网站的开源数据为城市设计提供的新数据条件使研究人员有能力展开更深入细致的研究。在当前大数据及科技手段快速发展的支持下，对城市空间的精细化研究主要体现在环境数据的增厚、空间评价的细化和时间维度的迭入三个方面。

2.1 环境数据的增厚

2.1.1 多元空间数据的叠加与多样化的空间分析方法

基于大数据和网络技术的快速发展，海量多元的数据可以更精准地描述城市空间形态，以帮助设计师更加精准认知对城市空间，开展更深入的分析研究。借助 GIS 技术，对精细的空间数据进行叠加分析能够更高精度地全面显示地表的点、线、面的空间位置和各空间要素之间的复杂关系。在此基础上，近年来城市设计的研究实践在 GIS 三维可视化的方向上出现新发展[1]。相对于二维 GIS，三维 GIS 不仅更加直观可视，而且能够更加客观实际地展现城市全貌，对于城市设计能够起到更好的辅助作用。例如，常州市凤凰新城城市设计项目就是以三维的方式体现各城市形态要素对区域和邻里的影响，由此对设计实践各环节工作进行补充调整，为城市决策及适宜性论证提供技术支撑[2]。

随着空间数据的丰富,相应的数据分析方法也在不断涌现与发展,例如色彩地图、缓冲分析、空间句法、网络分析等。这些分析方法的发展为精细尺度下的城市空间测度与分析提供了可能。近几年,空间分析方法与三维建模技术的结合使设计者能够对空间关系进行更精细的描述分析,并进一步为空间设计提供支持。例如,张灵珠利用三维空间网络分析方法对香港中环地区高密度城市中心区步行系统展开研究,建立了完整的城市三维步行网络模型,使设计师更精确地解读建筑与城市空间[3]。

2.1.2 物理环境数据的采集与叠加分析

在不断发展的感知技术支持下,研究者有能力获取到更精准的物理环境数据,进而探索城市物理环境要素与空间系统的相互作用,辅助探索不同设计项目中规划方案优化和调整的路径和思路。近年来,研究人员对城市空间内的单一物理环境要素进行了更为细致的分析,为各物理环境要素融入城市设计实践提供了指引。例如,谢菲尔德大学 Margaritis 等对声环境要素的特征进行了归纳,并分析植被和交通噪声参数对城市空间声环境的影响,通过引入声音要素来完善景观设计[4];曾忠忠和佀颖鑫分析了不同尺度下的风环境与城市形态的关系,对风环境设计如何融入设计实践工作提供借鉴[5]。还有一些学者进行了更为多元综合的城市物理环境研究,通过对多种物理环境要素综合叠加分析讨论城市形态与物理环境间的关系。例如,香港中文大学任超等人将风光热等气候环境信息与城市自然环境要素和城市分区特征相叠加,汇总形成了城市气候地图,针对风、水和绿化系统提出了高雄市的设计策略与导则[6](图 1)。此外,环境数据还可以与一些社会资源数据结合分析,进行更为精细化的研究。例如加拿大圭尔夫大学 Graham 等将紧急医疗响应数据与物理环境数据结合,分析在特殊气候条件下物理环境特征与紧急医疗响应呼叫数量的关系,探索了通过微气候调节和建成环境改造来实现救护车呼叫数量减少的路径[7]。

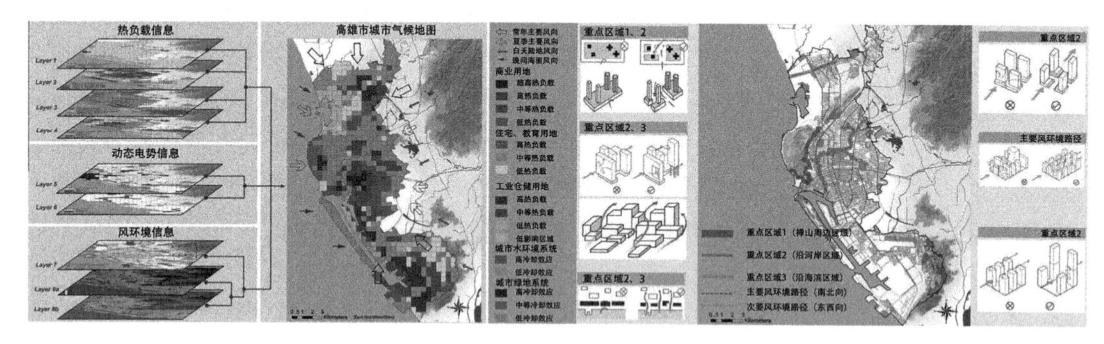

图 1 城市气候地图与相应的设计导则

(来源:参考文献[6])

2.1.3 城市空间数据的集成与建构

深度挖掘大数据、机器学习等技术可以实现城市各空间系统数据的集成,这使得城市不同空间中的各类信息更具整合性和系统性,在城市空间的研究中展现出了广泛的应用前景,为城市管理决策提供了更加科学准确的依据。目前,空间数据集成工作主要应用在相关城市模型构建中,例如,北京城市副中心的城市信息模型(City Information Modeling, CIM)平台,为城市进行仿真推演、发展预测、决策分析等工作。基于统一的数据标准和系统接口,平台实现各类信息数据对接，保障数据的实时获取与真实可靠，同时为城市设计前期更加精细化的多空间集成分析奠定基础[8]。近年来，城市信息模型平台的可视化开发成为热点，可视化模型可将建筑信息和地理数据通过计算机处理转化为图像的形式，能够更加清晰有效地把信息传递给用户，这些可视化手段能够有效提高城市设计实践工作的直观性和操作性。例如，Buyukdemircioglu 等通过将以往城市基础数据与三维数据融合并构建的三维城市模型，为设计者呈现了更清晰、更系统的空间信息，对城市设计方案评价的精细化和方案优化工作起到了辅助作用[9]。

2.2 空间评价的细化

2.2.1 空间要素的精细化评价

随着技术手段的发展，设计者能够在传统的城市空间评价指标之外，利用新兴技术对空间进行更加深入的评价：既能够对空间要素进行精细化的认识，又能够为城市设计提供更加人本的视角。近年来，有学者利用街景图片识别的手段通过主观打分的方法对城市空间品质进行多视角评价，例如李智和龙瀛以街景图片为载体，评判齐齐哈尔中心城区的街道空间品质变化，探讨了在存量规划的背景下城市空间品质提升策略[10]。也有学者在此基础上利用机器学习图像识别的方法，对城市空间各个要素进行更加全面、科学的测度分析。例如：李政霖等从大规模的街景图像中识别出不同的城市特征，再根据图像分割技术处理结果，对贵阳市街道空间进行综合评价，为后续街道更新设计提供更精细化的导控建议，为新规划政策的人本视角转型提供支撑[11]；李晓江等则利用“绿视指数”这一指标，来评估和对比不同城市的绿色覆盖程度，并对街道绿化情况进行对比分析[12]。这些评价方式非常适合现代城市空间设计和管理，能够从人的感知角度出发，给设计者带来更精细的评价路径，更具有实际意义。

2.2.2 基于开源数据的城市意象精细化评价

随着信息化快速发展，居民主观感知与城市物质空间的交互关系记录在网络上累积成为开源数据库，通过这些数据能够了解居民对城市意象元素的真实感受，从而为城市设计评价提供有益的参考。近年来对于城市意象的评价主要是利用社交网站等平台上用户上传的图片数据，分类识别城市意象要素，进而对各个要素进行精细化评价，例如 Liu 等利用深度学习技术对照片社交网站上的照片内容如绿地、水体、交通、高层建筑、历史建筑以及社会活动的感知进行分类识别，构建城市感知地图，为城市意象的研究提供了新的方法路径[13]。还有部分研究者利用开源的文本数据通过语义识别的方法对城市意象进行研究，例如 Sulistiyo 等以“City Walk”为主题，利用城市客观要素标签数据集对城市环境进行了语义识别，并对得出的城市的意象要素的类型与空间发展特征进行研究，从而提出城市步行环境要素的提升策略[14]。此外，有研究利用城市夜间遥感数据，对特定时间段中的城市意象进行探讨，例如李云等利用互联网搜索引擎中的城市图片景观数据以及城市夜间遥感数据等对珠海市的城市空间夜景意象进行了多尺度的研究，丰富了城市意象研究的内容[15]。

2.2.3 设计方案空间布局的精细化评价

空间评价的精细化不仅体现在评价水平的细致程度上，同时还体现在可以从不同视角对空间进行评价上。数据的发展支撑着设计者可以突破原有传统评价的局限性，从更多元的绩效目标入手，例如研究能源消耗、交通效率等方面与城市布局的关系，对设计方案展开评价，从而优化城市空间。英国城市更新局 Futcher 及其同事从城市能源消耗的角度切入，针对伦敦高层聚集区对城市能源消耗以及超高层建筑群对周边城市环境的影响进行的精细化分析,为后续建筑单体的规划和设计提出优化建议[16];新加坡—苏黎世联邦理工学院联合的未来城市实验室运用仿真技术进行城市形态的生成和优化模拟,进而生成能源效益最优的形态方案[17](图2);Bev Wilson 使用独特的数据集来检查住宅用电量与细分设计特征之间的关系,提出了城市形态特征与气候因子之间存在相关性的假设,并对其相互作用进行了测试和图形解释,验证了更紧凑、更集中的住宅布局可能减少电力消耗[18]。

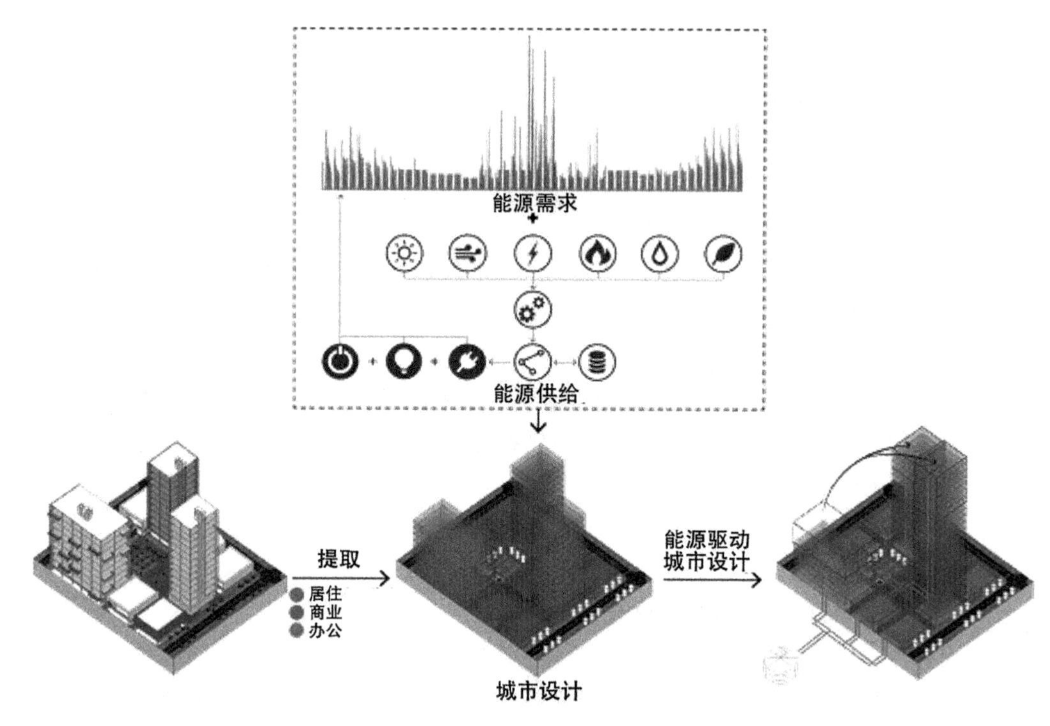

图 2 能源角度的城市设计方案优化

(来源:参考文献[17])

2.3 时间维度的迭入

最后,空间研究还可以通过时间的迭入,将历史信息纳入对城市空间的理解中,从而对城市空间的发展进行预测与模拟,对城市空间的发生原因、变化规律、影响因素等关键问题进行时间维度的认知与分析。例如,Morphocode 学术组织进行的城市层互动地图项目,展示了从1765 年以来曼哈顿岛的城市肌理演变。这些纵向的城市形态数据有助于找寻城市建筑和空间形成的规律,对未来城市形态发展提供预测[19]。

历史的演变虽然表现为物质环境的变化,但其背后的动因是社会的变化。时间迭入的分析可以透过城市空间发展对社会形态进行更深入的认识,通过对城市空间与社会活动变化规律的掌握,调整城市空间以适应二者的发展。美国国家经济研究局 Naik 等就是利用计算机视觉方法来对街景的客观变化进行定量,通过将物理环境数据库和社会经济指标进行整合,发现社区属性的变化与社区风貌之间的相关性,这种方式为城市更新探索提供了新的思考角度[20]。

3　使用者的精细化

人是城市空间真正的使用者,城市设计需要考虑各类人群在城市空间中的感知、行为规律特征及相互之间的差异。大致来讲,在城市设计中,涉及人的要素从功能行为层面到环境心理层面由表及里大致包含功能使用、交通、感知、意象、健康影响等多个方面。在视觉分析、意象分析等传统的城市设计方法中,人的感知与意象等方面要素就已经是设计实践中所着重考虑的内容。在新的技术手段与大数据的发展支持下,城市设计中使用者的要素精细化的趋势在活动数据的精准、人群的细化和要素的拓展三个方面都有所体现。

3.1　活动数据的精准

3.1.1　居民活动数据的精准采集

居民活动研究的基础是居民活动在时间和空间维度的连续动态数据。随着信息技术的发展,更加精确化、动态化的个体时空数据获取已成为现实,这为居民活动的研究提供了强大的基础。近年来,在城市设计的视角下,许多设计者利用GPS定位、位置服务技术、手机信令等数据采集方式获取居民步行数据并开展相关研究。例如墨尔本[21]和多伦多[22]的城市可步行性分析是通过使用者手机的位置服务获取个人时空信息,在城市尺度下比较不同区域的可步行性,将可步行性的分布特征有效地与具体的建成环境要素建立起联系,为城市步行环境改善提供了科学的参照依据(图3);昆士兰大学Corcoran等研发出的智能手机应用程序Wander,可作为大规模空间流动性研究的分析平台,揭示个人如何在空间中移动,探索居民出行与城市空间的互动[23]。上述案例都通过更精准的高分辨率时空信息数据检查居民在空间中的移动性和规律性和居民与特定的城市空间特征之间的关系,为城市设计提供有价值的参考。

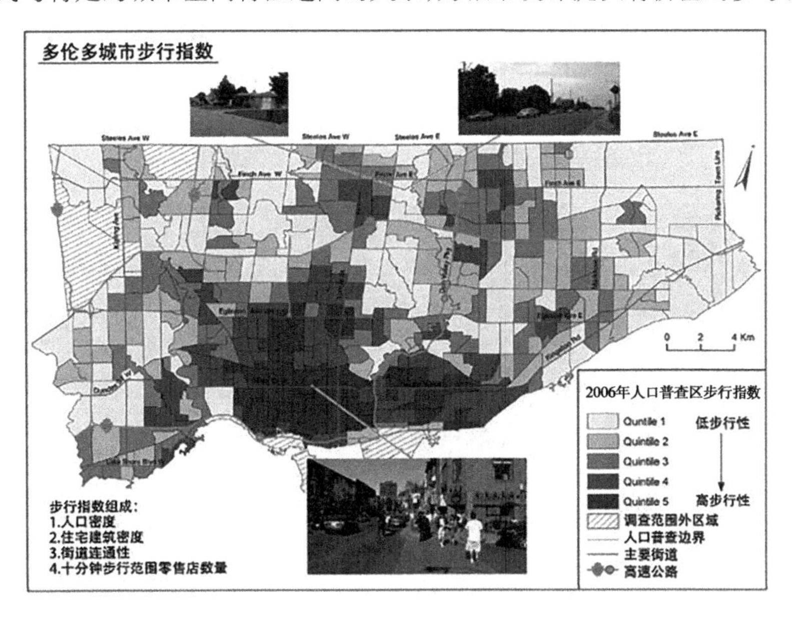

图3　多伦多城市步行指数图

(来源:参考文献[22])

与步行行为数据不同,活动行为数据的获取不仅需要捕捉空间位置、活动时间这些基础的时空信息,还需要整合使用者的自我报告和感知信息。利用新的技术手段获取更为广泛、全面的社交活动数据进行研究能够支持城市设计者做出更加科学精准的决策。目前,大多学者通过定位服务技术与调查问卷的方法结合来获取活动行为数据,如黄建中等结合 GPS 和问卷调查的方法采集老年人活动数据,对老年人日常生活圈进行空间识别与特征分析,结合城市设计实现老年社区的自足性和共享性[24]。国外已有机构通过搭建技术平台将多源的使用者行为数据汇总整合,为相关数据获取提供便利条件。如格拉斯哥大学 Thakuriah 等开发的综合多媒体城市数据平台涵盖了英国格拉斯哥整个城市区域的使用者行为数据,例如交通、社会凝聚力、生活方式以及其他行为的相关数据。研究者可以利用该平台大大提高获取数据的效率,并且平台内统一翔实的数据集便于设计者更精准地把握居民生活习惯,并据此对城市空间进行人本视角的建设与改造[25]。

3.1.2 视觉感知数据的采集与分析

在现有技术支持的条件下,研究者可以将使用者的视觉感知物化为图片、视频等,帮助设计者理解城市空间如何影响人们在使用时的视觉注意力和运动行为,从而开展创新的设计方法研究。例如,刘祎绯等选用 GoPro 摄像机模拟人的视线,采集视频并转化为图片,再对其中的感知信息进行叠加,形成该片区的视觉感知意象地图[26];纽约州立大学布法罗分校 Yin 在可步行性指数基础上,增加了影响人们步行体验的微观层面街景视觉特征,例如远视线、可见天空比例等。这些指标有助于设计者更好地理解街道层面城市设计要素特征[27]。上述案例通过居民视线模拟的方式进行分析,从而了解城市空间对使用者视觉的影响,更有利于设计者直观地在人本视角下探索城市空间各要素。

此外,还可以通过眼动仪等设备更为精准地识别居民在使用空间时重点关注的空间要素,并研究其与心理活动直接或间接的关系,由此分析城市空间内各要素如何影响使用者。例如,Tang 等人在北京五道口火车站的自适应重新设计中利用眼动追踪(eye tracking, ET)与虚拟现实(Virtual Reality, VR)技术的创新集成,深度挖掘设计如何影响人们使用时的视觉注意力和运动行为,显示出创新的城市设计方法[28](图 4)。通过这种方式,设计者能够根据使用者侧重点对空间环境进行更精细的分析,从而制定设计方案,优化城市空间。

图 4 眼动追踪与虚拟现实技术的集成

(来源:参考文献[28])

3.1.3 基于大数据的行为规律分析与预测

随着物联网和移动通信技术迅猛发展,研究者可以通过大数据分析模拟预测各种行为活动,掌握城市居民的行为规律。例如:Malleson 和 Birkin 通过挖掘 Twitter(推特)用户数据,总结用户的行为规律和活动地点,结合社交网络数据和传统人口普查数据构建了居民智能行为模型[29];香港科技大学 Wu 等利用城市移动或电信数据对城市群体行为中的共现现象进行数据分析,使设计者更容易掌握居民出行行为规律[30]。通过将客观环境构成要素与使用者的主观感知信息和行为数据结合进行总结归纳,能够对居民的行为变化进行预测,从而为设计出符合使用者行为规律的城市空间提供参考。

除了上述研究中分析的居民活动行为数据外,大数据也可以应用在犯罪等社会数据的方面。例如美国东北大学 Bonnington 利用犯罪行为发生的位置数据结合 GIS 技术制作的波士顿犯罪地图,显示不同类型的犯罪案件在各个区域的发生频率,据此可为不同地区城市设计在安全方面提出差异性目标,为营造安全的居民活动空间提供帮助[31]。

3.2 人群的细化

3.2.1 对不同群体需求的充分考虑

城市设计是以人的活动为中心的设计,面对城市居民多样化的生活需求,针对不同群体的特点进行精细化的分析,尤其是对于老年人、儿童、残障人士等弱势群体予以额外的关切与考虑,对精细化城市设计尤其重要。例如:赵之枫和巩冉冉针对老旧社区公共空间展开研究,总结老年人室外活动的时间和空间特征,为老年人视角下的空间精细化设计提供参考[32];Krishnamurthy 等对儿童户外互动,尤其是户外游戏的路线和场地,以及上学的路线进行了充分的调查和分析,进而从设施、出行、游戏活动等方面提出儿童友好城市的精细化设计策略[33];Damyanovic 等考虑到女性在城市中活动的特殊性,针对其步行行为习惯展开研究,发现在活动过程中需要提高环境对女性活动特殊需求回应的水平,这为后续针对不同性别的空间精细化设计提供了富有价值的参照依据[34]。

3.2.2 人群微观活动规律的模拟

精细化的城市设计需要针对不同的空间制定各具特色的设计引导,通过对不同空间内人群活动特征的分析,模拟人群的行为并根据实际使用情况做出预测,能够辅助设计方案的优化调整。已经有相关研究和实践对人群在公共空间中的活动进行模拟与仿真,以比较城市设计方案或空间布局的具体效果。马婕与成玉宁根据模拟过程的推进,观察使用者的动态活动轨迹与分布特征,形成行为模拟与空间分析相结合的方案优化思路[35]。同济大学 Liu 与 Kaneda 构建的基于代理的行为模拟器,对上海外滩滨水区的原始空间以及其他五个比较方案进行了测试。仿真结果比较了不同空间的效率,为城市设计师在高密度环境中应考虑的问题提供了一般建议[36]。

3.3 要素的拓展

3.3.1 生理与情绪数据的叠加

以往城市设计研究较多关注人的行为规律和心理感知,但甚少考虑环境对居民生理及情绪的影响。不同的空间要素特征会潜移默化地影响使用者情绪,使用者自身也会根据不同空间要素不自觉地产生生理变化。将以往活动数据与生理情绪数据结合考虑,可以拓展设计者的空间设计思路,对设计方案提出更精细更人性化的引导。

在生理情绪数据可获取的基础上,设计者能够通过整合大量个体的情感数据和空间位置数据,实现空间分布上使用者感知体验的可视化表达,并据此进行分析评价。例如:Abdullah等利用社交媒体中照片的表情,建立了微笑指数模型,用以分析特定区域范围内的居住人群幸福指数[37];Golder 和 Macy 通过对 84 个国家共 240 万条推特数据进行追踪及语义分析,最终以世界情绪地图的形式展现国家间宏观的情绪分布格局[38];Sauter 等对社交媒体的签到数据进行语义分析,依据居民所产生的情绪和行为,对所在场所空间进行分析研究,最终提出各类场所的优化策略[39]。

3.3.2 人与空间互动特征的识别

人与城市空间之间的创造性和变革性互动是城市发展过程最重要的特征之一,这些人们自发对生活空间或公共空间进行的改造和创造性的利用通常反映出了传统城市设计过程中忽视的活动需求,在精细化的城市设计中,需要对这些人们生活中与空间进行的互动进行识别,以人为中心进行更深入的分析,用以指引未来的发展。土耳其安卡拉大学建筑学院的Cihanger 与 Ribeiro 就是通过持续追踪调查的方式识别出使用者和物质空间环境的具体而微妙的互动关系,根据使用者的自发性行为及观察到的空间变化对城市设计方案做出调整,并探讨设计方案与使用者真实使用空间时的差异,为之后的城市设计工作提供一种人本视角的新思路[40]。

4 参与的精细化

随着城市化进程的不断推进,人们对城市公共事务参与的意识也不断增强。根据雅各布的赋权市民和阿恩斯坦的公众参与阶梯式等经典理论,对于城市设计过程中参与的程度来说,一方面表现为自上而下的执政者意图和设计师表达,另一方面则是自下而上的公众咨询和参与设计等方式。在我国城市发展由增量建设到存量更新转变的新阶段,越来越多的公众认识到城市问题的严重性并积极地表达意见,在此背景下,公众参与城市设计具有重要的意义。公众参与城市设计方面的精细化在现阶段主要体现在数据的多源、参与形式的更新和参与群体的包容三个方面。

4.1 数据的多源

在经历了一个数据开发和开放的漫长历程后,很多城市已经开始具有了一定数量的开放数据,这些数据为市民理解城市并参与到城市设计的过程中提供了更多可能性。在数据可视化的发展趋势下,公众能够更好地理解和认知城市空间。目前,已有研究实践通过多源数据构建公众参与平台以激发民众积极性,减低公众参与的局限性。如纽约的开放数据平台采取可视化的方式向公众展示了纽约在道路交通、共享自行车等方面的开放数据,使居民更容易理解城市中各个系统的工作模式,提高市民对城市认识的直观性,从而加强居民参与的自发性[41]。

同样信息技术的广泛使用为城市设计公众参与环节的多源数据收集提供了良好的平台,

方便了使用者对城市空间主观想法的意见反馈,为城市设计提供更加多元的数据,也为规划师开拓了更全面的视角。Korpilo 等在芬兰赫尔辛基中央公园的研究采用智能手机 GPS 跟踪方法,获取参与者在参与活动中的位置信息和感知数据[42]。这种方法为收集有用和最新的空间信息提供了很好的机会,为参与环节中的数据收集提供借鉴。

4.2 参与形式的更新

4.2.1 新技术带来更丰富的参与形式

在当前信息时代下,互联网不仅能够创新公众参与规划的形式,使更多的面对面参与成为可能,也能有效激发公民的参与热情,使公众参与城市规划更为便捷,参与效果更好。在计算机和人工智能技术的支持下,可以充分发挥智能手机的便携优势,通过应用程序结合 GIS 平台,实现 E+参与的形式,即公众参与 GIS。Ives 等通过公众参与 GIS 技术方法引导居民参与到研究设计中,并通过统计分析居民对绿色空间的评价值,捕捉城市绿地居民价值,为设计者进一步决策提供更精细的信息[43]。这种公众参与的方式使公众可以更好地理解城市现状以及未来发展产生的效益,促使公众能够更有效地参与到城市设计过程中。

同时,也可以通过更加富有吸引力和简易的参与方法来提高居民参与效率。例如:Lu 等在未来城市项目中提供了一个快速的城市分析工具,它一方面使设计师定义设计规则,为居民提供设计任务,另一方面让居民能够把自己的设计想法输入,最后再由设计师提取信息[44];麻省理工学院 Yan 也提供了城市矩阵(City Matrix)这一城市视景辅助决策平台,通过用地功能、密度、高度等数据的不断调节来观察城市多方面的效益情况,为居民提供更好的参与体验[45](图 5)。

图 5　City Matrix 城市视景辅助决策平台

(来源:参考文献[45])

4.2.2 精细的环境模拟提供更好的参与体验

随着信息化的新技术发展,图形图像领域的综合型高新技术使得计算机处理的数字信息能够转化为人们所能感受的具有各种表现形式的多维信息。例如虚拟现实技术为构建新型的、更高效的城市设计公众参与方法提供了可能,使公众在参与过程中有更好的体验。在环境模拟过程中利用虚拟现实技术能够模拟公众在空间中的真实活动行为，使参与者在空间漫游与视角的不断变化中以动态的、“第一视角”的体验感受空间设计。例如：万洪羽等在南京市秦淮区教敷营地块的商业综合体设计中通过搭建虚拟建筑空间环境让公众通过 VR 头戴式显示器参与真实尺度的空间漫游，以此挖掘用户行为模式信息，提供客观的设计优化依据[46]；Fares 等使用 Vizard 等程序进行参与性过程，将虚拟现实和互联网联系起来，从而能不限制参与者在特定的地点和时间参与设计过程，以更具互动性的方式将公民有效地纳入设计决策中[47]。此外，还可以通过三维建模的方式，模拟设计方案，增强居民参与体验感，例如 Cipriani 等是通过优化三维高细节模型，以引人入胜的方式为参与者讲述城市设计片区中的故事和历史事件，帮助参与者在线共享，在模拟环境下体验三维内容[48]。

4.3 参与群体的包容

公众参与是希望各利益群体表达各自的诉求，使设计者更清晰地了解居民的需要。但以往的参与过程忽视了部分弱势群体，违背了以人为本的精细化城市设计初衷。因此，在城市设计公众参与的人群方面，要更加强调包容性，积极促进弱势群体参与社区和城市设计。例如，在儿童的公众参与途径方面，可以通过投其所好的方式，在各个环节中，设计有针对性的、体验感好的不同类型的游戏，方便各个年龄阶段的孩子有效参与并增进其与设计师的理解互动。孙思敏等在长沙桂花公园儿童友好型公共空间设计改造项目中就结合了幼儿游戏规律，构建“情景游戏式”儿童公众参与模式，这种形式能够使设计者更清晰地了解到儿童对空间的需求，对广大城市儿童友好空间设计与改造具有可借鉴意义[49]。

5 结语

本文通过对近年来城市设计中相关案例的引介，从空间、使用者和参与三个层面探讨了精细化城市设计的发展趋向，展现了目前城市设计的相关研究和实践是如何在人本视角下应用新兴技术实现精细化发展的。通过上文的论述可以看出：在信息技术的快速发展的背景下，数据收集形式发生了巨大的转变，带来了更加丰富的数据，从而使设计者能够从多样的角度和多元的评价方法进行空间分析与设计；同时通过引入使用者行为活动等大数据，能够使居民行为与城市空间研究更加多样化，便于设计者从更加精细化的角度研究“以人为本”的城市空间；最后在参与角度，利用新兴技术实现公众与城市设计工作互促共进的新方式，参与视角由少数群体参与向全面参与发展，在城市设计的流程中实现了“以人为本”的精细化。

在我国目前的国情下，城市设计需要向更全面、更精细的设计方向发展，更要始终以城市中的“人”为核心来设计和建设城市空间，以此来引导塑造“为人民建设”的城市。在互联网时代，精细化城市设计研究仍需时刻关注城市发展的热点与相关的前沿技术，从而更系统地针对各城市使用群体的不同需求展开。

参考文献

[1] 刘万斌. 浅析三维 GIS 及其在智慧城市中的应用[J]. 科学技术创新，2018(35)：183-184.

[2] 钱正伟.三维可视化在城市设计中的研究与应用[J].测绘与空间地理信息,2021,44(10):125-127+130.

[3] 张灵珠,晴安蓝.三维空间网络分析在高密度城市中心区步行系统中的应用:以香港中环地区为例[J].国际城市规划,2019,34(1):46-53.

[4] Margaritis E, Kang J, Filipan K, et al. The influence of vegetation and surrounding traffic noise parameters on the sound environment of urban parks[J]. Applied Geography, 2018, 94: 199-212.

[5] 曾忠忠,侣颖鑫.基于三种空间尺度的城市风环境研究[J].城市发展研究.2017,24(4):35-42.

[6] Ren C, Lau K L, Yiu K P, et al. The application of urban climatic mapping to the urban planning of high-density cities: The case of Kaohsiung[J]. Cities, 2013, 31: 1-16.

[7] Graham D A, Vanos J K, Kenny N A, et al. Modeling the Effects of Urban Design on Emergency Medical Response Calls during Extreme Heat Events in Toronto, Canada[J]. International Journal of Environmental Research and Public Health, 2017, 14(7): 778.

[8] 党安荣,王飞飞,曲葳,等.城市信息模型(CIM)赋能新型智慧城市发展综述[J].中国名城.2022,36(1):40-45.

[9] Buyukdemircioglu M, Kocaman S. Reconstruction and efficient visualization of heterogeneous 3D city models[J]. Remote Sensing, 2020, 12(13): 21-28.

[10] 李智,龙瀛.基于动态街景图片识别的收缩城市街道空间品质变化分析:以齐齐哈尔为例[J].城市建筑.2018(6):21-25.

[11] 李政霖,陈冠舟,杨孝增,等.基于深度学习技术的城市街道空间品质大规模评估分析:以贵阳市为例[C]//2020 中国城市规划年会论文集.成都:2020 年中国城市规划年会,2021:1-14.

[12] Li X J, Zhang C R, Li W D, et al. Assessing street-level urban greenery using Google Street View and a modified green view index[J]. Urban Forestry & Urban Greening, 2015, 14(3): 675-685.

[13] Liu L, Zhou B L, Zhao J H, et al. C-IMAGE: City cognitive mapping through geo-tagged photos [J]. GeoJournal, 2016, 81(6): 817-861.

[14] Sulistiyo M D, Kawanishi Y, Deguchi D, et al. CityWalks: An extended dataset for attribute-aware semantic segmentation[C]. [S. l.]: Proc. 2019 Electric/Electronic/Information Engineering Related Society Tokai Sectors Joint Convention, 2019.

[15] 李云,赵渺希,徐勇,等.基于互联网媒介图像信息的多尺度城市夜景意象研究[J].规划师,2017,33(9):105-112.

[16] Futcher J, Mills G, Emmanuel R, et al. Creating sustainable cities one building at a time: Towards an integrated urban design framework[J]. Cities, 2017, 66: 63-71.

[17] Shi Z M, Fonseca J A, Schlueter A. A review of simulation-based urban form generation and optimization for energy-driven urban design[J]. Building and Environment, 2017, 121(aug): 119-129.

[18] Wilson B. Urban form and residential electricity consumption: Evidence from Illinois, USA. Landscape and Urban Planning, 2013, 115: 62-71.

[19] Schulz D. New mapping tool urban layers tracks the age of every building in Manhattan[EB/OL]. (2014-10-22)[2022-06-07]. https://www.6sqft.com/new-mapping-tool-urban-layers-tracks-the-age-of-every-building-in-manhattan/.

[20] Naik N, Kominers S D, Raskar R, et al. Do people shape cities, or do cities shape people? The

co-evolution of physical, social, and economic change in five major U.S. cities[EB/OL].(2015-1-01)[2022-06-07].https://www.nber.org/papers/w21620.

[21] Giles-Corti B, Mavoa S, Eagleson S, et al. How walkable is Melbourne? The development of a transport walkability index for metropolitan Melbourne[EB/OL].(2020-02-01)[2022-06-07]. https://auo.org.au/wp-content/uploads/2020/02/How-walkable-is-Melbourne-FINAL.pdf.

[22] Glazier R H, Weyman J T, Creatore M I, et al. Development and Validation of an Urban Walkability Index for Toronto, Canada [EB/OL]. [2022-09-10]. http://www.torontohealthprofiles.ca/a_documents/aboutTheData/12_1_ReportsAndPapers_Walkability_WKB_2012.pdf.

[23] Corcoran J, Zahnow R, Assemi B. Wander: A smartphone app for sensing sociability[J]. Applied. Spatial Analysis and Policy, 2018,11(3):537-556.

[24] 黄建中,张芮琪,胡刚钰.基于时空间行为的老年人日常生活圈研究:空间识别与特征分析[J].城市规划学刊,2019(3):87-95.

[25] Thakuriah P V, Sila-Nowicka K, Hong J, et al. Integrated multimedia city data (iMCD): A composite survey and sensing approach to understanding urban living and mobility[J]. Computers Environment and Urban Systems, 2020, 80.

[26] 刘祎绯,牟婷婷,郑红彬,等.基于视觉感知数据的历史地段城市意象研究:以北京老城什刹海滨水空间为例[J].规划师,2019,35(17):51-56.

[27] Yin L. Street level urban design qualities for walkability: Combining 2D and 3D GIS measures[J]. Computers, Environment and Urban Systems, 2017, 64: 288-296.

[28] Tang M, Auffrey C. Advanced digital tools for updating overcrowded rail stations: Using eye tracking, virtual reality, and crowd simulation to support design decision-making[J]. Urban Rail Transit, 2018, 4(4): 249-256.

[29] Malleson N, Birkin M. Analysis of crime patterns through the integration of an agent-based model and a population microsimulation[J]. Computers, Environment and Urban Systems, 2012, 36(6): 551-561.

[30] Wu W C, Xu J Y, Zeng H P, et al. TelCoVis: Visual exploration of co-occurrence in urban human mobility based on Telco data[J]. IEEE Transactions on Visualization and Computer Graphics, 2016, 22(1): 935-944.

[31] Bonnington C. Where does all the shattered glass come from, and where does it all go? [EB/OL].(2017-07-13)[2022-06-07]. https://thebolditalic.com/where-does-all-the-shattered-glass-come-from-and-where-does-it-all-go-cfe0b9560d05.

[32] 赵之枫,巩冉冉.老旧小区室外公共空间适老化改造研究:以北京松榆里社区为例[C].沈阳:中国城市规划年会,2016.

[33] Krishnamurthy S, Steenhuis C, Reijnders D A H, et al. Child-friendly urban design: observations on public spacefrom Eindhoven (NL) and Jerusalem (IL)[EB/OL].(2014-10-12)[2022-06-07]. https://pure.tue.nl/ws/portalfiles/portal/116453256/Child_friendly_urban_design.pdf.

[34] Damyanovic D, Reinwald F, Weikmann A, et al. Gender Mainstreamingin Urban Planningand Urban Development[EB/OL]. [2022-09-10]. https://www.wien.gv.at/stadtentwicklung/studien/pdf/b008358.pdf.

[35] 马婕,成玉宁.基于集群智能行为模拟与空间句法分析的城市公园优化设计研究[J].中国园林,2021,37(4):69-74.

[36] Liu Y Y, Kaneda T. Using agent-based simulation for safety: Fact-finding about a crowd accident to improve public space design[J]. AIEDAM, 2020, 34(2): 176-190.

[37] Abdullah S, Murnane E L, Costa J M R, et al. Collective smile: measuring societal happiness from Geolocated Images[C]. BC, Canada 18th ACM International Conference on Computer-Supported Cooperative Work and Social Computing, 2015.

[38] Golder S A, Macy M W. Diurnal and seasonal mood vary with work, sleep, and daylength across diverse cultures[J]. Science, 2011, 333(6051):1878-1881.

[39] Sauter D, Hogertz C, Tight M, et al. Emotions of the urban pedestrian: sensory mapping[EB/OL].[2022-09-10]. http://www.walkeurope.org/uploads/File/publications/PQN%20Final%20Report%20part%20B4.pdf.

[40] Cihanger D, Ribeiro M. Spaces by people: An urban design approach to everyday life[J]. Metu Journal of the Faculty of Architecture, 2018, 35(2): 55-76.

[41] City of New York. NYC Open Data [DB/OL]. [2022-09-10]. https://opendata.cityofnewyork.us/.

[42] Korpilo S, Virtanen T, Lehvävirta S. Smartphone GPS tracking: Inexpensive and efficient data collection on recreational movement[J]. Landscape and Urban Planning, 2017, 157: 608-617.

[43] Ives C D, Oke A, Hehir A, et al. Capturing residents' values for urban green space: Mapping, analysis and guidance for practice[J]. Landscape and Urban Planning, 2017, 161: 32-43.

[44] Lu H X, Gu J X, Li J, et al. Evaluating Urban Design Ideas from Citizens from crowdsourcing and participatory design[C]. Beijing: CAADRIA 2018, 2018.

[45] Yan Z. City Matrix: An Urban Decision Support System Augmented by Artificial Intelligence[EB/OL].(2017-09-01)[2022-06-07]. https://www.media.mit.edu/publications/citymatrix/.

[46] 万洪羽,杜佳纯,王思语,等.基于公众参与 VR 技术的建筑功能布局和流线设置优化研究:以南京秦淮区教敷营地块商业综合体设计为例[C]//2021 全国建筑院系建筑数字技术教学与研究学术研讨会论文集.武汉:2021 全国建筑院系建筑数字技术教学与研究学术研讨会,2021:530-539.

[47] Fekry F, Taha DS, El Sayand ZT. Achieving public participation in inaccessible areas using virtual reality a case study of BeitHanoun — Gaza — Palestine[J]. Alexandria Engineering Journal,2018, 57:1821-1828.

[48] Cipriani L, Bertacchi S, Bertacchi G. An optimised workflow for the interactive experience with cultural heritage through reality-based 3D models: Cases study in archaeological and urban complexes[C].[S.l.]: The International Archives of the Photogrammetry, Remote Sensing and Spatial Information Sciences, 2019.

[49] 孙思敏,谭春华,曾阳嵘,等.基于"情景游戏式"的儿童公众参与方法论初探:兼论《长沙桂花公园儿童友好型公共空间设计改造》[C].重庆:2019 中国城市规划年会,2019.

城市更新背景下旧城区城市设计策略研究

——以唐山市小山老城区城市更新为例

A study on urban design strategies for old urban areas in the context of urban regeneration

—A case study on Xiaoshan area of Tangshan city

潘　芳　王　莹　刘　畅　柏振梁

Pan Fang　Wang Ying　Liu Chang　Bai Zhenliang

摘　要：目前各地旧城区的城市更新全面展开，本文以唐山市旧城区小山片区城市更新规划设计为例，通过"营造六法"，即营厂、营商、营站、营家、营政、营园，对旧城地区的历史文化守护、创新业态与创意运营、商业业态升级、社区的更新与自治、开启更新"种子基地"、税基锁定与容量反哺等重要更新规划设计及实施策略加以阐释。

关键词：旧城区；城市更新；城市设计

Abstract: Urban regeneration of old urban areas has been carried out throughout the country currently. This paper takes the urban regeneration planning and design of Xiaoshao Area in the old urban area of Tangshan as an example, and puts forward "six methods of making" for the improvement of historic buildings, commercial operations, station areas, communities, government service centers, and industrial parks. Based on this, the paper expounds on some main urban regeneration strategies, such as protecting historic and cultural heritage, improving innovative operations and creative businesses, upgrading commercial operations, promoting community regeneration and self-governance, building the "regeneration basis", and maintaining the tax base and increasing plot ratio in relation to public spaces.

Key words: old urban area; urban regeneration; urban design

更新是城市自我成长的新陈代谢过程，对于一个处在停滞状态的区域，需要的是唤起他内生的成长动力。唐山历史上最重要的一次更新是在震后十年的重建，我们应该铭记这座城市的生命力和潜在的内生发展动力。我们所要做的不是大拆大建，而是在尊重文脉、历史、现状的基础上，转动更新的飞轮，形成触媒，逐步带动城市向前发展。

1 城市更新区域背景

唐山老城沿陡河展开。陡河古称唐溪，是唐山的母亲河，承载了众多的城市记忆要素，是唐山的工业之源、文明之源和城市之源(图 1)。

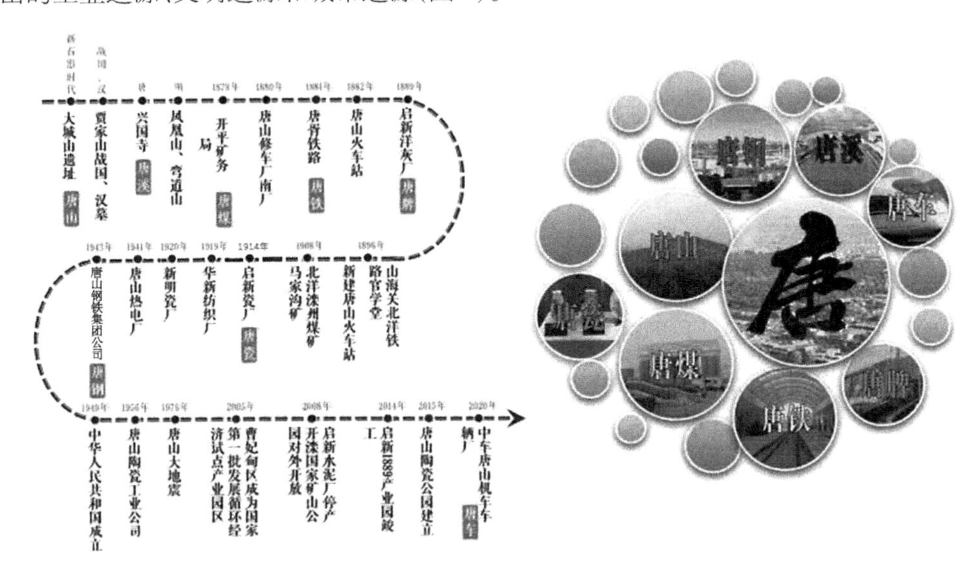

图 1　唐山历史演进与城市发展历程

(来源:作者自绘)

区内包含存有新石器时期龙山文化遗址——大城山、被誉为中国路矿之源的开滦煤矿、被誉为近代商业中心之一的小山等众多历史要素，是唐山城市发展的源点，也是其历史记忆的精华所在。(图 2)

但在大地震以后，唐山城市发展逐渐确定了向西、向北的城市发展战略，陡河区域特别是小山地区商业业态低端、居住社区老化、铁路线分割严重，逐步走向衰败。而重振两岸风采，提升城市品质，镌刻城市记忆，激发老城活力，成为此次城市更新的目标。

2 城市更新全面资源梳理——陆空一体的新尝试

更新类项目中，对于现状的目的排查是重中之重。要“打好底”，后面才能“下好棋”。本文不仅有“地面部队”的严谨工作：分区调研，严格梳理功能、建设时期、建筑质量、权属等。还引入了“空中支援”，与三维实景研究室团队进行合作，借助无人机，生成三维全景模型。双方进行交叉比对，有疑问或矛盾的地方列入问题清单，再进行第二轮调研排查。在高科技与系统性研究的加持下，本文将现状建筑分为了文化遗产、工业遗迹、现状保留、现状更新、现状拆除等类别，并且对应有高度、照片、平面，为后续工作打下坚实基础，也为最终的多媒体、动画等表达提供了数据支持(图 3)。

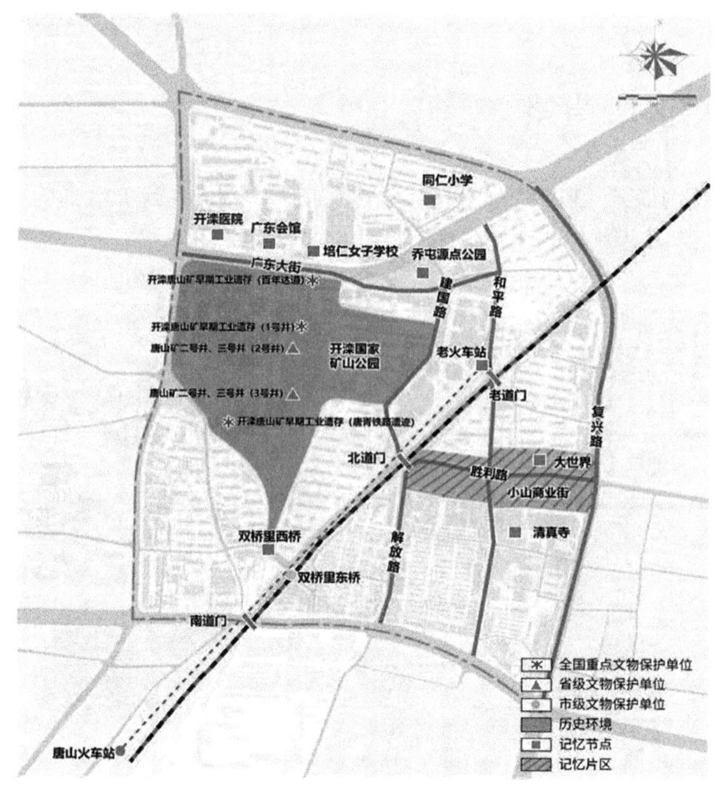

图2　小山地区历史资源分布图

(来源:作者自绘)

图3　无人机航拍立体模型

(来源:作者自绘)

3 城市更新总体思路，制定一套面向未来的城市持续运营与实施指南

对于城市来说，城市资源不仅包括如土地、建筑、绿地、水系等物质资源，还包含涉及历史文化遗产、集体记忆、社会习俗、城市时尚、居民素质、精神面貌等人文资源。要想增强一个城市综合竞争能力，既要有效增加城市的物质财富，又要增加城市的精神内涵。城市运营的目标是保持城市的生机活力，实现可持续成长。通过城市营造把城市的物质资源和人文资源有效地推向市场，使城市的综合竞争力得到提高，城市的财富增加，城市居民生活质量和幸福感得到提升，这是城市运营的关键问题，也是新时期城市建设转型的主流方向。

3.1 营厂——煤矿记忆的文化守护：运营工业遗产，打造文化地标

开滦煤矿是唐山工业的开始，乔屯、广东大街是唐山城市建设的源点，举世瞩目的工业巨擘唐山从这里一步步走了出来。因此，规划以传承城市记忆为主题，设计源点公园，还原部分广东大街，改造开滦国家矿山公园，以便让人们深入感受“工业唐山”的历史记忆；植入创意办公，以期在这片历史的土地上再次孵化出唐山的产业新动力。

规划对区内功能进行重新梳理，分为公共文化展示、工业遗产体验、唐山源点回溯、创意办公孵化四个功能片区。(图 4)

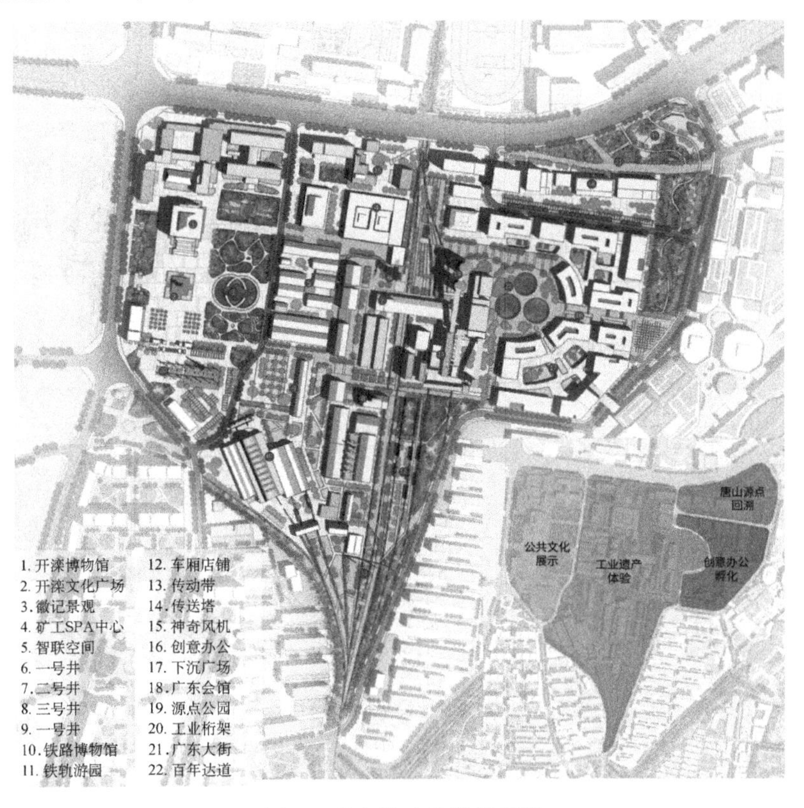

图 4 开滦煤矿更新规划图

(来源：作者自绘)

以“工业遗产体验”为例,通过梳理开滦煤矿工艺流程,保留具有工业遗产价值的建筑及构筑物,植入新功能,打造全景沉浸式工业遗产体验项目(图5—图7)。

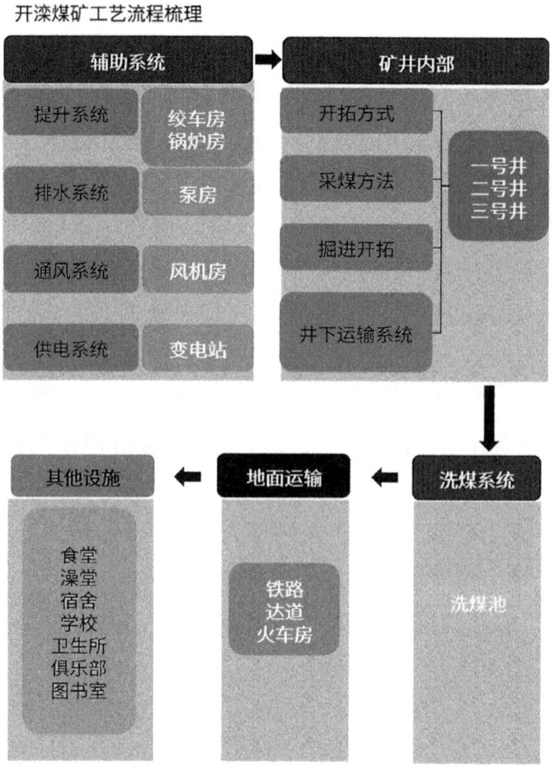

开滦煤矿工艺流程梳理

辅助系统
提升系统 绞车房 锅炉房
排水系统 泵房
通风系统 风机房
供电系统 变电站

矿井内部
开拓方式
采煤方法
掘进开拓
井下运输系统
一号井 二号井 三号井

洗煤系统
洗煤池

地面运输
铁路 达道 火车房

其他设施
食堂 澡堂 宿舍 学校 卫生所 俱乐部 图书室

图5 开滦煤矿工艺流程图

(来源:作者自绘)

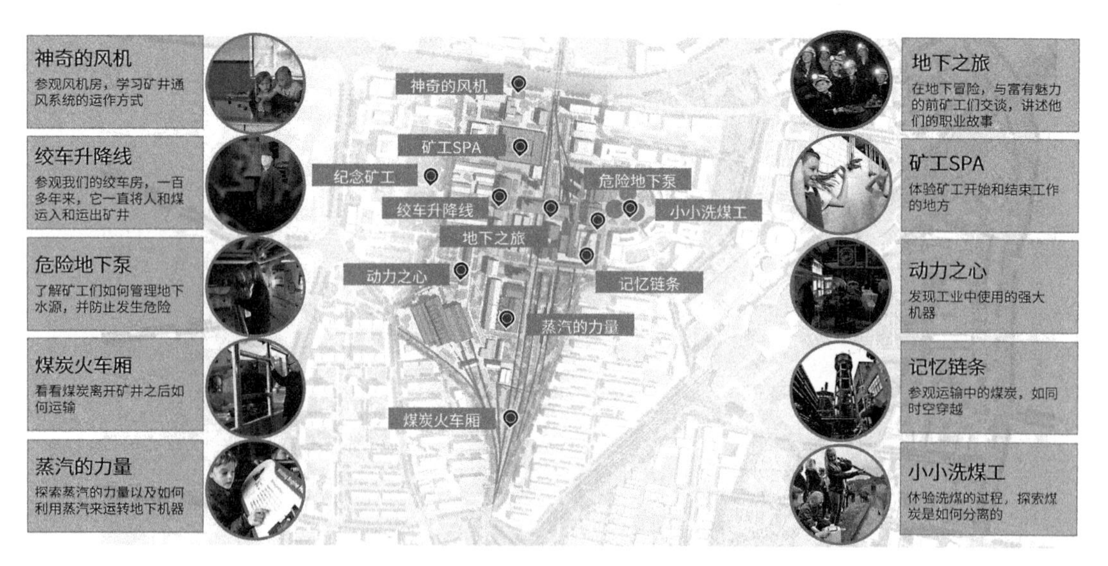

图6 全景沉浸式工业遗产体验项目示意图

(来源:作者自绘)

在此基础上，对于工业更新的实施路径也做了分析建议。

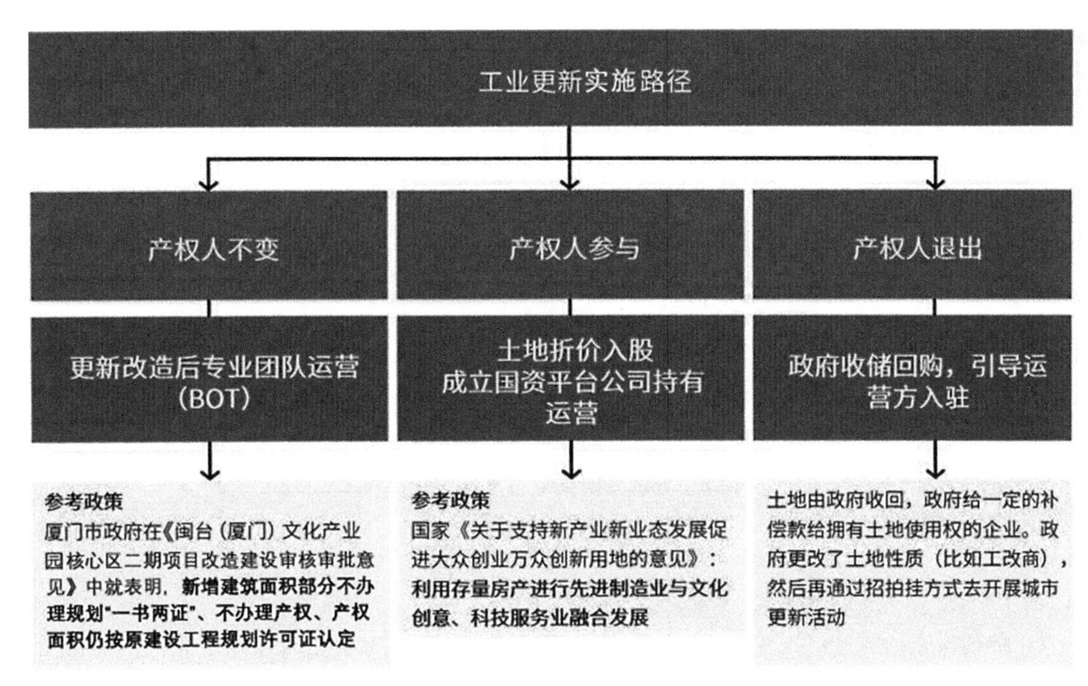

图 7　工业更新实施路径图
（来源：作者自绘）

3.2　营商——创新业态与创意运营

小山是唐山近代商业娱乐繁盛的代表，承载了唐山几代人的骄傲记忆，震前的小山，与天津劝业场、上海大世界、北京大栅栏齐名，被誉为中国近代四大繁商区和四大娱乐发祥地之一。裕丰饭店、大陆饭店、北洋饭店、大世界联营商场、天宫电影院、天娥大戏院、华容百货商店等商铺林立，汇聚了京津唐等地区各种小吃，说书、皮影、唱戏等诸多曲艺表演汇集，冀东三枝花之一的评剧也源出此地的永盛茶园。

设计以"小山晨曦图"为历史蓝本，通过采访唐山本地居民对以前的印象，提取记忆关键要素，最大程度还原历史风貌，鼓励唐山老字号商业回归，为唐山人打造一片能够真正感受城市温度的市井怀旧体验片区。

① 街巷空间重塑：立足城市建设安全，考虑地震断裂带防护范围，设计将南部地块统筹考虑，通过拆除、织补方式重塑传统街-巷-院肌理，打造多层次空间格局。

② 历史风貌还原：对现有建筑进行改造，恢复传统历史风貌，加入民国传统建筑符号及本地建筑元素，形成以民国风传统青砖建筑为主、现代建筑为点缀的主街风貌。

③ 功能业态升级：恢复部分传统老字号店铺，引入面向主流消费群体的高品质餐饮、购物、体验等业态(图 8)。

④ 本土商业的 IP 演绎：深入研究唐山传统民俗文化，挖掘地域特色商业业态，结合潮流文化，注重消费场景营造，以小山步行街为基地，形成富有地域特色的"文和友模式"，逐渐带动周

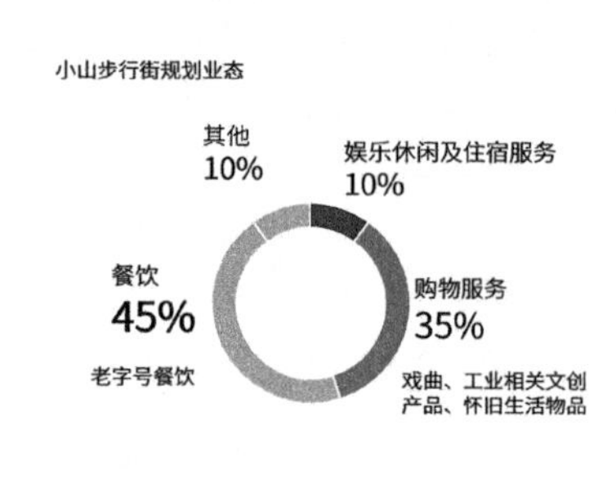

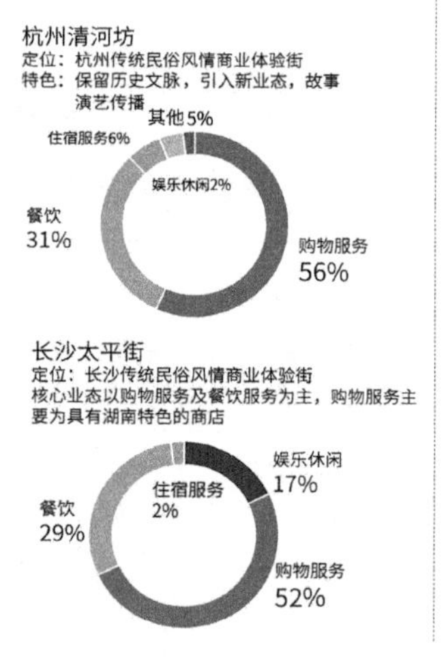

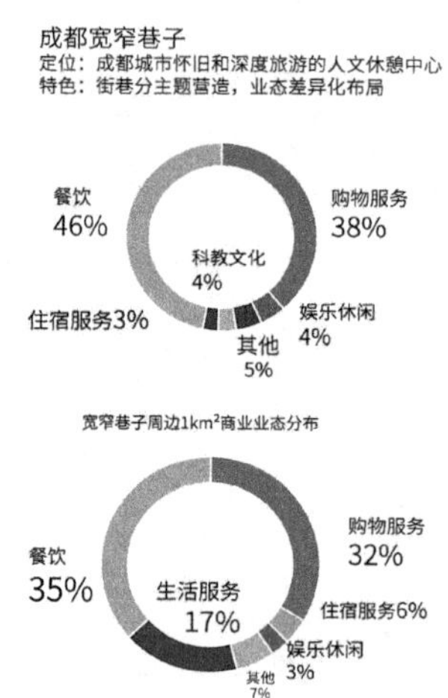

图8 传统商业街业态布局分析图

(来源:作者自绘)

边区域不断迭代,完成区域业态升级。

⑤ 微利模式经营社区民生商业:鼓励引入知名的社区邻里中心运营管理企业,打通商业的"微循环",激活服务社区的有效消费节点。

在更新时序上,小山片区历史遗留问题较多,产权复杂,更新需对现状情况进行充分调研,对历史风貌、街区氛围充分研究,深入了解老唐山的商业氛围,逐步更新(图9)。

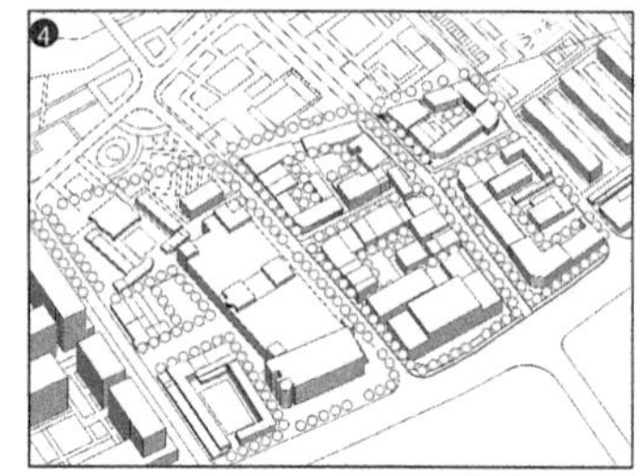

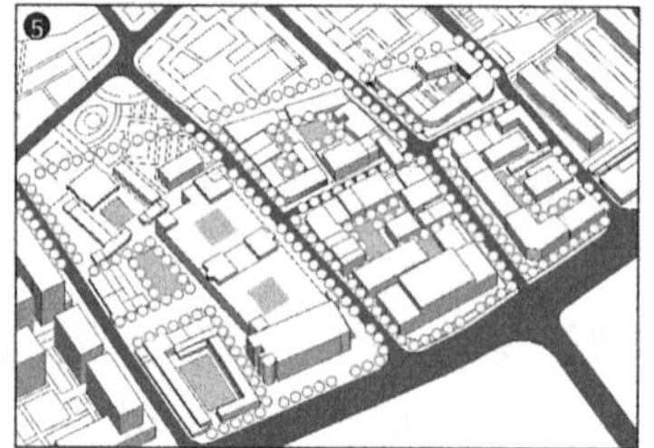

图9 小山片区更新示意图

(来源:作者自绘)

3.3 营站——TOD模式的纵向生长

区域缝合,再现"唐山"站轨繁盛景象。原有铁路性质变更,设置城市BRT(快速公交系统)文化旅游专线,重建"唐山老火车站"并更名为小山站,与周边功能联动,建设站轨综合体,植入复合功能,汇聚人气,强化两侧沟通,再现老火车站、天桥的繁盛景象。

设计依托文化旅游BRT专线和小山站,沿铁路两侧建设商业街区,对原建国路市场进行改造,通过廊桥、屋顶花园等手法与铁路商业街形成商业综合体,配套精品酒店群,打造唐山时尚消费新地标。升级现有业态,吸引时尚品牌入驻,打造以服装、娱乐、首饰等零售为主,轻奢餐饮、休闲娱乐为辅的现代休闲娱乐步行街。见图10—图12。

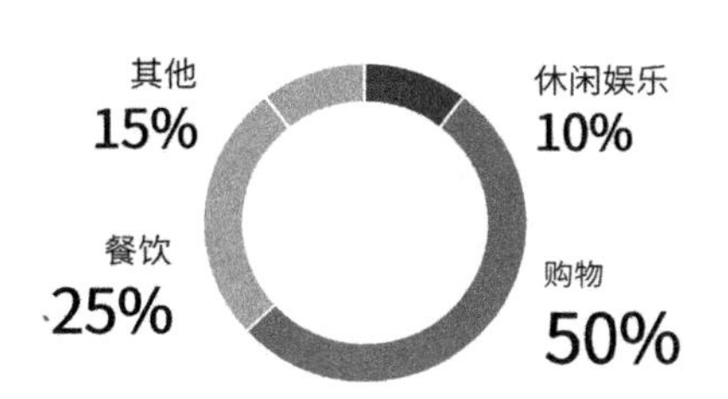

图10 小山站商业综合体业态规划图
(来源:作者自绘)

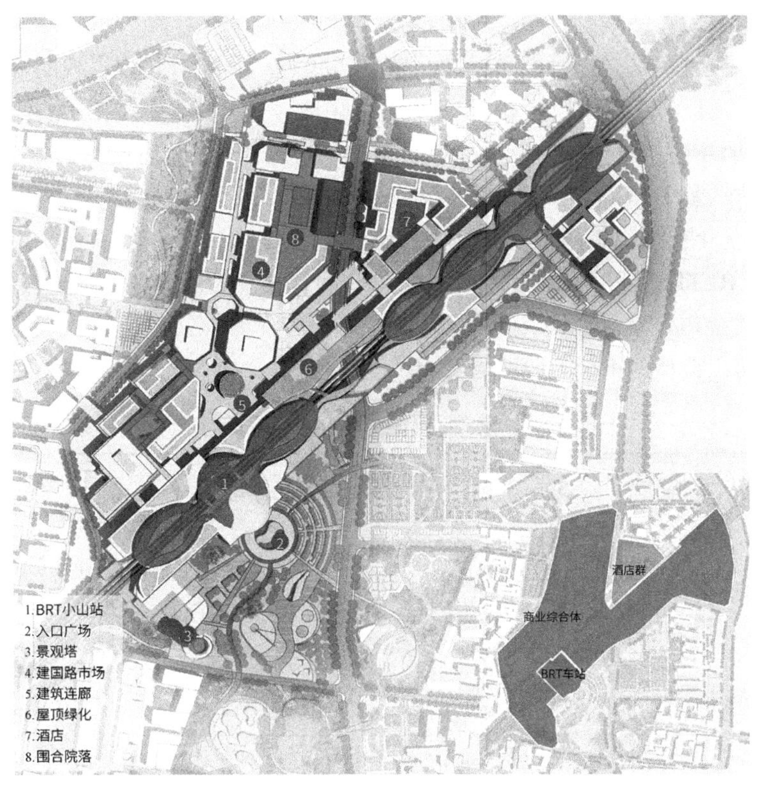

图11 小山站功能布局图
(来源:作者自绘)

图 12 小山站更新示意图
(来源:作者自绘)

在实施层面上,探索"政府统筹推动+铁路企业主导+市场参与运作"的综合开发模式。

推进"多规合一"在站城融合中的应用,力求做到"规划一张蓝图、建设一个主体、运营一个中心、开发一个平台"。以交通融合、功能融合和空间融合为导向,建立事权明确、均衡协同、运行高效的"站城一体"开发机制。开展枢纽及周边区域一体开发的政策研究、标准规范以及设计导则等工作,明确各主体间利益反哺和风险分担的细则和标准。

以站区资产公募 REITs 作为城市触媒,营造"站城人"共同体。将车站作为完善地区功能、打造城市形象、优化交通组织的重要载体。将火车站基础设施及其周边待更新片区统一打包运作,形成公募 REITs,吸引社会资金,以满足城市更新资金需求。探索客运枢纽及周边区域开展定制共享式合作开发,打造以枢纽为中心的现代综合体,拓展枢纽腹地范围和辐射空间,构筑新兴增长极。典型的 REITs 项目如表 1 所示。

表 1 典型 REITs 项目

简称	基础设施项目类型	封闭期	原始权益人	项目公司
蛇口产园	产业园	50 年	招商局蛇口工业区控股股份有限公司	深圳市万融大厦管理有限公司、深圳市万海大厦管理有限公司
首钢绿能	污染治理	21 年	首钢环境产业有限公司	北京首钢生物质能源科技有限公司
张江光大园 REITs	产业园	20 年	上海光全投资中心(有限合伙)、光控安石(北京)投资管理有限公司、上海中京电子标签集成技术有限公司	

(来源:作者自绘)

3.4 营家——社区的更新与自治

国企平台统筹老旧小区及周边存量资源共同更新(表 2,图 13)。通过国有企业平台对老旧小区及周边国有资源统筹管理,合理分配更新资金建设资源,达到片区更新的目的。具体做法包括:①调整行政事业单位及国有企业闲置低效划拨土地性质,用于配建公共服务设施。②在原认定建筑总量基础上增加公共服务设施,可适当增加容积率。③国企平台对老旧小区存量资源经营收益可转为物业管理费用。

表 2　老旧小区存量空间利用表

存量资源范围	存量资源	利用清单	
		非建筑类设施	建筑类设施
老旧小区内部存量资源	①小区现状存量空地 ②通过改建、扩建新增共有房屋小区内闲置、低效、被占用等公有房屋 ③通过拆除小区内违章建筑、腾退被占有土地	停车场地、智能投递柜、充电设施及场所、信报箱、体育场地、健身点、生活垃圾收焦点、广告箱休等	体育活动室、文化活动室、日间照料中心、公共卫生间、公共管理功能用房、便利店、洗衣房、理发店等配套用房、垃圾收集房等

(来源:作者自绘)

遵循"自主更新"与"共同缔造"的原则,"城市双修"结合片区南部自建平房特点,通过触媒打造,在引导原居民自我产业升级的同时,吸引社会资本介入,形成规模特色民宿服务片区(图 13)。通过生活配套完善,院落自我更新,促进商业氛围形成。

图 13　私产平房区更新意向图

(来源:作者自绘)

3.5 营政——“种子基地”开启更新进程

通过政务空间整合,建设综合政务服务中心,提高行政服务效率,盘活区域低效政务空间再利用,筹集片区更新启动资金。

以国有单位存量资源作为“种子基地”,激发连锁更新;选取产权结构简单的国有用地作为“种子基地”,整合形成综合政务服务中心,与片区内低效行政办公用地进行产权置换。“种子基地”在建设时,置换产权业主仍可使用原有建筑;“种子基地”施工完成,置换业主迁入新建筑,降低安置成本。同时,其原有土地就变成了新的“种子基地”,循序渐进地推动整个区域老旧建筑活化利用。(图14)

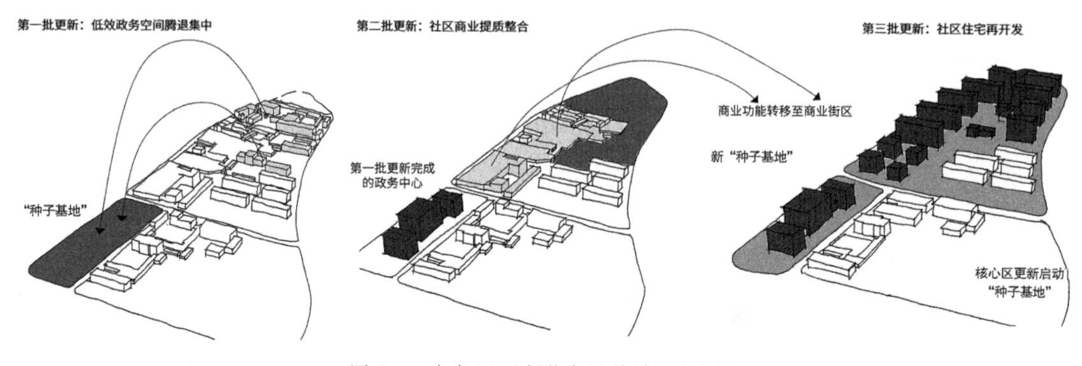

图14 政务区更新“种子基地”示意图

(来源:作者自绘)

3.6 营园——税基锁定,容量反哺

划定税收保留区,锁定税基,更新后新增税收用于片区专项更新资金池(图15)。

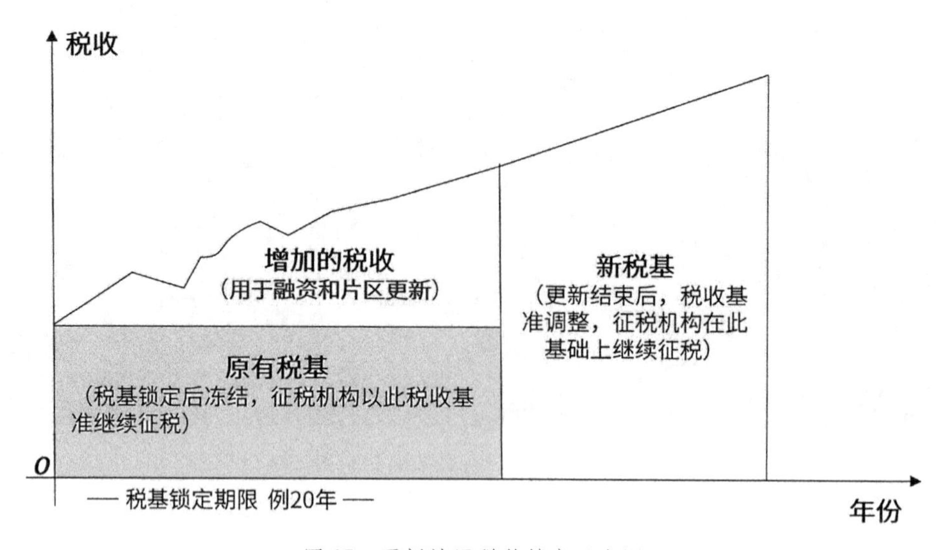

图15 更新地区税基锁定示意图

(来源:作者自绘)

税收增长融资:在唐山范围内划定为税收保留区,在区内地方管辖的部分税收(即税收基础)被冻结在更新前的水平,随着更新而增加的税收纳入片区专项更新资金池,可被用于支持地区发展。这种依靠税收增量来为项目融资的情况,一般持续20年左右。

税基锁定时间:原征税主体将仅持有征税基础值征收的税款,而随着地区项目开发所逐渐增加的税收则交由区域内设立的资金管理机构用于地区开发。在实施年限结束后,税收保留区被撤销,而由于城市更新促使了片区空间资产价值,因此征税基准值将会提高,原征税主体将按照提升后的征税基准值继续征收税款。

实行"空间换容量"政策,激励开发主体贡献公共空间。企业主体在开发过程中,提出配建公共空间、外部公共空间的建设和管理要求,以提升公共质量。规定增设公共空间比例、适度容积率奖励等措施,鼓励开发主体在更新改造中增加公共空间,以提升片区公共空间活力与品质(图16)。

图16　更新地区容量置换示意图
(来源:作者自绘)

4　结语

在城市更新地区做城市设计,设计者需要多从可实施可操作角度去关注空间和内涵;同时,也需要创建"共谋、共建、共享、共治"新型管理机制,整合政府、企业、公众等多方主体,以便最终能推动城市更新项目的实现。共谋指政府主导,专家领衔,组织更新方案宣贯,鼓励社会公众参与,共谋更新地区的记忆传承与活力复兴。共建指政府、企业、公众共同出资,采用多种融资渠道，鼓励多样化入股参与，形成社会利益共同体。共享指推进共享机制，统筹协调区域资源，盘活地区闲置资源，促进区域资源共享，提高资源利用率。共治指组织更新地区管理会，由政府、企业、公众各派代表，对片区营商环境、景观环境、社区治理等多方献策，形成区域治理合力。解决更新时代的城市发展问题，任重道远，还需要各方力量共同努力。

文化导向下的城市更新与城市政体变迁

——西安市曲江新区的实证研究

Culture-led urban regeneration and regime transition

—An empirical study on Qujiang New District, Xi'an

赵一青
Zhao Yiqing

摘　要：文化导向下的城市更新已成为中西方城市企业化治理的偏好策略之一，治理结构主体间的联盟与伙伴关系也成为研究城市更新中城市政体形成、发展和变迁的重要视角。通过对曲江新区三个旗舰城市更新项目——西安大雁塔片区、西安大明宫片区以及西安翠华里片区进行实证研究，及系统分析城市政体变迁，尤其是多方参与者角色与互动关系，本文认为曲江新区的城市政体经历了从政府主导，到促进增长，再到发展型政体的变迁。研究结果表明，曲江新区城市政体具有以下作用：首先，城市更新产生的经济效益对曲江新区城市政体的形成起到了推动作用。其次，民生改善、大遗址保护、城市片区综合基础设施提升等社会效益促进了曲江新区政体的演化。最后，"以人为本"的发展理念促使城市政体结构主体的多元化。

关键词：文化导向下的城市更新；城市政体；西安；曲江新区

Abstract: Culture-led urban regeneration is welcomed as a preferred strategy for entrepreneurial urban governance by China and Western countries, and the alliances and partnerships between the main bodies of governance structure provide a vital perspective to study the formation, development and transition of the political regime during urban regeneration. On the basis of three flagship projects of urban regeneration (Big Wild Goose Pagoda area, Daming Palace Heritage Site area, and Cuihuali area) in Qujiang New District, Xi'an, this paper have analyzed the developing trajectory of urban regime and the interaction between multiple actors systematically, and formulated three stages of regime transition: government-dominated, pro-growth and development regime. This paper has discovered multiple functions of the urban regime of Qujiang New District, Xi'an: first of all, the economic benefits from urban regeneration facilitate the formation of the regime; secondly, social benefits including citizen life improvement, great sites conservation and upgrade of integrated infrastructure, contribute to regime evolution in Qujiang New District; lastly, people-oriented development concept promotes the diversification of participators within the urban regime.

Key words: culture-led urban regeneration; urban regime; Xi'an; Qujiang New District

1 引言

20世纪90年代以来，中西方开始实施城市更新项目，通过文化设施建设与环境营造等多项措施提升遗产资源对城市的积极外部性[1]。在西方发达国家，随着新自由主义思潮以及企业化治理的兴起，国家对于经济的干预逐渐弱化，地方政府通过不同的公共—私人合作关系逐渐成为城市更新中的政策引导者和参与者[2]。企业化治理致力于创新政府行为模式，通过提供就业、吸引多样投资、完善基础设施等方式促进城市空间重塑与文化繁荣[3]，如20世纪70年代以美国经验为代表的“增长联盟”(Growth Coalition)解释了经济利益集团，包括开发商、私人企业、房地产中介、公共部门、媒体等对于城市更新的促增长动机[4]。20世纪80年代，通过对美国亚特兰大的实证研究，城市政治学家斯通(Stone)在增长联盟理论的基础上，将城市政府、市场、社会所构成的联盟状态称之为“城市政体”(Urban Regime)。同时，其提出了非正式的公共—私人合作联盟的城市政体类型，包括维持性政体、发展型政体、中产阶级改革型政体以及低收入阶层机会扩展型政体。以此为基础，学者们对全球城市发展及更新实践进行了广泛探索[5-6]。

自改革开放以来，中国城市更新也经历了全球化、分税制、土地改革、住房改革等发展历程。与西方国家类似，由地方政府主导、市场机制参与的企业化治理机构通过大规模城市更新、地方文化营销、大型基础设施建设等旗舰项目来提升城市的竞争力[7]。其中，文化导向下的城市更新通常具有公共设施建设、遗产保护、地方营造、社区重建等多个目标，需要各类利益相关者通过强有力的联盟实现更新目的[8-9]。因此，以文化为触媒的城市更新成为考察历史城市政体形成与变迁的重要视角。本文系统回顾了西安市曲江新区城市更新的三个阶段，对城市政体变迁过程以及代表性旗舰项目进行了实证研究，以期用中国实证研究丰富现有企业化治理以及城市政体理论，同时也对“以人为本”理念下的历史城市治理体系提出了相应建议。

2 西安市曲江新区的开发背景及其治理架构沿革

曲江新区位于西安市东南方向，早在秦朝时期，曲江一带就设有皇家园林“宜春苑”；汉武帝时经过进一步修葺并通入水源，曲江名称正式出现；隋文帝时又建“芙蓉园”；至唐开元年间，泉池流水景观已逐渐形成，更有秦岭“八水绕长安”汇聚于芙蓉园的芙蓉池，再引水外流汇集成曲江池[10]。近代以来，曲江隶属雁塔区“曲江乡”，2002年改建制为街道办时，辖区面积35平方千米，有17个自然村，33 291人，其中农业人口30 762人[10]。

自20世纪90年代起，曲江旅游度假区的开发建设成为陕西省政府、市政府的重要城市企业化发展战略。旅游度假区涉及4个全国重点文物保护单位(汉宣帝陵、大雁塔、青龙寺以及唐长安城遗址)、3个省级重点文物保护单位(唐城墙遗址、曲江池遗址以及秦上林苑宜春宫遗址)、1个国家5A级旅游景区(大雁塔·大唐芙蓉园景区),以及一个国家4A级景区(曲江海洋世界)。1996年,西安曲江旅游度假区计划建设成为西北唯一的旅游度假区,规划面积15.88平方千米。然而,随着1997年东南亚金融危机的爆发,外商大量撤离,土地"投机分子"通过低价进、高价出的方式倒卖土地与获取银行贷款。自2002年改名曲江新区以来,新区管委会探索形成了"文化+旅游+城市"的发展模式。目前,曲江新区定位为国家级文化产业示范区、西部文化资源整合中心、西安旅游生态度假区以及绿色文化新城,通过旗舰项目带动文化产业、公共事业以及城市新区建设。

曲江新区近20年的发展体现了城市政体由政府主导到多元参与的演化特征,如其他城市新城建设设立的专门管理机构一样,西安市于2003年7月成立了直属于市政府的派出机构——曲江新区管理委员会(简称"曲江新区管委会")。曲江新区管委会专门负责曲江新区的规划、投融资、组织协调以及开发建设。为了保证新区建设快速推进,行政区政府负责协调曲江新区管委会做好拆迁安置、社会管理等辅助工作。自此,曲江新区形成了以管委会为主体,市政府赋权、区政府协助的治理架构。

3 曲江新区城市政体的参与者分析

以曲江新区管委会为主体,国有企业和其他私人部门参与的管理架构为基础,近20年的发展中由公共部门、私人部门和公众等多元参与者共同构成城市政体,政体也随着城市更新目标而变迁,如图1所示。

首先,公共部门参与者有西安市、行政区政府、曲江新区管委会、临时指挥部,以及西安曲江文化产业投资(集团)有限公司等国有企业。西安市政府在曲江新区建设与发展中负责重大事项决策、优惠政策支持、事务统筹协调等事务。针对大型城市更新项目的临时指挥部主要由市政府相关部门与曲江新区抽调人员共同组建,负责曲江新区开发与建设的具体实施与利益协调。区政府将辖区内建设活动的管理权下放给指挥部,保留辖区内社会事务的管理与协调职能。曲江新区管委会及其出资建立的西安曲江文化产业投资(集团)有限公司成为促进更新项目规划、土地整合、投融资等开发建设活动的管理主体。其中,曲江新区管委会负责政策制定、规划、文化遗产保护与利用、土地整合等事务,而西

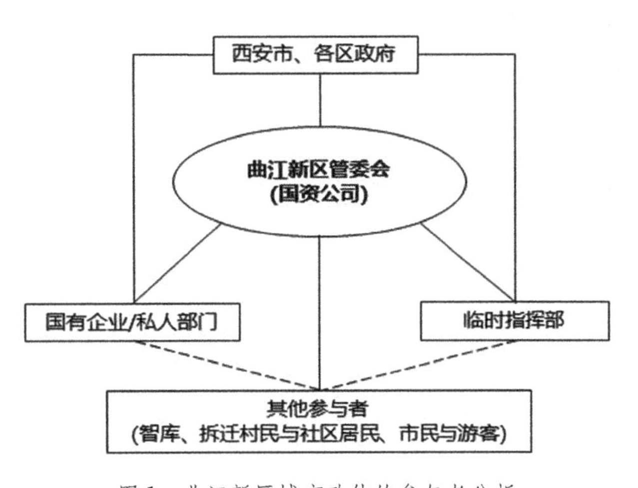

图1 曲江新区城市政体的参与者分析
(来源:作者自绘)

安曲江文化产业投资(集团)有限公司负责进行新区建设与开发的市场化运作,包括曲江新区及跨区域项目的公共基础设施建设与维护、房地产开发与旅游运营管理等事务。该国有企业的法人代表由曲江新区管委会的主要领导兼任,因此也被视为公共部门。其次,私人部门主要包括两类:第一类是国资控股企业,包括金地、万科等大型房地产公司,也是曲江新区开发建设的主要力量;第二类是参与曲江新区开发建设的非公有制企业,如酒店、餐饮、文化产业公司等。最后,参与者还包括三类其他群体:第一,高校教师及国内外设计咨询公司,作为曲江新区管委会的智库参与规划与建设;第二,拆迁安置的村民及社区居民;第三,普通西安市民以及游客。西安市民是否愿意购置房产并在曲江新区定居,游客是否有意愿进行旅游住宿体验等问题,直接关系到曲江新区房地产发展的稳定以及文化旅游经济的繁荣,也反映了文化导向下的城市更新定位及战略规划是否能够实现。因此,智库与公众也成为曲江新区政体的重要参与者。上述参与者分别从不同方面影响着曲江新区发展的政策及经济目标的指定与实施,参与者之间的相互作用对城市政体的形成、稳定与变迁起着决定性作用。

4 曲江新区城市政体与城市更新旗舰项目

4.1 第一阶段(2002—2005年):文化旅游与地产发展推动政体形成——西安大雁塔片区城市更新

自2002年西安大雁塔片区城市更新后,2003年,西安曲江旅游度假区更名为“西安曲江新区”,曲江新区管委会行使市级经济管理权限,对新区的规划、建设、开发全面负责,新区规划面积从15.88平方千米扩展至47平方千米。2004年西安曲江文化产业投资(集团)有限公司成立,下设文化旅游、影视投资、国际会展、文化演出、出版演艺等文化产业公司,参与曲江新区的市场运作。随着2005年大唐芙蓉园开园,城市更新政体雏形逐渐形成,起到了快速推进文化新区建设的作用。

4.1.1 公共部门之间的联盟

在规划大雁塔片区城市更新项目时,曲江新区管委会刚成立,同时期的西安高新科技产业开发区通过引入高新科技产业,提升了土地价值,实现了新区发展的目标。而曲江新区经过90年代的土地投机事件,逐渐意识到政府主导对城市更新目标实现的重要作用,2002年,拥有西安高新技术产业开发区管理经验的执政者承担起曲江新区治理与发展的紧迫任务,最终,曲江新区管委会选取大雁塔片区作为地标性城市更新项目,探索新区形成初期的公共部门与私人部门之间的联盟。

首先是曲江新区管委会与西安市政府之间的联盟。市政府赋权管理委员会可通过自主任命、薪酬激励等方式配置工作人员。同时,市政府在组织机制上保证其他行政区政府协调曲江新区辖区内的城市建设与更新工作,还给予曲江新区土地开发、财政管理、税收减免等自主权限与政策优惠,使得曲江新区管委会在新区建设与城市更新中拥有更大的决策空间。其次是曲江新区管委会与区政府之间的联盟。在大雁塔更新项目中,雁塔区政府作为行政区政府,与曲江新区管委会建立了良好的合作伙伴关系:一方面,曲江新区管委会负责发展与建设事务,并通过税收分成的方式与雁塔区建立利益共享关系,实行“五五”比例的财税分成[10];另一方面,雁塔区协助曲江新区解决城市更新中的社区、企事业单位搬迁问题。最后是曲江新区管委会与西安曲江文化产业投资(集团)有限公司之间的联盟。西安曲江文化产业投资(集团)有限公司是市政府监管的国有企业,也是曲江新区唯一的投融资平台,公司一方面负责曲江新区内的文化设施、基础设施的建设与运营,另一方面,经营曲江新区所属的国有资产,包括房地产、酒店餐饮、旅游等。在大雁塔项目更新之后,该国有资产融资平台成立,负责片区的后期融资与运营。该公司的经营范围、投资方向、业务收入,以及人员构成等均与曲江新区管委会的决策密切相关。同时,曲江新区管委会也为该国有资产公司提供抵押信用担保、政策优惠等支持。

4.1.2 公共—私人部门之间的联盟

在大雁塔片区更新开始时,经过曲江新区管委会的成立与介入,形成了该机构与国有企业、私人企业组成的增长联盟,帮助曲江新区从无序开发的状态快速转为文化导向下的规模化发展与更新模式。项目早期,西安曲江文化产业投资(集团)有限公司还未成立。曲江新区管委会必须依靠国家—地方资本完成新区建设。围绕文化复兴与土地价值提升,曲江新区通过“倒叙法“突破政府引导缺乏的发展困境。倒叙法的具体流程为:首先,引入高校机构、国内外知名设计机构,充分挖掘曲江新区文化主题,通过国际竞赛等形式对整个片区进行大规模规划与宣传;其次,与金地、万科等大型国资控股地产企业通过协商出让的方式,利用第一次出让的资金完成规划区域内的企事业单位、村庄、老旧社区的拆迁以及基础设施建设,增强公共—私人部门的投资信心,实现土地价值的第一次升值;再次,作为回报,参与协商出让的开发商优先获得重点项目的规划与建设机会,在完成第二次建设后,将拆迁后的“净地”通过“招拍挂”的方式回收建设资金[8, 10]。通过曲江新区管委会和私人部门共建的方式,实现大雁塔片区的第二次土地价值提升。大雁塔片区内一系列城市设计项目的推动,文化价值挖掘成为曲江新区治理体系与国有企业、私人部门利益共享、区域主题不断强化的重要策略。在多元参与者的利益博弈中,以曲江新区治理体系为核心的城市政体兴起使私人开发商投机行为减少,也使政府机构处于城市更新的主导地位。大雁塔片区成为西安市文化地标型的城市区域设计项目,一方面,引入了大量国际领先的设计理念,建设大雁塔、大唐芙蓉园、大慈恩寺遗址公园、大唐不夜城等文化地标,另一方面也建设了包括曲江池在内的城市公园与一系列博物馆(图 2)。

图 2　西安市大雁塔北广场与曲江池遗址公园

(来源:http://qjxq.xa.gov.cn/zjqj/gyqj/tsqj/1.html)

4.2 第二阶段(2005—2010年):大遗址保护、棚户区改造与城市片区发展促成城市政体跨区域演化——西安大明宫片区保护与改造项目

4.2.1 公共部门之间的联盟

大明宫遗址是全国重点文物保护单位,且与铁路以北城中村常年叠压,也被称为“道北”城中村。20世纪80年代,由于河南难民沿铁路线涌入,当时这里已成为西安最大的棚户区,总面积约为20万平方千米,在约500万平方米的建筑中,一半以上是杂乱无章的临时建筑[10]。一直以来,遗址片区面临居民毁碑、取土挖基、山寨旅游的无序发展状态,而由于缺乏资金与权力边缘化,文物保护部门早期的资金投入无法破解保护困境[10]。随着西安市政府北迁,城市北扩与遗址保护成为主要矛盾。基于曲江新区城市政体对文化价值提升的治理优势,2007年,西安市人民政府发布了《大明宫遗址区保护改造实施方案》,采用将大遗址保护、棚户区改造、城市空间整体改造整合的思路,以文化大策划和超前规划为引导、大明宫国家遗址公园建设为带动,同时以组织大型国有企业参与土地一级开发为主导,通过“整体拆迁、整体建设”的方式,将大明宫遗址保护片区建设成为集文化、旅游、商贸、居住及休闲服务为一体的具有国际化水准的城市新区[11]。整个遗址区规划面积为19.16平方千米,跨未央、新城、莲湖3个行政辖区。统筹规划、保护、改造等目标需求促进了曲江城市政体的变迁。

首先,成立了西安市大明宫遗址区保护改造领导小组,负责保护改造项目的组织领导和决策协调,其主要职责包括对大明宫保护改造的总体规划、产业发展、拆迁安置、基础设施建设、管理事权划分、运营机制等重大问题进行决策指导。领导小组下设曲江大明宫遗址区保护改造办公室,负责组织实施遗址区保护和改造的各项具体工作,以建立领导小组下设办公室的方式,实现了对曲江新区管委会的跨区域治理的赋权。由于大明宫是遗址区,曲江新区副主任由市规划局副局长以及市文物局副局长兼任,分管规划管理工作。其次,成立了国有资产西安曲江大明宫投资(集团)有限公司,以配合西安曲江文化产业投资(集团)有限公司负责市场运作。再次,以西安曲江大明宫遗址保护改造办公室为主要建设与遗产保护单位,其总体规划编制、建设项目审批及管理、园林绿化等由管委会负责,其他社会行政职和事务工作由莲湖、新城、未央三区政府负责,通过税收分成共享片区发展利益。最后,土地开发收入全部留归曲江管委会,用于征地拆迁、基础设施和遗址公园建设支出,涉及的集体土地拆迁安置由行政区负责,国有土地的拆迁补偿由曲江新区管委会负责。因此,城市政体由曲江新区单一政体演化为基于大型遗址保护改造项目的曲江新区治理体系为主,其他市政部门辅助的格局。

4.2.2 公共部门与私人部门之间基于文化大事件的联盟

在大明宫保护与改造项目中,汲取大雁塔项目经验,该片区城市更新通过大型文化策划与整个片区超前规划的方式,建立了由公共部门引导,国有企业、私人企业参与的公共—私人联盟关系。首先,由市政府和曲江新区牵头,举办了《2006·盛典西安》大型文化演出活动,扩大了大明宫片区的国内外影响力,该活动用框架结构重建了大明宫已毁宫殿——含元殿作为舞台,唤起了公众的文化自豪感与认同感。其次,以建设国家遗址公园为核心,配套建设了一批文化、旅游和商贸重大项目,包括大华1935工业遗产园区改造、龙首原印象城、大明宫万达等大型改造文化和商业项目,重塑北郊城市环境并推动周边区域的产业升级。最后,曲江大明宫遗址区保护办公室牵头,曲江新区治理体系支撑,对片区采取整体拆迁与整体建设、一次性回

笼投入资金的更新方法，先后与中海、万科等国资控股企业签订安置社区建设与房地产开发等合作模式，探索以人为本的就地安置方式。同时，结合文化产业补贴、租金减免等优惠政策推动产业重新布局，同时平衡开发建设、遗产保护与民生的成本与收益。

4.2.3 公共部门与公众的联盟

大明宫片区改造项目实施之后，西安市以曲江新区管委会以及西安、曲江大明宫遗址区保护改造办公室牵头，利用片区开发收入反哺文物保护。由大明宫国家遗址公园建设指挥部全面负责大明宫国家遗址公园的规划、建设、勘探、发掘、开发以及管理工作，对园区文物进行保护，并积极推动大明宫遗址申请列入世界文化遗产名录[11]。经过十年的发展，以大明宫片区为代表，北郊的公共交通、大型社区服务中心、文化产业园区、大型超市及商场、中小学、医院等基础设施配套建立，城中村片区居民迁入新居，安置社区大多位于开发区边缘地带，而紧靠大明宫片区则迁入新的市民，对城北片区的成熟发展起到了极大的促进作用。2014 年，大明宫遗址作为“丝绸之路：长安—天山廊道的路网”中的一处遗址点成功列入《世界遗产名录》。大明宫国家考古遗址公园的鸟瞰图如图 3 所示。

图 3　大明宫国家考古遗址公园鸟瞰图

（来源：http://dmgyzq.cn/index.php? s=/Show/index/cid/6/id/442.html）

4.3 第三阶段(2010 年—至今)：存量发展下老校园的新生促成政体转型——西安翠华里城市更新项目

自大明宫项目之后，曲江新区可开发土地减少，存量更新逐渐成为发展的重点，曲江新区的治理结构开始探索更加多元主体参与的模式，进入以创新文化激发城市生活潜力的后曲江时代。西财大曲江创新产业园——翠华里城市更新项目，位于距大雁塔不足 1 千米的翠华路 105 号。在该片区更新中，城市政体转向以曲江新区管委会为核心、多元主体参与的合作模式。在翠华里城市更新项目中，提升市民生活以及人文情怀成为更新目标，与之前的更新项目不同，翠华里项目摒弃大刀阔斧的重建策略，在尊重原有肌理的基础上，通过插入新材料、植入新空间的处理手法，围绕沉浸式体验的理念，完整保留了 43 亩的老校区建筑主体。此外，将基于人体感知的“以人为本“理念融入片区设计,通过功能重塑、校政企联合以及网络曝光等方式,与城市生活紧密联系。

首先,在“以人为本“的理念与存量更新的需求下,翠华里更新建立了由曲江新区管委会主导、西安财经大学以及公共—私人部门组成的发展型城市政体,通过合作方式的改革实现片区功能的重塑。其中,城市生活塑造和文化创意产业成为主要方法。在曲江新区税收减免等政策影响下,已有30多家企业进驻翠华里园区,通过餐饮、高质量人才公寓、园区联合教育中心、高校社会实践基地、文化展览等业态引入,将城市生活嵌入园区发展中。以”校企联合“的文化创新联盟为主要参与者与实践者。其次,文化节、运动会、艺术展、音乐会等活动成为将日常生活叙事,为空间注入活力提升的要素。这些活动的组织依赖园区内的文化创意产业孵化器,如西安曲江创客大街、启迪之星(曲江)文创孵化基地等。最后,发展型政体的转型通过政、校、企联盟的多元平衡的利益共享方式模式,将政体中不同参与者的利益共享从土地价值、税收分成等方式转向了合作经营、联合办学,以及更紧密的产业合作方式。翠华呈项目鸟瞰图新旧对比如图4所示。

图4 翠华里项目鸟瞰图新旧对比

(来源:https://mp.weixin.qq.com/s/aarg87aYFVhkqbfihvTEcQ)

表1 曲江新区政体演变表格归纳梳理

项目	第一阶段(2002—2005年)	第二阶段(2006—2010年)	第三阶段(2010年至今)
政体类型	文化导向下的城市更新增长联盟	区域整合与大型文化事件导向的发展型政体	存量更新下以人为本的发展型政体
政体主要目标	新区物质环境建设	城市区域民生改善、遗产保护以及社会经济发展	创意文化产业导向下的以人为本更新
主要参与者	公共部门、私人部门	公共部门、私人部门、公众	公共部门、私人部门、公众
参与者相互作用	公共部门之间联盟、公共—私人增长联盟	公共部门之间联盟、公共—私人增长联盟、公共部门—公众联盟、大型文化事件导向的跨区域联盟	公共—私人联盟、公共部门—公众联盟、私人部门—公众联盟

(来源:参照参考文献[6][10]自绘)

5 结论与讨论

研究发现，文化导向下的城市更新在土地财政和税收分成等利益共享机制下容易形成以促进增长为导向的城市政体，但随着转型过程中城市更新政策与目标的转变，城市政体也会发生重组与变迁。对曲江新区的实证研究验证了这一点，文化遗产资源起到了推动城市政体形成与转型的作用。解决民生问题、遗产保护以及地产发展等目标的实现与城市政体的变迁有密切联系。其中，公共部门在城市政体中处于主导地位，具有资源整合、文化遗产保护、城市发展等多重角色与目的，其内部之间以及与其他参与者存在利益合作关系。另一方面，在存量更新的背景下，知识分子和公众力量的介入促使政体变迁，助力实现"以人为本"的城市发展。西安市大明宫遗址区保护改造领导小组以及曲江新区管委会等非正式机构，在城市更新中承担多种角色，其对社会、经济价值的提升已得到广泛讨论。然而，发展也带来诸多问题，如不平衡发展造成的片区绅士化、遗产周边环境商业化、遗产保护孤岛化等，规划者需要更加深入研究利益相关者在其中的角色、作用与互动。如何在城市发展进程中兼顾遗产保护？为了解答这个问题，规划部门需要对非正式治理机构、公众以及高校等角色进行更多实证研究并重新判断。这也反映了曲江新区公共—私人联盟面临的重要危机，即若联盟各方过分追逐高利润的投机行为，将对城市公平治理造成一定的挑战。转型后的政体如何应对遗产保护争议、与公众协商等利益协调问题还有待进一步研究。

参考文献

[1] Kunzmann K R. Culture, creativity and spatial planning[J]. Town Planning Review, 2004, 75(4): 383-404.

[2] Harvey D. From managerialism to entrepreneurialism: The transformation in urban governance in late capitalism[J]. Geografiska Annaler: Series B, Human Geography, 1989, 71(1), 3-17.

[3] Ponzini D, Rossi U. Becoming a creative city: The entrepreneurial mayor, network politics and the promise of an urban renaissance[J]. Urban Studies, 2010, 47(5), 1037-1057.

[4] Logan J R, Molotch H L. Urban fortunes: The political economy of place[M]. Berkeley: University of California Press, 1987.

[5] Stone C N. Regime politics: Governing Atlanta, 1946-1988[M]. Lawrence: University of Kansas Press, 1989.

[6] 殷洁，罗小龙. 大事件背景下的城市政体变迁：南京市河西新城的实证研究[J]. 经济地理，2015，35(5):38-44.

[7] 温士贤，廖健豪，蔡浩辉，等. 城镇化进程中历史街区的空间重构与文化实践：广州永庆坊案例[J]. 地理科学进展，2021，40(1):161-170.

[8] 韩文超，吕传廷，周春山. 从政府主导到多元合作：1973 年以来台北市城市更新机制演变[J]. 城市规划，2020，44(5):97-103+110.

[9] Zhao Y Q, Ponzini D, Zhang R. The policy networks of heritage-led development in Chinese historic cities: The case of Xi'an's Big Wild Goose Pagoda area[J]. Habitat International, 2020. 96: 102106.
[10] 锁言涛.西安曲江模式:一座城市的文化穿越[M].北京:中共中央党校出版社,2011.
[11] 西安市人民政府.大明宫遗址区保护改造实施方案[Z].西安:西安市人民政府,2007.

第四部分

城市设计的新挑战

新冠疫情之后越来越多的人采用居家办公

——这会对该区域的居住区位选择产生长期影响吗？

Mehr Arbeiten von zu Hause nach Corona：Langfristige Folgen für die Wohnstandortwahl in der Region?①

[德]法比安·温纳　[德]约翰内斯·莫泽　[德]阿兰·蒂尔斯坦因
Fabian Wenner　Johannes Moser　Alain Thierstein

摘　要：由于新冠疫情大流行，越来越多的人选择居家办公，这意味着通勤出行的必要性减少。从中长期来看，这可能会导致就业人口的居住区位选择发生变化。本文对这种改变可能在慕尼黑大都市区产生的空间影响进行了评估并加以可视化。
关键词：新冠疫情；居家办公；去中心化；可达性；次中心

Abstract: More frequent working from home because of the corona pandemic means that less commuting journeys are necessary. In the medium to long run, this could result in a change in residential location preferences of employees. This paper evaluates and visualises potential spatial consequences of such a change for the Munich metropolitan region.
Key words: COVID-19; working from home; deconcentration; accessibility; subcentres

1　引言

在新冠疫情大流行的背景下，德国在 2020 年为应对疫情的蔓延采取了隔离措施，这导致大部分员工，尤其是以往在办公室工作的员工不得不居家工作。可以预料，即使在疫情消退之后，居家工作的时长在总工作时长中的占比也将比以前显著增加。而反过来，这可能会在中长期内改变员工的居住区位选择偏好。这是因为如果员工不得不降低访问工作场所的频率，那么作为补偿，他们就可以接受更长的通勤距离。其实早在 2020 年新冠大流行开始之前，德国就有大约 56% 的工作场所采用了“居家办公”[1]。所谓的“居家办公”（英文“working from

① 论文原载于 *RaumPlanung* 2021 年第 6 期，第 23—28 页。

home", WFH)既包括"移动办公",也包括"远程办公"。"移动办公"指的是在旅途中或在任何地点工作,也就是说雇主不提供专门的办公场所;"远程办公"是指在员工的私人区域安装永久性的 VDU 工作站,配备家具和工作设备,并且这些设备满足各种职业上的安全法规。然而,雇主们对此持保留意见,同时部分员工也并不完全赞同这样的工作方式,因此频繁甚至永久的居家办公仍然是少数"数字游民"的特权。事实上,新冠疫情在一定程度上代表了一场居家办公的强制实验,在经过一段时间的自愿居家后,一些德国员工被强制要求在 2021 年的春季和初夏开始居家办公。尽管在最初这带来了技术和社会关系方面的剧烈变动和不适应,但最终雇主和员工都各自获得了好处。对雇主来说,家庭办公场所可以节省办公室的租金成本[2];同时员工的负担也减轻了,因为他们不再需要通勤上班[3]。

在 2020 年的第一波疫情封锁中,一方面,一些高科技公司宣布了居家办公的长期计划,他们甚至考虑了新冠疫情之后的情况。例如推特希望其员工从宣布的时刻就离开他们的工位,完全自由地选择自己的办公地点。另一方面,(例如谷歌)计划实施"混合"的工作场所战略,即每周强制出勤两到三天[4]。德国的一项早期研究表明,在新冠疫情之后,35%的员工表示会部分或全时段地居家办公,而在新冠疫情前这一比例为 18%[5]。目前欧洲经济研究中心还发现[6],许多公司已经将对于长期居家办公的初步期望进一步提高。在新冠疫情之前的信息行业,大约有一半的公司会让部分员工每周至少居家办公一次,而在 2020 年 6 月这个比例已升至 64%,目前达到了 74%。

居家办公的可能性因职业而异。高素质的人才——包括许多高收入者——可以经常更高比例地使用居家办公场所[7]。这尤其适用于信息、通信、金融、保险、商业服务、娱乐以及教育领域等知识密集型职业,然而针对个人的线下服务通常不能通过居家办公提供。此外,对于居家办公的一些员工来说,这种家庭和工作场所在物理上分离的现实,和他们希望与同事面对面交流的强烈心理需求十分矛盾[8]。

尽管如此,未来居家办公的工作比例会不断升高。在撰写本文时,对员工需求的可靠评估以及在空间使用方面的相应行为变得更加清晰。同时,从长远来看,完全放弃传统线下办公的可能性不大。在协作创新项目的初始阶段,物理上的接触尤为重要[9],这在未来仍然需要高水平的数字和传输网络。

随着工作文化的这种改变,在中长期内员工对居住区位的考虑可能会发生变化。首先,尽管有可能在通勤过程中办公,但通勤时间长在大多数时候仍被认为是不好的,有时甚至会造成负面的健康影响。此外,由于通勤的货币成本很高,通勤天数的减少立刻就成了一种意想不到的减负。如果只需要在一周中的个别日子而不是每天访问工作场所,员工就可以有能力在这些日子比以前更远地通勤。员工将保持每周总通勤时间(几乎)不变,但是作为补偿,他们可以显著扩大居住地的选择范围。这反过来又使人们能够在以前被认为过于外围的区位选择住所,以拥有更大的居住空间和/或更好的设备,同时承担的房产价格也比较低,特别是面对居家办公的要求造成人们的居住空间需求增加这个背景。同时,这也适用于家庭居住的模式,因为家庭预算的很大一部分通常用于住房。对于这种空间经济方面的基本联系[10],在关于交通基础设施扩张引起的结构性变化的研究中也得到了确认[11-12],不过当时参考的是每天而不是每周的通勤时间。特别是在慕尼黑、法兰克福和汉堡等住房需求高的大都市地区,这可能会引发新一波去中心化浪潮,通过通勤关系的改变还会造成功能空间相互重叠,最终导致"日常城市系统”[13]的显著扩张。

新冠疫情进一步加剧了这方面的影响。大流行后，住房需求的变化一方面来自居民和规划制定者期望的变化，例如预防未来可能出现的类似事件；另一方面也是为了避免受到接触措施的影响，人们的需求和习惯被改变。除此之外，大流行突出了高质量住房和设施的重要性，同时也要求住宅区内需要配备合适的绿色和开放空间[14]。现有研究已经证明，虽然街区层面的社会空间特征（而非建筑密度或人口密度）是影响新冠病毒传播的关键风险因素[15]，将高质量住房与合适的绿色和开放空间联系在一起的观点仍然普遍存在。两者都倾向于促成新的“城市外逃”。

很明显，保持一定程度的近距离空间联系本身就有意义。实体接触的频不仅对公司的创造性过程至关重要，也是人类的基本需求以及城市的组成部分[16]。因此，一定程度上“城市的”服务，例如本地供应（包括提供送货服务）、娱乐和餐饮，以及靠近高质量的医疗设施，对于那些延长通勤时间的员工来说仍然非常重要。

虽然公共交通在新冠疫情期间因使用率下降而遭受严重压力[17]，但由于空间上的限制，公共交通将继续发挥重要作用，特别是在人口稠密的大都市地区。即使减少公共交通工具的使用，也可能出现明显自相矛盾的反效果：人们不想开车，但又因担心感染风险而避免乘坐公共交通工具，只能考虑选择自行车的可达范围，确保能够到达对他们最重要的设施和中心[18]，这可能以另一种方式导致“15分钟城市”的形成[19]。此外，人们的搬迁决定还依赖于当地是否有强大的互联网支持，因为实体的线下会议通常会被要求高数据量的网络视频会议所取代。

2 慕尼黑大都市区的“居家办公指数”

在下文中，作者将尝试使用简单的吸引力指数在空间上将这些理论思考加以可视化，并将慕尼黑大都市区作为示例的区域。该大都市区的特点是具有相对单中心的特点，而且在适合家庭办公的行业中，知识密集型活动的比例很高[19-20]。慕尼黑大都市区包含了748个社区，它们在居住方面差异很大，在住房价格、可达性和配套设施方面存在很大差别。对于租房用户来说，区域内平均每日通勤时间约为50分钟，自有住房人群的平均每日通勤时间约为67分钟[21]。位于都市区中心的慕尼黑是主要的办公中心，因此是通勤者最重要的目的地；奥格斯堡（Augsburg）、因戈尔施塔特（Ingolstadt）、兰茨胡特（Landshut）和罗森海姆（Rosenheim）是其他次重要的中心。整个都市区长期以来一直在经历大量的人口涌入，是德国房地产价格最高的地区之一。

为了评估哪些城市在引入居家办公的情况下拥有更大的住房需求潜力，我们将住房需求的各种决定因素汇总在下文的指数中。该指数的主要组成部分是针对不同交通工具（私人交通和公共交通）对工作岗位可达性影响的评估。该指数中的变量还包括互联网质量、房价和租金，以及针对配套设施和位置质量的相关指标。对于所有的变量，都选择在最大值处进行归一化。个别指标的权重采用了必要的主观设定，但其所体现的是一项关于该区域迁移动机的大规模调查[22]的结果，其中可达性也被确定为一个主要因素。此外，关于单个因素权重变化影响的敏感性分析,以及关于居家办公天数的不同假设,由于文章篇幅的原因不再赘述,读者如有兴趣可在网上查阅。这里显示的变量是居家办公天数的中等水平变量。表1概述了选择的各个指标及其权重。

表1 “家庭办公指数”的构成

<table>
<tr><th colspan="2">指标</th><th>操作化</th><th>数据源</th><th>权重/%</th></tr>
<tr><td rowspan="2">可达性</td><td>公共交通</td><td rowspan="2">在每日通勤与每周2.5天这两种通勤条件下,工作场所的可达性(基于重力模型)差异</td><td rowspan="2">自己计算的就业数据、联邦就业署、奥地利交通数据统计局、Deutsche Bahn、Open Street Maps</td><td>25</td></tr>
<tr><td>个人交通</td><td>25</td></tr>
<tr><td rowspan="2">房地产价格</td><td>购买价格</td><td rowspan="2">2018—2020年,每平方米和城市的平均价格(其值为负)</td><td rowspan="2">ImmobilienScout24</td><td>10</td></tr>
<tr><td>租赁价格</td><td>10</td></tr>
<tr><td colspan="2">互联网质量</td><td>互联网网速达到50 Mb/s的社区在区域内的覆盖率(如果覆盖率低于90%,则显示为0)</td><td>BMVI</td><td>15</td></tr>
<tr><td colspan="2">公共服务、文化机构和区位的质量</td><td>医院、中学、博物馆、餐厅、艺术和娱乐设施的人均拥有量,存在历史老城、度假公寓的比例(作为区位吸引力的代表)</td><td>ATKIS-TIM、
Orbis、
2011年人口普查</td><td>10</td></tr>
<tr><td colspan="2">人口统计</td><td>18~29岁人口的比例</td><td>联邦统计局</td><td>2.5</td></tr>
<tr><td colspan="2">本地商品与服务供应</td><td>至少有一家超市</td><td>Discounto. de</td><td>2.5</td></tr>
</table>

(来源:作者自绘)

在计算可达性时,也涵盖了慕尼黑大都市区周边区域,因此包括乌尔姆(Ulm)、因斯布鲁克(Insbruck)、库夫施泰因(Kufstein)、萨尔茨堡(Salzburg)和雷根斯堡(Regensburg)等重要城市以及其他办公场所高度集中的地区。所使用的方法是假设随着前往所分析城市的旅行时间增加,工作岗位的权重呈指数下降。每个社区的参考点是其当地最大居民区的中心。需要指出的是,这种简化程序忽略了市内就业地点的分布和旅行时间,这往往会导致对可达性的高估。图1显示了在该指数中慕尼黑大都市区达到最高值的社区,这里显示的是占比前30%的地区。图1并未考虑城市中各个住宅选址的小规模变化的内部差异。

该图包含四方面的重要信息:首先,从慕尼黑北部延伸至因戈尔施塔特和兰茨胡特的走廊沿交通轴线具有很高的潜在附加吸引力。该地区依靠在本地落户的很多高科技公司,影响其可达性的主要因素包括拥有多个就业中心、相对较低的住房价格、良好的互联网质量。其次,在都市区的南部地区,除了慕尼黑和库夫施泰因之间的部分,在本次评估中令人惊讶地没有显示出任何具有可比性的潜力,虽然这些区域风景吸引力很高,但已经非常高的房地产价格抵消了这一优势。阿尔高(Allgäu)和米尔多夫(Mühldorf)地区的可达性太差,没有显示出明显的潜力。再次,额外潜力最集中的是在都市区西部第二大城市奥格斯堡周围,它的优势在于提供城市生活的同时,房价低于慕尼黑,同时离慕尼黑也不是很远。总的来说,可以看出,具有一定临界规模的都市区副中心,如奥格斯堡、因戈尔施塔特、罗森海姆和兰茨胡特,都表现得特别

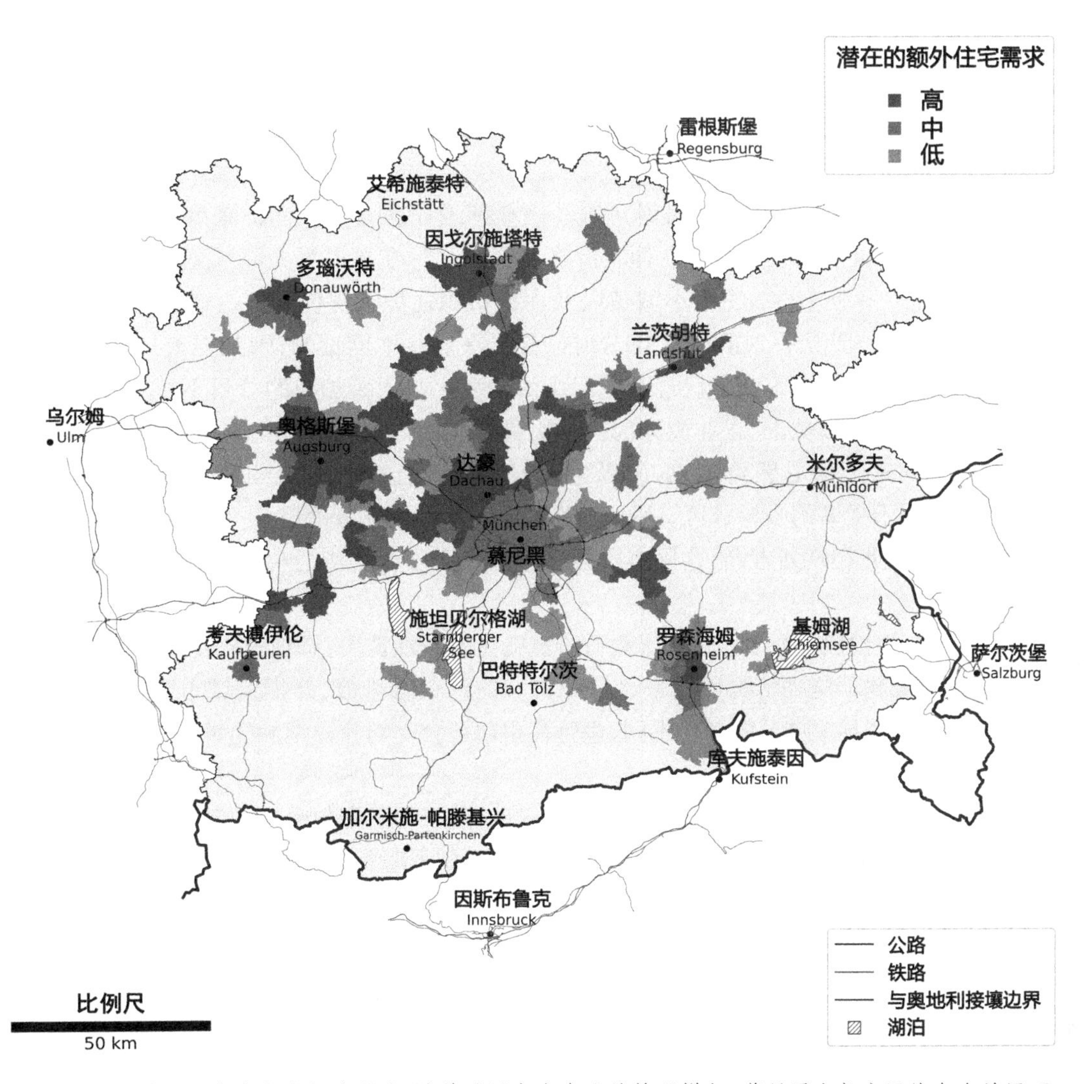

图 1　考虑到新冠病毒大流行的影响，随着采用家庭办公的情况增加，慕尼黑大都市区的各个社区可能会增加住房需求

（来源：作者自绘；地理数据：Bayerische Vermessungsverwaltung，Deutsche Bahn，OpenStreetMap）

好——这是第三个观察结果。最后，慕尼黑作为州首府所在地，其本身的相对潜力不大，尽管从绝对值来看，它仍然是最容易到达且设施水平最高的地方。由于州首府慕尼黑拥有最多的就业岗位，因此在可达性计算中，慕尼黑本身无法获得与其附近较小邻国一样多的收益（假定市内的就业空间是稳定分布的）。整体情况非常具有差异性，有着高潜力的城市通常与没有潜力的城市直接相邻，这是由于这些社区在宽带互联网水平和当地基本配套设施的水平方面差异巨大。

3　空间发展政策的后果

对于可能发生的需求转变，这里显示出最重要的一点无疑是在大都市区内呈现的去中心化，从常住人口变化的角度，可以更确切地将不同社区划分为“流出型”和“流入型”社区。因此，更多的居家办公一方面实际上导致了区域中的工作区位和生活区位之间的差异进一步加大。但同时，由于人们的工作本身就发生在居住区域，因此随着实际功能分化的减少，社区内部呈现出更强的单一性。

从规划的角度来看，结果是模棱两可的。一方面，住房需求的空间扩张可能导致都市区核心地区的住房市场放缓，或者至少会抑制价格上涨[23]。这在慕尼黑大都市区尤为重要。它还为振兴原本处于停滞或萎缩的中小城镇以及大都市周边地区提供了机会[24]，因为新迁入的居民在居家办公的情况下，实际上大部分时间都是在居住地度过的，因此很大一部分购买力也就留在当地，特别是在零售业已经开始经历结构变化并不断加速的背景下[25]。图 1 显示，尤其是该地区的“二线城市”正在成为(甚至)更具吸引力的居住地。因为它们提供了许多城市便利设施，同时比慕尼黑更实惠，所以它们及其周边社区可以充当慕尼黑的城市“替代品”。另外相比于更多的乡村社区，这些二线城市也可以通过廉价公共交通系统与慕尼黑相连接而受益。因此在规划方面，这里有机会在大都市区出现去中心化的同时，实现小规模的分散式集中。

另一方面，人们担心去中心化会导致有价值的生态绿地丧失、景观破碎化和片面以汽车为导向的居民区结构。这种结构反过来会导致更高的污染物排放，并损害城市中心公共空间。由于不同职业采用居家办公的条件不同，也存在引起社会空间分异增加的风险，因为并非所有人都可以扩大对于居住地的选择。

基于公共交通在大流行后会得到更广泛接受的假设，对于指数中显示的流入型社区，可以制定相应的发展战略，将新住房需求引导到那些公共交通还没有出现超负荷问题的节点(“公交导向的开发”)和现有城市中心周边那些拥有基本文化和商业设施的地区，并依靠这些可持续的措施来适应新形势。为此，人们也许可以重新激活市中心位置现存的废弃地。公交导向意味着至少一部分新的交通流量能够以比私人交通更环保、更节省空间的方式运营。此外，市中心的那些联合办公空间具有折中的效果，帮助人们在满足家庭与工作空间物理分离的同时，在短距离通勤和两者之间取得平衡。最后必须要注意的是，数据网络的质量必须始终适应新的需求。

对于那些流出型社区，也就是以前的工作场所中心，随着对市中心办公和零售空间的需求降低可能会出现空置(可能只是暂时在最佳位置)与衰败，并且还会降低对居民的吸引力。然而，通过吸引文化、社会和非营利活动以及建立住宅用地等措施，可以提供发展混合利用的新机会[25]。人们通常预计娱乐将取代购物成为主要用途，而其余的商店将更多地充当在线商店的“实体店铺橱窗”[19, 26-27]。人们必须简化对过渡性用途和后续利用的程序，并重新设计公共空间。特别是对于大多数不能在家工作的人来说，这是一个让城市更具吸引力、更宜居(并且更便宜)的机会[28]。

参考文献

[1] Alipour J V, Fadinger H, Schymik J. My home is my castle — The benefits of working from home during a pandemic crisis: Evidence from Germany[J]. ifo Working Papers, 2020 (329): 1-48.

[2] Haag M. Manhattan faces a reckoning if working from home becomes the norm[EB/OL]. (2020-

05-12) [2021-05-18]. www. nytimes. com/2020/05/12/nyregion/coronavirus-work-fromhome. html.

[3] Spellerberg A, et al. Ergebnisse der Online-Befragung: Wandel beim Wohnen und im Wohnumfeld durch Homeoffice und Co-Working-Spaces [M]. Kaiserslauten: Technische Universität Kaiserslautern, Fachgebiet Stadtsoziologie, 2021.

[4] Elias J. Google CEO delays office return to next September, but axes idea of permanent remote work[EB/OL]. (2020-12-14) [2021-05-18]. https://www. cnbc. com/2020/12/14/google-ceoemail-delays-return-to-sept-2021-no-permanent-remote-work. html.

[5] Berg A. Homeoffice für alle? Wie Corona die Arbeitswelt verändert[R]. Berlin: Bitkom, 2020.

[6] ZEW — Leibniz-Zentrum für Europäische Wirtschaftsforschung. Homeoffice nach Corona: Erwartete Nutzung steigt weiter [EB/OL]. [2021-05-08] https://www. zew. de/presse/pressearchiv/homeofficenach-corona-erwartete-nutzung-steigt-weiter.

[7] Schröder C, Entringer T, Goebel J, et al. Vor dem Covid-19-Virus sind nicht alle Erwerbstätigen gleich[J] DIW aktuell, 2020(41), 1-8.

[8] Barrero J M, Bloom N, Davis S J. Why working from home will stick[Z]. Chicago: Becker Friedman Institute, 2021.

[9] Vissers G, Dankbaar B. Knowledge and Proximity[J]. European Planning Studies, 2013, 21(5): 700-721.

[10] Alonso, W. Location and land use: Toward a general theory of land Rent[M]. Cambridge: Harvard University Press, 1964.

[11] Marchetti C. Anthropological invariants in travel behavior[J]. Technological Forecasting and Social Change, 1994 47(1): 75-88.

[12] Zahavi Y. The ‚UMOT' Project, DOT-RSPADPB-20-79-3[R]. Washington, D.C., Bonn: US Department of Transportation; Ministry of Transport, Federal Republic of Germany, 1979.

[13] Berry B J L. Cities as systems within systems of cities[J]. Papers of the Regional Science Association, 1964, 13(1): 146-163.

[14] ARL — Akademie für Raumentwicklung in der Leibniz-Gemeinschaft. SARS-CoV-2-Pandemie: Was Lernen wir daraus für die Raumentwicklung? Serie: Positionspapier aus der ARL, 118[R/OL]. [2021-05-18]. Hannover: ARL. https://nbn-resolving. org/ urn:nbn:de:0156-01189.

[15] Menéndez E, García E H. Urban sustainability versus the impact of Covid-19[J]. disP — The Planning Review, 2020, 56(4): 64-81.

[16] Weinig M, Thierstein A. 'Being close, yet being distanced': Observations on how the COVID-19 pandemic might affect urban interaction[J]. Town Planning Review, 2021, 92(2): 239-245.

[17] Axhausen K W. COVID-19 and the dilemma of transport policymaking[J]. disP — The Planning Review, 2021, 56(4): 82-87.

[18] Ahlfeldt G M, Bald F, Roth D, et al. Quality of life in a dynamic spatial model[J]. CEP Disscussion Papers, 2020(1736).

[19] Florida R, Rodriguez-Pose A, Storper M. Cities in a post-COVID world[J]. Urban Studies 2021: 1-23.

[20] Alipour J V, Falck O, Schüller S. Germany's capacities to work from home[J]. CESifo Working

Papers, 2020 (8227): 1-33.

[21] Kinigadner J, Wenner F, Bentlage M, et al. Future perspectives for the Munich metropolitan region: An integrated mobility approach [J]. Transportation Research Procedia, 2016, 19: 94-108.

[22] Thierstein A, Wulfhorst G, Bentlage M, et al. WAM Wohnen Arbeiten Mobilität. Veränderungsdynamiken und Entwicklungsoptionen für die Metropolregion München [M]. München: Lehrstuhl für Raumentwicklung und Fachgebiet für Siedlungsstruktur und Verkehrsplanung der Technischen Uni Universität München, 2016.

[23] Bauer U, et al. Das Umland der Städte. Chancen zur Entlastung überforderter Wohnungsmärkte [R]. Berlin: Difu, Deutsches Institut für Urbanistik, 2021.

[24] Horx M. Die Städte von Morgen[J]. Informationen zur Raumentwicklung, 2020(4): 118-125.

[25] Adam B, Klemme M. Die Stadt im Krisenmodus [J]. Informationen zur Raumentwicklung 2020(4): 4-15.

[26] Kunzmann K. Europäische Raumentwicklung nach COVID-19. Herausforderungen und Visionen [J]. Nachrichten der ARL, 2020(3): 9-14.

[27] Kunzmann K. Smart cities after COVID-19: Ten narratives[J]. disP — The Planning Review, 2020, 56(2): 20-31.

[28] Mallwitz G, Thierstein A. Homeoffice: Wo Kommunen Zuzug erwarten. Studie der TU München [EB/OL].[2021-05-06]. Kommunal. de. https://kommunal. de/corona-homeoffice-muenchen-wohnen-umland, Zugriff am.

Mehr Arbeiten von zu Hause nach Corona: Langfristige Folgen für die Wohnstandortwahl in der Region?

Fabian Wenner Johannes Moser Alain Thierstein

Zusammenfassung: Pendelwege werden weniger, wenn die Menschen als Folge der Corona-Pandemie häufiger zu Hause arbeiten. Mittel-bis langfristig könnte dies eine Änderung der Wohnstandortwahl von Beschäftigten bewirken. Der Beitrag schätzt die möglichen räumlichen Folgen für die Metropolregion München ab und stellt sie kartografisch dar.

Schlüsselwörter: Corona, Homeoffice, Dekonzentration, Erreichbarkeit, Subzentren

Abstract: More frequent working from home because of the corona pandemic means that less commuting journeys are necessary. In the medium to long run, this could result in a change in residential location preferences of employees. This paper evaluates and visualises potential spatial consequences of such a change for the Munich metropolitan region.

Key words: COVID-19, working from home, deconcentration, accessibility, subcentres

1 Einführung

Die Maßnahmen gegen die Ausbreitung der Covid-19-Pandemie in Deutschland führten 2020 erstmals dazu, dass weite Teile der Beschäftigten, insbesondere mit Bürotätigkeiten, in ihrer eigenen Wohnung gearbeitet haben. Zu erwarten ist, dass auch nach Abklingen der Pandemie das Arbeiten von zu Hause einen deutlich höheren Anteil an der Gesamtarbeitszeit einnehmen wird als zuvor. Dies könnte wiederum mittel-bis langfristig die Standortpräferenzen von Beschäftigten ändern. Muss der Arbeitsplatz seltener aufgesucht werden, könnten im Ausgleich größere Pendeldistanzen in Kauf genommen werden. Bereits vor Beginn der Corona-Pandemie 2020 bestanden in Deutschland für rund 56% der Arbeitsplätze die technischen Möglichkeiten für „Homeoffice“[1]. Der umgangssprachliche Begriff „Homeoffice“ (engl. „working from home“, WFH) umfasst dabei sowohl das „mobile Arbeiten“, also das Arbeiten von Unterwegs oder einem beliebigen Ort aus, ohne dass hierfür ein besonderer

Büroarbeitsplatz durch die Arbeitgebenden bereitgestellt wird, als auch die „Telearbeit", bei dem ein fest eingerichteter Bildschirmarbeitsplatz im Privatbereich der Beschäftigten mit Mobiliar sowie Arbeitsmitteln installiert ist und bei welchem alle Arbeitsschutzvorschriften Anwendung finden. Dennoch bestanden vielfach Vorbehalte vor allem auf Seiten der Arbeitgebenden, aber teilweise auch der Arbeitnehmenden, sodass häufiges oder sogar permanentes Homeoffice die Domäne einiger weniger ‚digitaler Nomaden' blieb. Die Corona-Pandemie stellte daher gewissermaßen ein erzwungenes Experiment zur Erprobung von Homeoffice dar. Nach einer Phase der Freiwilligkeit bestand im Frühjahr und Frühsommer 2021 in Deutschland für Teile der Beschäftigten eine Pflicht zum Homeoffice. Trotz der zunächst erheblichen technischen und sozialen Umstellungen bestehen auf beiden Seiten auch Vorteile. Auf Seite der Arbeitgebenden entstünde bei Beibehaltung des Homeoffice vor allem ein Kostensenkungspotenzial bei Büromieten[2]. Arbeitnehmende erfahren eine reduzierte Belastung durch den Wegfall des Arbeitsweges[3].

Manche Hightech-Firmen haben in der ersten Welle des Lockdowns 2020 weitreichende Pläne für eine Fortführung von Homeoffice auch in einem Post-Covid-Szenario angekündigt, wie beispielsweise Twitter, das seinen Beschäftigten fortan komplett freistellen möchte, von wo aus sie arbeiten. Die Mehrzahl der Unternehmen hingegen planen die Umsetzung von „hybriden" Arbeitsplatzstrategien mit zwei bis drei verpflichtenden Präsenztagen pro Woche, so z. B. Google[4]. Für Deutschland ergab eine frühe Studie, dass 35% aller Beschäftigten nach der Corona-Pandemie wahrscheinlich ganz oder teilweise im Homeoffice arbeiten werden, gegenüber 18% zuvor[5]. Das ZEW stellte aktuell ebenfalls fest[6], dass Unternehmen ihre anfänglichen Erwartungen bezüglich der langfristigen Nutzung von Homeoffice sogar weiter nach oben korrigiert haben. So bestand in der Informationswirtschaft vor Corona in etwa der Hälfte der Unternehmen für einen Teil der Beschäftigten die Möglichkeit, mindestens einmal wöchentlich im Homeoffice zu arbeiten. Im Juni 2020 war dieser Wert auf 64% gestiegen, nun liegt er bei 74%.

Die Möglichkeit, im Homeoffice zu arbeiten, variiert jedoch stark zwischen Berufszweigen. Hochqualifizierte — darunter zahlreiche Besserverdienende — können überproportional häufig Homeoffice in Anspruch nehmen[7]. Dies betrifft besonders wissensintensive Berufe aus den Bereichen Information und Kommunikation, Finanzen, Versicherungen, Unternehmensdienstleistungen sowie Unterhaltung und Bildung, während insbesondere personenbezogene Dienstleistungen in der Regel nicht von zu Hause aus angeboten werden können. Auch für manche Arbeitnehmenden im Homeoffice ist die Situation ambivalent, da auch die physische Trennung von Wohnung und Arbeitsplatz sowie der persönliche Austausch mit KollegInnen geschätzt wird[8].

Ein dauerhaft höherer Anteil von Arbeit aus dem Homeoffice ist insgesamt dennoch für die Zukunft anzunehmen. Zum Zeitpunkt, wo dieser Beitrag verfasst wird, tritt eine verfestigte Einschätzung der Bedürfnislage der Beschäftigten und ein entsprechendes

Raumnutzungsverhalten deutlicher zu Tage. Gleichzeitig ist eine völlige Aufgabe des klassischen Büros auf Dauer unwahrscheinlich. Besonders in den Anfangsphasen kollaborativer und innovativer Projekte ist physische Nähe von hoher Bedeutung[9], was darüber hinaus in Zukunft sowohl eine hohe digitale als auch verkehrliche Vernetzung erfordert.

Durch diesen Wandel der Arbeitskultur können sich mittel-bis langfristig die Wohnstandortüberlegungen der Beschäftigten ändern. Lange Pendelzeiten werden — trotz der Möglichkeit auch unterwegs zu arbeiten — zwar überwiegend als nachteilig betrachtet, und sogar mit negativen gesundheitlichen Folgen in Verbindung gebracht. Hinzu kommen hohe monetäre Kosten des Pendelns. Weniger Tage, an denen ins Büro gependelt wird, wirken hier zunächst als unverhoffte Erleichterung. Sobald der Arbeitsplatz nur noch an einzelnen Tagen in der Woche und nicht mehr täglich aufgesucht werden muss, könnten Beschäftigte aber bereit sein, an diesen Tagen weitere Pendelwege zurückzulegen als zuvor. Die Beschäftigten würden so zwar die Gesamt-Pendelzeit pro Woche (nahezu) konstant halten, können im Gegenzug aber den Suchradius für die Wohnstandortwahl deutlich ausweiten. Dies ermöglicht wiederum die Wahl einer Wohnung mit größerer Wohnfläche und/oder besserer Ausstattung zu gleichzeitig geringeren Immobilienpreisen, in Lagen, welche bislang als zu peripher galten, gerade auch vor dem Hintergrund eines erhöhten Wohnflächenbedarfes im Homeoffice. Dies gilt auch für Familienhaushalte, vor dem Hintergrund, dass häufig ein erheblicher Teil des Haushaltsbudgets für Wohnen ausgegeben wird. Dieser grundlegende raumökonomische Zusammenhang[10] ist — allerdings auf Tages-statt auf die Wochenpendelzeit bezogen — auch aus der Forschung zu den siedlungsstrukturellen Folgen von Verkehrsinfrastrukturausbau bekannt[11-12]. Insbesondere in Metropolregionen mit hoher Wohnraumnachfrage wie München, Frankfurt, und Hamburg könnte dies eine neue Welle der Dezentralisierung auslösen und den Raum des funktional durch Pendelrelationen aufeinander bezogenen "daily urban system"[13] deutlich ausdehnen.

Die Corona-Pandemie verstärkt diese Wirkung auf weiterem Wege zusätzlich. Veränderungen der Wohnraumnachfrage nach der Pandemie entspringen einerseits geänderten Erwartungshaltungen von Bevölkerung und Planenden, beispielsweise in Bezug auf die Wahrscheinlichkeit zukünftiger ähnlicher Ereignisse, aber auch im Zuge der Maßnahmen zur Kontaktvermeidung veränderten Bedürfnissen und Gewohnheiten. So hat die Pandemie unter anderem die Bedeutung einer hohen Wohnungsqualität und-ausstattung, aber auch einer angemessenen Grün-und Freiflächenversorgung im Wohnumfeld[14] verdeutlicht. Obwohl sozialräumliche Eigenschaften und nicht bauliche oder Bevölkerungsdichte sich als entscheidende Risikofaktoren für eine Covid19-Ansteckung auf Quartiersebene erwiesen haben[15], ist die Assoziation nach wie vor stark verbreitet. Beides trägt eher zu einer neuen „Stadtflucht" bei.

Gleichzeitig ist es wahrscheinlich, dass bestimmte nahräumliche Zusammenhänge ihre Bedeutung behalten. Die Dichte der physischen Interaktion ist nicht nur für kreative Prozesse in Unternehmen entscheidend, sondern ist ein menschliches Grundbedürfnis, sowie konstitutiver Bestandteil von Städten[16]. Ein gewisses Maß an ‚städtischen' Angeboten, wie Nahversorgung (auch die Verfügbarkeit von Lieferdiensten), Unterhaltung und Gastronomie, sowie die Nähe zu qualitätsvollen gesundheitsrelevanten Einrichtungen wird daher auch für Beschäftigte wichtig bleiben, die ihre Arbeitswege verlängern.

Zwar ist der öffentliche Personennahverkehr während der Pandemie durch sinkende Nutzungszahlen stark unter Druck geraten[17], doch gerade in den hochverdichteten Metropolregionen ist jedoch allein schon aus Platzgründen davon auszugehen, dass der ÖPNV weiterhin eine wichtige Rolle spielen wird. Selbst bei geringerer ÖPNV-Nutzung könnte zusätzlich ein scheinbar paradoxer Gegeneffekt auftreten: Personen, die auf einen Pkw verzichten möchten, aber auch den ÖPNV aus Sorge vor Ansteckungsgefahr meiden, werden anstreben, erst recht in Fahrraddistanz zu den für sie wichtigsten Einrichtungen und nahe an Zentren zu leben[18], was zur Entstehung von einer „15-Minuten-Stadt" durch die Hintertür führen könnte[19]. Außerdem steht die Wohnstandortverlagerung unter dem Vorbehalt des Vorhandenseins eines leistungsfähigen Internetzugangs, da physische Meetings häufig durch Videokonferenzen mit hohem Datenaufkommen ersetzt werden.

2 Ein "Working From Home-Index" für die Metropolregion München

Indikator Operationalisierung Datenquelle Gewichtung

Erreichbarkeit Öffentlicher Verkehr Individual-verkehr

Differenz der Gravitationserreichbarkeit von Arbeitsplätzen unter Bedingungen täglichen Pendelns einerseits und Pendelns an 2,5 Tagen pro Woche andererseits

Eigene Berechnung Beschäftigtendaten: Bundesagentur für Arbeit; Statistik Austria Verkehrsdaten: Deutsche Bahn; Open Street Maps

Immobilienpreise Kaufpreise Mietpreise

Kaufpreise Mietpreise

Durchschnittliche Preise pro m^2 und Gemeinde der Jahre 2018-2020, negativ gewertet

Internet

Prozentual abgedecktes Gemeindegebiet mit Internetanbindung von mind. 50 Mbit/s, 0 bei weniger als 90%

BMVI

BMVI

Öffentliche Dienstleistungen, Kultureinrichtungen und Lagequalität

Anzahl Krankenhäuser, weiterführende Schulen, Museen, Gastronomiebetriebe, Kunst- und Unterhaltungseinrichtungen pro Kopf, Vorhandensein einer historischen Altstadt, Anteil an Ferienwohnungen (als Proxy für Lageattraktivität)

ATKIS-TIM; Orbis; Zensus 2011

Demografie

Anteil der 18-bis 29-Jährigen

Destatis

Nahversorgung

Vorhandensein mindestens eines Lebensmittelgeschäftes

Indikator		Operationalisierung	Datenquelle	Gewichtung
Erreichbarkeit	Öffentlicher Verkehr	Differenz der Gravitationserreichbarkeit von Arbeitsplätzen unter Bedingungen täglichen Pendelns einerseits und Pendelns an 2,5 Tagen pro Woche andererseits	Eigene Berechnung Beschäftigtendaten: Bundesagentur für Arbeit; Statistik Austria Verkehrsdaten: Deutsche Bahn; Open Street Maps	25%
	Individual-verkehr			25%
Immobilienpreise	Kaufpreise	Durchschnittliche Preise pro m² und Gemeinde der Jahre 2018-2020, negativ gewertet	ImmobilienScout24	10%
	Mietpreise			10%
Internet		Prozentual abgedecktes Gemeindegebiet mit Internetanbindung von mind. 50 Mbit/s, 0 bei weniger als 90%	BMVI	15%
Öffentliche Dienstleistungen, Kultur-einrichtungen und Lagequalität		Anzahl Krankenhäuser, weiterführende Schulen, Museen, Gastronomiebetriebe, Kunst- und Unterhaltungseinrichtungen pro Kopf, Vorhandensein einer historischen Altstadt, Anteil an Ferienwohnungen (als Proxy für Lageattraktivität)	ATKIS-TIM; Orbis; Zensus 2011	10%
Demografie		Anteil der 18- bis 29-Jährigen	Destatis	2,5%
Nahversorgung		Vorhandensein mindestens eines Lebensmittelgeschäftes	Discounto.de	2,5%

Tabelle 1: Zusammensetzung des „Homeoffice-Index"

© Eigene Darstellung

Abb. 1: Gemeinden in der Metropolregion München mit Potenzial für zusätzliche Wohnnachfrage durch verstärkte Nutzung von Homeoffice im Zuge der Corona-Pandemie

© Eigene Darstellung, Geodaten: Bayerische Vermessungsverwaltung, Deutsche Bahn, OpenStreetMap

Im Folgenden wird versucht, diese theoretischen Überlegungen mittels eines einfachen Attraktivitätsindex räumlich zu visualisieren. Dafür wird die Metropolregion München als Beispielregion herangezogen. Die Metropolregion ist gekennzeichnet durch eine relative Monozentralität und einen hohen Anteil wissensintensiver Tätigkeiten in Homeofficegeeigneten Branchen[19-20]. Sie umfasst 748 Gemeinden mit großen Unterschieden hinsichtlich Wohnungs Im Folgenden wird versucht, diese theoretischen Überlegungen mittels eines einfachen Attraktivitätsindex räumlich zu visualisieren. Dafür wird die Metropolregion München als Beispielregion herangezogen. Die Metropolregion ist gekennzeichnet durch eine relative Monozentralität und einen hohen Anteil wissensintensiver Tätigkeiten in Homeofficegeeigneten Branchen[21]. Sie umfasst 748 Gemeinden mit großen Unterschieden hinsichtlich

Wohnungspreisen, Erreichbarkeit und Ausstattung mit Dienstleistungsangeboten. Die durchschnittliche tägliche Gesamtpendelzeit in der Region beträgt für Mieter * innen rund 50 Minuten, für Eigentümer * innen von Wohnraum durchschnittlich 67 Minuten (Kinigadner et al. 2016). Die Stadt München im Zentrum der Region ist das dominierende Arbeitszentrum und damit das wichtigste Ziel für Einpendler. Augsburg, Ingolstadt, Landshut und Rosenheim sind die wichtigsten weiteren Zentren. Die Region verzeichnet seit Langem starken Zuzug, die Immobilienpreise gehören zu den höchsten in Deutschland.

Um abzuschätzen, in welchen Gemeinden ein hohes Potenzial für zusätzliche Wohnnachfrage bei mehr Homeoffice- Nutzung besteht, werden daher im Folgenden verschiedene Bestimmungsgrößen der Wohnnachfrage in einem Index zusammengestellt. Hauptkomponente des Index ist die veränderte Erreichbarkeitseinschätzung von Arbeitsplätzen mit dem Individualverkehr und dem öffentlichen Verkehr. In den Index fließen weiterhin die Internetqualität, Immobilienpreise und Wohnungsmieten, sowie Ausstattungs- und Lagequalitätsindikatoren ein. Alle Variablen werden am Maximum normalisiert. Die Gewichtung der Einzelindikatoren ist notwendigerweise subjektiv, spiegelt aber Erkenntnisse einer großen Wanderungsmotivbefragung in der Region wider[22], in welcher Erreichbarkeit ebenfalls als dominanter Faktor ermittelt wurde. Darüber hinaus sind Sensitivitätsanalysen zur Auswirkung einer veränderten Gewichtung einzelner Faktoren sowie unterschiedlicher Annahmen zur Zahl der Homeoffice-Tage, die aus Gründen der Kürze der Darstellung hier nicht eiinbezogen werden können, bei Interesse online verfügbar. Die hier gezeigte Variante stellt bezüglich der Homeoffice-Tage eine mittlere Variante dar. Tabelle 1 zeigt eine Übersicht der gewählten Einzelindikatoren und ihrer Gewichtung.

Für die Berechnung der Erreichbarkeit wurde ein Umring um die Metropolregion München herum mit einbezogen, so dass wichtige Städte wie Ulm, Innsbruck, Kufstein, Salzburg und Regensburg sowie andere Standorte mit hoher Arbeitsplatzkonzentration mit einfließen. Das angewendete Verfahren beruht auf einer exponentiell abnehmenden Gewichtung von Arbeitsplätzen mit zunehmender Fahrzeitdistanz zur analysierten Gemeinde. Bezugspunkt für jede Gemeinde ist das Zentrum ihrer größten Siedlung. Es ist zu beachten, dass dieses vereinfachte Verfahren die Verteilung der und Fahrzeit zu den Beschäftigungsstätten innerhalb der Gemeinde außer Acht lässt, wodurch die Erreichbarkeit tendenziell überschätzt wird. Abbildung 1 zeigt diejenigen Gemeinden in der Metropolregion München, die die höchsten Werte im Index erreichen. Dargestellt sind die höchsten drei Dezile. Die Darstellung trifft keine Aussage zu kleinräumigen Veränderungen der Wohnstandortwahl innerhalb von Gemeinden.

Die Karte erlaubt vier wichtige Lesarten: Erstens, nördlich von München erstrecken sich Korridore hoher potenzieller Zusatzattraktivität entlang der Verkehrsachsen bis nach Ingolstadt und Landshut. Dieser Bereich ist geprägt von der Erreichbarkeit verschiedener Arbeitsplatzzentren, relativ niedrigen Wohnungspreisen und einer guten Breitbandinternetverfügbarkeit durch die Ansiedlung vieler Hightech-Firmen. Zweitens, der südliche Teil der Region hingegen zeigt mit

Ausnahme des Sektors zwischen München und Kufstein in dieser Auswertung überraschenderweise keine vergleichbaren Potenziale, da die landschaftliche Attraktivität zwar hoch ist, dies aber durch die bereits sehr hohen Immobilienpreise überkompensiert wird. Das Allgäu und die Region Mühldorf zeigen zu geringe Erreichbarkeit für ein deutliches Potenzial. Die größte Konzentration an zusätzlichen Potenzialen findet sich dagegen im westlichen Teil der Metropolregion rund um die zweitgrößte Stadt Augsburg, welche die Vorteile städtischen Lebens bei gleichzeitig niedrigeren Immobilienpreisen als München bietet, während gleichzeitig München noch nicht zu weit entfernt liegt. Generell ist zu erkennen, dass regionale Subzentren mit einer gewissen kritischen Größe, wie Augsburg, Ingolstadt, Rosenheim und Landshut, besonders stark abschneiden — das ist die dritte Beobachtung. Viertens, die Landeshauptstadt München selbst gewinnt, obwohl sie in absoluten Zahlen weiterhin der erreichbarste Ort mit der höchsten Ausstattung ist, relativ gesehen nur wenig an Potenzial. Da die Landeshauptstadt München die meisten Arbeitsplätze beherbergt, kann sie bei der Erreichbarkeitsbe Erreichbarkeitsberechnung selbst nicht so viel gewinnen wie ihre nahegelegenen kleineren Nachbarn — dies bei einer angenommenen stabilen räumlichen Verteilung der Arbeitsplätze. Das Gesamtbild ist recht heterogen, wobei Kommunen mit hohem Potenzial oft direkt benachbart zu solchen ohne liegen, was in der immer noch starken räumlichen Differenzierung vor allem der Verfügbarkeit von Breitbandinternet und grundlegender Nahversorgung begründet ist.

3 Folgen für die Raumentwicklungspolitik

Der bedeutsamste Aspekt der hier gezeigten möglichen Nachfrageverschiebung ist sicher die darin zum Ausdruck kommende Dekonzentration auf einem metropolregionalen Maßstab, und die damit einhergehende Unterteilung in — bezüglich der Wohnbevölkerung — eher ‚sendende' und ‚empfangende' Kommunen. Damit führt mehr Homeoffice einerseits zu einer weiteren räumlichen Trennung von eigentlichem Arbeitsort und Wohnstandort, aber gleichzeitig stärkerer Monolokalität im Sinne einer Abnahme der tatsächlichen funktionalen Ausdifferenzierung, dadurch, dass auch am Wohnort gearbeitet wird.

Aus planerischer Sicht ist das Ergebnis ambivalent zu betrachten. Zum einen kann die räumliche Ausdehnung der Wohnraumnachfrage zu einer Entspannung des Wohnungsmarktes, oder zumindest einer Dämpfung des Preisanstiegs, im Kern der Region führen[23]. Dies ist besonders in der Metropolregion München von großer Bedeutung. Sie bietet auch die Chance, ansonsten stagnierende oder schrumpfende Klein- und Mittelstädte sowie metropolregional periphere Gebiete neu zu beleben[24], da neu Zugezogene im Homeoffice einen Großteil ihrer Zeit auch tatsächlich vor Ort verbringen und ein größerer Teil der Kaufkraft vor Ort verbleibt, insbesondere vor dem Hintergrund des bereits bestehenden und nun beschleunigten

Strukturwandels im Einzelhandel[25]. In der Karte ist erkennbar, dass vor allem die „Sekundärstädte" in der Region zu (noch) attraktiveren Wohnorten werden. Sie und ihre umliegenden Gemeinden könnten als städtischer „Ersatz" für die Stadt München fungieren, da sie viele städtische Annehmlichkeiten bieten und gleichzeitig erschwinglicher sind als München. Im Gegensatz zu eher ländlichen Gemeinden profitieren auch die Sekundärstädte von einer günstigen ÖPNV-Anbindung an die Stadt München. Planerisch bestünde hier daher die Chance, in der metropolregionalen Dekonzentration zumindest auf eine kleinräumliche dezentrale Konzentration hinzuwirken.

Zum anderen ist zu befürchten, dass die Dekonzentration dem Verlust ökologisch wertvoller Grünflächen, die Landschaftszerschneidung, und einer einseitig autoorientierten Siedlungsstruktur Vorschub leistet. Letztere hat wiederum höhere Schadstoffemissionen und Beeinträchtigung des öffentlichen Raums in den Innenstädten zur Folge. Die unterschiedlichen Möglichkeiten zum Arbeiten im Homeoffice in verschiedenen Berufszweigen birgt außerdem die Gefahr einer verstärkten sozial-räumlichen Spaltung, da nicht alle gleichermaßen auf die erweiterten Möglichkeiten der Wohnstandortwahl zurückgreifen können.

Für die empfangenden Gemeinden im Index kann daher, unter der Voraussetzung einer wieder stärkeren Akzeptanz des ÖPNV nach der Pandemie, eine Entwicklungsstrategie, die neue Wohnnachfrage an unterausgelasteten Knotenpunkten des ÖPNV („Transit-Oriented Development") und um bestehende Stadtkerne mit einer gewissen Grundversorgung an kulturellen und gewerblichen Einrichtungen konzentriert, einen nachhaltigen Ansatz zur Anpassung an die neue Situation bedeuten. Hierbei könnten bestehende Brachflächen in innerörtlicher Lage, wo vorhanden, reaktiviert werden. Eine Orientierung am ÖPNV kann bewirken, dass zumindest ein Teil der Neuverkehre umweltschonender und platzsparender als im Individualverkehr bedient werden kann. Co-Working Spaces in Ortskernen können einen Kompromiss zwischen kurzen Pendelwegen und physischer Trennung von Wohnund Arbeitsplatz herstellen. Nicht zuletzt ist auch die Qualität der digitalen Vernetzung stets an neue Bedürfnisse anzupassen.

In den sendenden Gemeinden, den bisherigen Arbeitsplatzzentren, kann eine geringere Nachfrage nach Büro- und Einzelhandelsflächen in den Innenstädten zu (in den Bestlagen womöglich nur vorübergehendem) Leerstand und Vernachlässigung führen und die Attraktivität für die BewohnerInnen verringern. Dies bietet jedoch die Chance, eine neue Nutzungsmischung durch die Anziehung von Kultur-, Sozial- und Non-profit-Aktivitäten sowie durch die Etablierung von Wohnnutzungen herzustellen[25]. Vielfach wird erwartet, dass Einkauf von Unterhaltung als Hauptnutzung abgelöst wird, und verbleibende Geschäfte noch stärker als ‚physisches Schaufenster' des Onlineshops fungieren[19, 26-27]. Hier müssen Zwischen- und Nachnutzungen vereinfacht und der öffentliche Raum neugestaltet werden. Gerade für den großen Teil derjenigen, die Arbeiten im Homeoffice nicht nutzen können, bietet sich hier die Chance, die Stadt attraktiver und wohnlicher (und preiswerter) zu machen[28].

高密城市的整体健康发展策略

——以沪港双城为例

The overall health development strategies of high-density cities

—Evidence from Shanghai and Hong Kong

庄　宇　崔敏榆

Zhuang Yu　Cui Minyu

摘　要:随着资源与人口的不断集中,我国城市建设呈现出高密度高强度的发展趋势。人口集聚以及土地高强度开发为城市公共空间的高质量发展以及居民健康生活带来挑战。本文结合自上而下的规划视角与自下而上的人本视角提出一种整体健康的发展理念,并以上海和香港两个典型高密城市为例,进行城市健康相关的建成环境要素对比,探讨城市设计应如何应对与平衡城市健康发展的不同需求,最后结合我国当前城市发展特点提出高密度城市建成环境设计策略。

关键词:高密度城市;城市建成环境;整体健康;城市健康

Abstract: The urban development in China shows high density and high-intensity trends as the large concentration of resources and population. It brings a massive challenge to the high-quality development of urban public space and the healthy lives of people. This paper presents a new strategy for urban high-density construction from a view of comprehensive health development which combines the top-to-bottom planning view and the bottom-to-top human-centered view. Two typical cases, Shanghai and Hong Kong, have also been presented to compare built environment factors related to urban health construction. Furthermore, the paper also discussed how urban design could balance to satisfy different needs during urban development and finally presented our high-intensity urban construction strategy based on the current urban characters.

Key words: high density cities; urban built environment; comprehensive health; urban health

1 引言

1.1 高密度对城市设计的挑战

由于土地等资源的紧缺以及城市交通网络的日渐发达，高密度高强度开发已逐渐成为亚洲城市的重要发展趋势与特征。但高密度的城市发展也给城市设计带来了许多挑战。大量人口集聚在有限的城市空间内，对城市内部的交通运输能力提出了更高的要求。空间资源稀缺也会导致空间使用上的竞争，无论是公共空间被挤占还是私密空间的减少都会引发社会冲突并影响居民居住感受[1]。高强度的城市开发通常导向更紧凑的城市布局——更高的建筑密度与高度，这种城市形态容易出现日照、通风不足的问题，并导致开放空间与绿地面积缩减，以及城市调节自身环境平衡的能力削弱[2]。由此可见，如何提供高效的交通运输网络，平衡城市公共空间与私密空间的比例并提高空间使用绩效，营造紧凑且宜居的城市环境是城市高密度发展对城市设计提出的问题与挑战。

1.2 高密城市的健康风险与隐患

一方面，城市高密度高强度发展提供了更加便利、丰富和高效的城市生活，但人口集聚和城市空间的紧凑也存在影响居民的身心健康的隐患[3]。一系列由于高密度而产生的城市隐患如空气污染、城市噪音、城市安全等容易导致城市居民产生社交孤立、缺乏运动、长期久坐、饮食健康等问题[4-6]。同时人口密度增加也会使疾病拥有较高的传播风险[1]。但另一方面，一些欧美国家的城市研究案例表明，交通发达、高可达性、功能混合的城市环境能够提供更好的步行出行环境从而减少肥胖、高血压、心脏病和糖尿病的发生[7]。由此可见，高密的城市建成环境既给城市带来健康风险与隐患，同时也存在为城市居民提供健康生活的优势与潜力。如何改善和解决高密度城市发展与居民健康问题之间的矛盾成为当今城市规划设计领域的重要议题。

1.3 不同视角对健康生活需求的差异

营造适宜居民健康生活的城市环境，最根本的是要从居民的需求出发进行探讨。但是对于城市健康的需求理解，存在着不同的视角。城市中市民的生活既存在相似的行为与感知，同时个体之间也存在差异性[5]。第一种是目前城市策略制定所考虑的群体视角，即以全体城市市民利益为最终目标进行健康城市规划的评价与策略制定，追求群体普遍的利益最大化。第二种是从个体的需求出发，关注每个个体的自身感受。在两者并存的状态下，个体的利益追求可能会与群体相左，甚至某些个体所追求的生活方式是以牺牲群体利益得来的。

因此，在健康城市的发展目标下，本文希望建立一种整体健康的发展视角，即综合考虑城市物质空间对市民心理及行为产生的影响，平衡“个体”与“群体”需求的城市健康生活模式。

2 整体健康的高密度建成环境

2.1 城市建成环境健康影响路径与要素

城市作为高度密集的人类聚居地,如何为人们提供更加安全、健康的环境是城市规划与设计的核心议题[8],弗拉霍夫(Vlahov)和加利亚(Galea)通过对现有研究文献总结归纳,认为影响健康的因素可以分为三个方面:城市物理环境、社会环境和与健康相关的社会服务[9]。大量的研究也已证实城市建成环境对居民健康发挥着重要影响作用[8]。但由于建成环境因素与健康影响之间难以直接建立关联,相关研究通过中介手段,例如居民行为活动、具体类别的建成环境来探究建成环境与健康之间的关系。早期的行为研究包括以个人为视角分析的健康信念模型(Health Belief Model)、计划行为理论(Theory of Planned Behavior)、社会认知理论(Social Cognitive Theory)、阶段行为模型(Transtheoretical Model),以及以生态模型理论为基础的生态模型。其中萨利斯(Sallis)等综合多个领域研究成果提出基于行为研究积极生活(Active Living)生态模型[10]。该模型以交通、工作、家务和休憩活动为研究对象,将建成环境的可感知因素归纳为可达性、便捷性、舒适性、观赏性和安全性。

在建成环境研究方面,交通出行方面的研究较为广泛。尤因(Ewing)和切尔韦罗(Cervero)最早提出的衡量交通环境三要素——密度、多样性、设计(3D)以及而后增加的目的地可达性和公交换乘距离形成目前广泛应用的5D模型[11]。许多学者也在此基础上提出不同的城市建成环境测度要素,包括强度、土地混合使用度、街道连通性、街道尺度等[4]。为了改善影响健康的建成环境因素,将理论落实至城市设计与管理中,许多国家也发布了相关的设计导则,如2011年纽约发布了《积极设计导则:促进体能活动和健康的设计》(Active Design Guidelines: Promoting Physical Activity and Health in Design),2014年多伦多的《积极城市:为健康而设计》(Active City: Designing for Health)以及2017年伦敦的《伦敦健康街道指南》(London Healthy Streets Guide),我国也在2018年制定了《全国健康城市评价指标体系》。

2.2 整体健康的理念与诉求

健康城市的概念最早由世界卫生组织(WHO)在1984年提出。在1996年,WHO进一步提出"健康城市10条标准",其中包括"城市需要塑造高品质的生活环境,保证市民在营养、饮水、住房、收入、安全和工作方面的基本要求,并且提供娱乐休闲活动场所"。与城市建成环境相关的健康风险问题也被广泛研究[4-6]。

参考行为研究积极生活生态模型,依据柯布西耶(Corbusier)提出的城市基本行为活动——居住、工作、游憩与交通对城市建成环境进行分析[12]。在居住上,由于高密度城市中建筑密度、建筑高度的增加,以及建筑间距紧张、开敞空间稀缺等原因,易出现日照不足、通风不畅等,所以营造宜人的微气候环境十分重要[2]。另外城市需要为市民提供便利的生活基础设施以及舒适安全的居住环境,同时注重环境对市民造成的心理影响,营造低压抑的城市环境。在工作方面,要注重办公环境品质以及从居住地到办公地通勤过程的品质。在游憩方面,需提供充足的开放空间供市民进行休闲活动,放松身心。最后在交通上,健康的理念认为步行能够通过降低市民使用机动交通而减少环境污染，同时促进体力活动，减少久坐[10]。因此需要城市为市民的步行活动提供舒适可达的街道环境。

综上，城市建成环境至少可以在以下7个方面积极应对城市健康隐患：①宜人微气候，即关注城市人工环境微气候对居民舒适感产生的影响；②低压抑环境，即注重城市公共空间如街道等减少对使用者产生压迫感；③释怀场所，指城市公园、绿地和广场等能够提供休憩、活动和释放情绪的开放空间；④可控通勤行程，从出行方式和城市交通路网两方面确保市民的通勤行程与时间可控；⑤友好步行环境，鼓励步行等非机动交通出行，从总量和质量上保障步行空间充足；⑥合理职住品质，市民在城市中工作与居住能获得相对合理的品质；⑦便利生活圈，指城市的生活服务设施充足便利(图1)。

城市环境是否健康与适宜生活，既需要从全体居民的福祉出发进行研判，也需要从每一个个体的角度进行考量。因此在评估城市健康所采用城市建成环境因素中，除采用宏观角度自上而下出发的评价指标，还需要引入自下而上人本视角的建成环境测度指标。同时，建成环境不仅对居民的行为活动产生影响，也会给居民带来不同的心理感受。综上，本文提出一种整体健康的理念，基于城市建成环境的诉求，综合考量城市“个体”与“群体”视角下的心理感受和行为活动，探求城市建成环境因素在通过取舍后达到一种相对平衡并满足所有需求的状态，最终能够有效地引导城市在保证健康宜居的情况下进行高密度高强度发展。

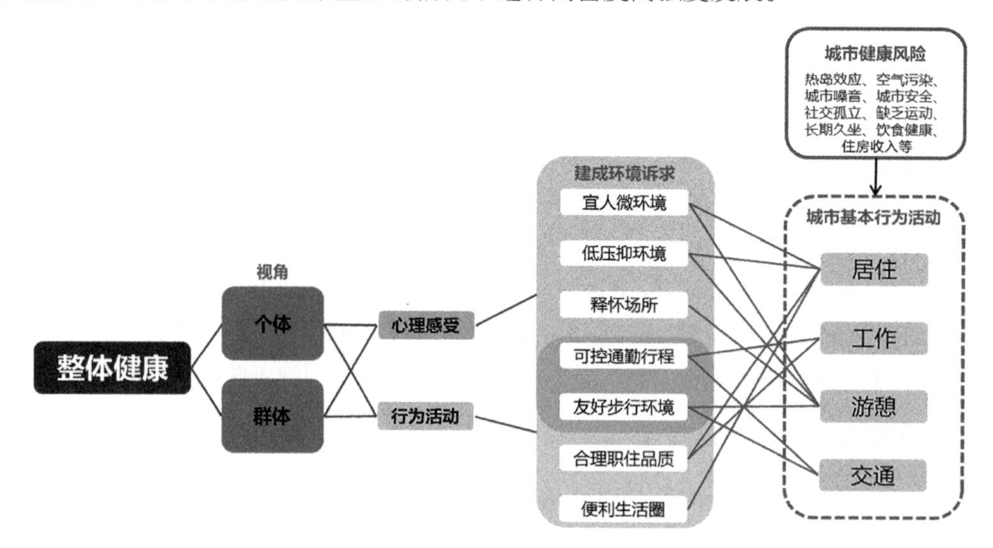

图1　整体健康与城市建成环境诉求关系

(来源：作者自绘)

3　研究案例与方法

3.1　研究案例概况

为探究我国高密城市当前建成环境现状，从整体健康的视角进行评估，以便为城市健康可持续的高密发展提供线索，本文选取我国典型的高密度城市香港以及上海作为研究案例进行探讨。

香港是世界高密度城市的代表之一,至 2020 年底,香港的总人口数约为 751 万人,总陆地面积达 1 114 km²,但是受陡峭地形和水域的影响,香港只有 20%的土地坡度低于 1 : 5[13-14]。为了尽可能保护生态自然环境,香港的已发展土地只占总面积约 25%,若按已发展面积计算,香港的人口密度约为 2.7 万人/km²[14]。香港拥有高度发达的公共交通系统,公共交通出行量占总体出行量的 80%以上,其中城市轨道交通出行量达公共交通量的 30%以上。受地形以及空间布局影响,香港还拥有极度发达的立体步行网络,是步行友好的城市,但是高度拥挤也导致香港开放空间紧缺,人均开放空间仅有 2.7 m²,远低于其他亚洲城市[15]。

与香港相比,上海整体城市人口密度仅为 3 000 人/km²。但由于上海人口分布差别较大,若以市中心区域进行比较,静安区的人口密度也达 2.8 万人/km²[16]。公共交通方面,上海拥有全世界最长的轨道交通运营里程——总长达 831 km。随着城市发展,上海发展空间总量日益趋紧,截至 2017 年底,上海建设用地总规模为 3 169 km²,约占全市陆域土地总面积 46.8%,远远超过国际上城市建设用地占 1/3 的一般标准[17]。优化城市空间格局,优化土地存量,实现高质量高密度发展迫在眉睫。2020 年印发的《关于加强容积率管理全面推进土地资源高质量利用的实施细则》提出,要推进土地资源高质量利用,合理利用土地资源。

因此,本文选取香港这个高密度发展的成熟案例与有高密发展需求的发达城市上海进行比较。在中心区域人口密度接近的情况下,对比不同的城市形态与建成环境对居民的影响。同时,为了精确对比城市建成环境指标异同,本文选取两个城市中人口密度接近的城市核心区域——香港港岛的中西区以及上海静安区内的 1 km² 作为获取人本视角精细建成环境数据研究范围(图 2,表 1)。

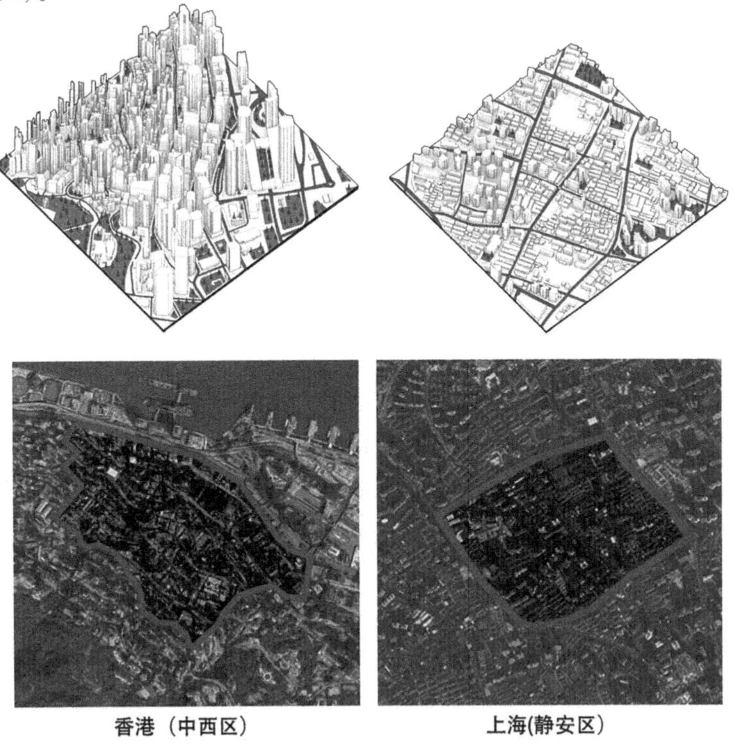

图 2　研究范围区位及形态

(来源:作者根据谷歌地图改绘)

表 1　研究范围基本指标

地区	区域人口密度/(人·km^{-2})	容积率	建筑密度/%	平均建筑层数	街坊尺度/m^2
香港(中西区)	33 423	9	56	18	6 542
上海(静安区)	28 680	3	32	7	65 201

(来源:作者根据参考文献[14]~[16]绘制)①

3.2　研究内容与指标

针对前文所梳理的整体健康视角下城市建成环境诉求,本文将采用城市建筑模型、街道路网以及交通出行量等数据对每一项诉求进行量化描述。考虑指标的普遍性和数据搜集的可行性并参考已有研究中所选取的建成环境的测量指标[4],本文针对整体健康视角下行为环境各项诉求提出15项建成环境指标以描述城市建成环境的整体健康情况(表2)。

表 2　建成环境要素指标描述及来源

城市整体健康诉求	建成环境指标	指标描述	分析方法及数据来源
宜人微环境	温度	模拟微气候	ENVI-met 环境模拟
	风速		
低压抑环境	街道开阔度	利用机器学习街景图像获得天空可见度和街道绿视率	百度地图和谷歌地图街景
	街道绿化环境		
可控通勤行程	出行分担率	城市市民使用不同交通工具的比率	参考文献[14][18]
	公交站点可达性	到达最近地铁站的步行距离	Open Street Map 路网及站点数据
友好步行环境	步行路网密度	每平方千米可步行道路的长度	Open Street Map 路网数据及 Spatial Network Analysis 模拟
	步行路网可达性	利用 sDNA 分析的路网"中介性"	
释怀场所	人均绿地面积	市民人均享有的绿地面积	参考文献[19][20]
	开放空间可达性	到达最近开放空间的步行距离	Open Street Map 路网及开放空间数据
便利生活圈	餐厅可达性	到达最近餐厅的步行距离	Open Street Map 路网及 POI(兴趣点)数据
	商店可达性	到达最近菜场的步行距离	
	医疗设施可达性	到达最近医疗设施的步行距离	
合理职住品质	人均居住面积	—	参考文献[21][22]
	就近就业率	城市45分钟以内通勤人口比例	参考文献[23][24]

(来源:作者自绘)

① 人口密度统计范围:香港中西区(除山顶区域)、上海静安区。容积率、建筑密度和街坊尺度计算范围为图2所示研究范围。

对于宜人微环境，利用ENVI-met软件对城市局部区域进行温度及风速的模拟。低压抑环境则借助百度和谷歌的街景图像，基于机器学习算法的卷积神经网络工具(SegNet)提取街景图像街道开阔度以及绿视率指标从人本视觉角度反映城市街道品质以衡量城市街道环境带给市民的心理感觉[25-26]。对以公共开放空间为主的释怀场所，目前普遍以城市绿地率、人均绿地面积作为评估指标。但是自上而下的指标无法衡量开放空间的使用公平性，因此，本文加入从行人角度出发计算城市步行距离内到达开放空间的可达性，以填补这一缺失[15]。在可控通勤行程中，考虑城市使用不同交通工具的分担率以及公共交通设施的密度及可达性。根据步行友好需求金字塔，城市最基本的需求是拥有一定密度且可达的步行路网并且确保道路的可通行性与可达性[27]，因此在步行友好环境的测量中，采用基于GIS平台的空间设计网络分析软件(sDNA)对2个城市的街道进行可达性分析，通过街道的"中介性"(betweenness)指标反映的街道步行流量数来表示城市街道的可达性[28]。考虑到行人的步行习惯，本文以步行5分钟即400 m作为分析半径进行分析。最后在合理职住品质的测度上，采用人均使用面积以及上班通勤时间数据体现就业分布的合理性[6, 29]。便利的生活圈评价则参考《上海市15分钟社区生活圈规划导则》，选取餐厅，菜场、超市、便利店等能获得新鲜食物的商店和医疗服务中心3种典型的服务设施进行服务多样性和可达性分析。

4 研究结果

4.1 建成环境指标分析

在城市公共环境方面，对比两个城市1 km^2 研究案例在夏季同一时段相同环境参数下的风热环境模拟结果(图3)，上海城市内部较为宽敞的街道风速相对较高，有助于形成了城市通

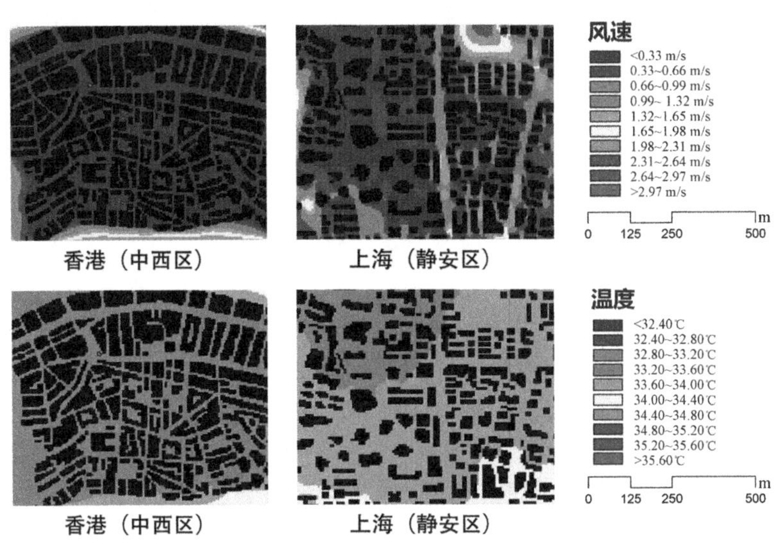

图3 风速及温度模拟结果

(来源:作者自绘)

风廊道。温度方面,上海区域的整体平均温度较香港高。在低压抑环境的评价中,由研究范围内获取的街景图像计算识别得出的天空可见度、绿视率进行测度(图 4)。由结果可知,上海的街道相较香港拥有更高的天空可见度以及绿视率。在释怀场所的评价中(图 5),上海整体人均绿地面积达 8.5 m², 而香港仅有 2.7 m², 但是在 1 km² 研究案例的测量中,步行至最近得开放空间在上海平均需要行走 642 m,而在香港只需要步行 161 m。

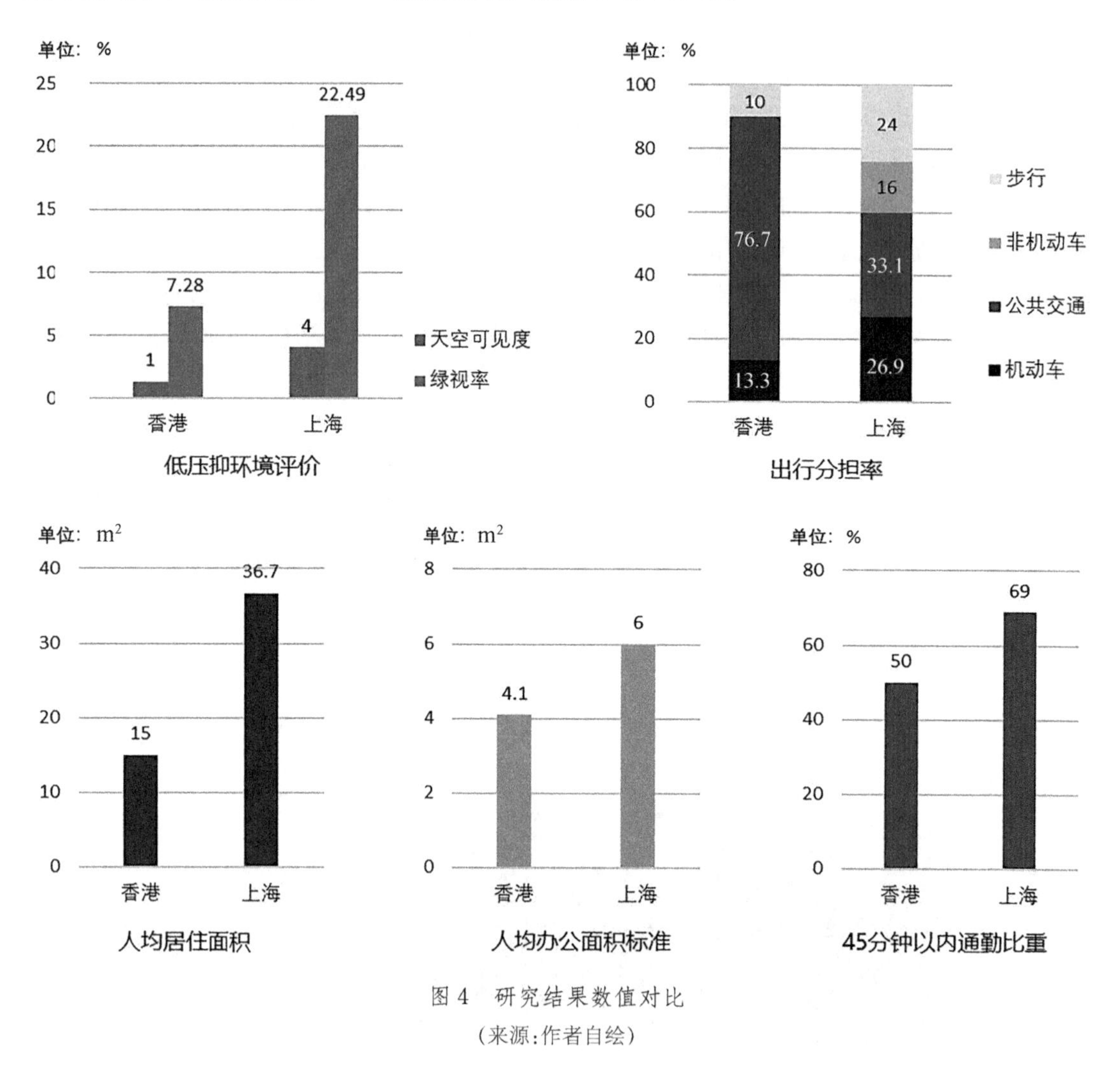

图 4　研究结果数值对比

(来源:作者自绘)

与行为活动相关的分析中,香港的路网密度为 62 km/km² 远高于上海的 10 km/km², 同时 sDNA 分析显示(图 5),香港拥有高步行流量潜力的街道数量也比上海多,因此更加适宜步行。除步行活动以外,在可控通勤行程的测度中,香港在整体城市的出行选择上采用公共交通与非机动交通的比例为 86.7%,高于上海的 73.1%。根据 1 km² 研究案例的测量,香港拥有更加密集的公共交通站点分布,这也确保居民步行更短的距离即可到达公共交通站点(图 4)。

在城市生活相关的测度中(图 5),依据 1 km² 研究案例的测量,在香港步行至餐厅平均仅需走 73 m,至商店平均需 104 m,至医疗设施需 223 m。尽管在上海案例中,所需的步行距离分别是餐厅 143 m、商店 198 m、医疗设施 314 m,稍高于香港。但参考上海 2016 年发布的《上海市15分钟社区生活圈规划导则》中建议3类服务设施的服务半径为步行5～10分钟(400～800m),目前研究范围均可满足这个要求。最后在体现合理职住品质的测度中,香港总体的人均居住面积为15 m²,设立的人均办公面积标准为4.1 m²,远低于上海的36.7 m²和6 m²。同时,香港仅有一半上班族的通勤时间在45分钟以内,而上海有69%的人通勤时间在45分钟以内(图4)。

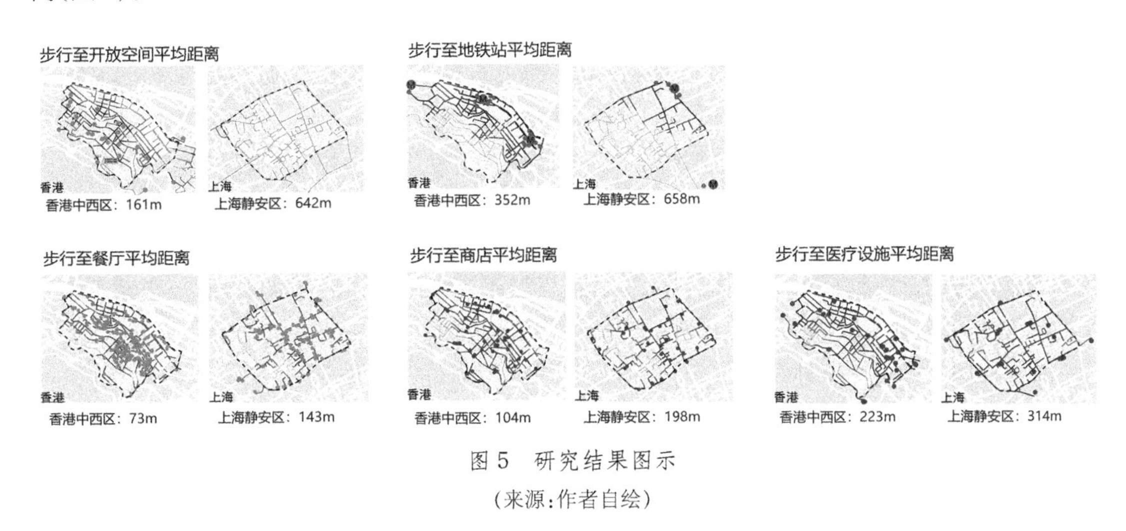

图5 研究结果图示

(来源:作者自绘)

4.2 整体评价

基于城市整体健康维度,从上海与香港的分析可知(图6),上海在城市环境品质相关的维度——宜人微气候、低压抑环境以及合理职住品质三方面拥有比香港更好的表现,而香港在与

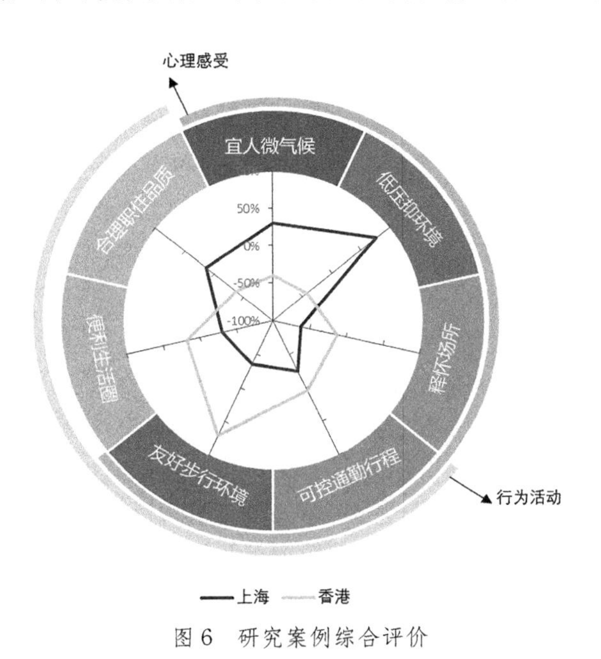

图6 研究案例综合评价

(来源:作者自绘)

居民行为活动相关的友好步行环境、释怀场所、可控通勤行程以及便捷生活圈的评价中得分更高。结合两个城市的发展现状,整体分析的结果也证实了香港这个超高密度城市在拥有密集的步行网络、高度混合的城市功能以及发达的公共交通体系的情况下,充分展现了高密城市在交通、生活方面的效率及便利度,并且拥有更高的公共交通使用率及步行出行率,这些均对城市健康发展有利。但另一方面,高密度高强度发展的城市由于建筑密集紧凑布置,街道过于狭窄,在城市微环境以及街道空间品质上评价较低。与香港相比,上海大尺度的街道与街坊布置虽然降低了居民行为活动的便利度,但在城市环境上有助于城市通风,减少传染病的空气传播,同时宽敞的街道空间留有栽种树木的空间,提高了街道舒适性。在另一个评价维度合理职住品质中也体现了高密城市空间使用的紧迫,香港较之上海在居住和办公空间极为紧缩,极度降低了市民的职住生活品质。通勤时间的对比也揭示公共交通的大量使用尽管满足了城市的低碳与健康要求,但是有可能提高居民的通勤时间,采用私家车通勤确实对居民个体而言更为舒适且节省时间。在释怀场所的评价中,尽管香港的人均绿化面积低于上海,但是在城市中开放空间数量更多,也更加容易在步行距离内到达开放空间。

通过对两个城市的整体健康评估可知,高密度的城市确实普遍拥有较高的城市公共交通使用率、步行活动率以及城市便利度。但是面对极度的高密度发展过程中,会出现空间稀缺以及环境恶化的问题,需要通过城市设计与后期管理的合理调配来解决。同时分析结果也体现出群体与个体需求的偏差,及其在出行方式、职住品质中引发的矛盾。因此,在城市规划设计的决策过程中,需要有一种整体健康的发展理念,即在高密度与健康发展、群体利益与个体利益之间建立一种适度平衡的观念,以最终达到整体健康效益的最大化。

4 整体健康的城市建成环境设计策略

整体健康的理念是针对高密城市在发展过程中所出现的问题,从健康的需求角度对城市建成环境提出解决的方法。城市的整体健康能够从人本的视角出发确保城市高密度发展过程中在城市高速建设与居民舒适生活之间取得平衡。通过香港与上海两个案例样本的分析可以看出,两个城市在高密度发展过程中各有表现优异与存在缺陷的地方。基于两个城市的整体健康评价对比,本文在 4 个方面提出对于高密度城市设计的策略建议。

4.1 建设用地策略

第一,严控城市建设范围,建立高密度城市的合理紧凑用地政策。为了防止城市无止境蔓延,出现"摊大饼"的情况,高密度发展的城市需要严格控制可建设区域。香港由于自然因素的局限,无法轻易进行城市建设用地扩张,因此造就了更加细致与紧凑的空间使用模式。在一定限度中实行紧凑的用地政策,既能保证生态空间和建设区域间平衡导向的可持续发展,也能通过适度的公共投入(包括基础设施和服务配套)覆盖照顾到最多的人群,从而达到高质量的群体健康。

第二,根据公共可达性设置紧凑且合理舒适的居住和办公标准,建筑密度、开发强度和停车配比都应设置严格的梯度增减。在有限的城市建设用地中,随着人口增加,人均职住面积势必减少，因而容易出现群体生活与部分个人生活方式产生冲突的时刻，如城市生活中交通出行的选择中会产生在清洁环保的公共交通和快捷舒适的私家车之间的抉择矛盾。因此，建议城市根据不同地区的可达性设置有梯度的容量标准。在公共交通可达性高的城市区域设置更紧凑的中小面积套型居住与大容量办公设施，以支持更多职住人口，同时降低机动车的停车配置。同时，为防止城市职住空间过度紧缩，在公共交通可达性较低的地区放松空间面积标准，并提供相应量的机动车通行与停车设施。

4.2 城市布局策略

第一，鼓励公共交通站点周边进行密路网布置，建设更多宜步行的街道替代机动优先道路。大量文献及健康相关导则都阐述了城市提高步行活动有助于减少因久坐不动和缺乏体育锻炼而导致的健康问题[4,6,10]。香港的案例分析也展示了高密度的路网布置能够有效提高城市的步行活动。因此，在人流大量聚集并且具有大量步行需求的地区，如城市中心、公共交通站点地区进行路网加密，提供更多步行道路，同时减少机动车的通行可达性，从而在减少人车冲突的同时减少污染排放。

第二，优先布局小微公共空间（街头公园、广场等）和活动设施（运动健身），合理配置中型公园，提高公共空间服务效率。高密度城市的开放空间最基本的目标是满足城市市民能够方便且平等地使用。针对开放空间的评价显示，散布于城市中的小微公共空间，其可达性和使用率远远高于大型公共空间，更能满足高密城市的需求[15]。香港案例分析也表明，在城市提供小面积散布的开放空间能够在人均开放空间不足的情况下最大化满足居民的使用需求。因此，在城市设计中，应优先布局小型公空间，特别是借助城市中碎片化的空间进行布置，在确保市民能在步行范围内灵活使用开放空间的同时做到高效利用城市空间。

4.3 空间使用策略

在紧凑的用地政策下，需要探索更加高效的空间使用方式。结合高密度城市功能高低混合的特性，建议探索以街坊为单位的高空间产出方式，同时提高以地铁等公共交通出行主导的街坊开发强度。目前我国城市通常以平面的形式进行功能规划，但是在高密度发展的城市中，城市的功能空间构成应该以三维立体的角度探索。例如在香港，城市功能大量混合，如不同的公共功能设施如图书馆、运动场、菜市场等综合规划建设在一栋建筑内[30]。因此，在前期的规划设计中，应考虑以街坊为单位，探索立体的功能规划布置，即尽可能减少独立占地的单一设施。

同时，考虑城市的活力与便捷发展，建议更广泛地利用街道层设置便利生活圈设施。在案例比较中，相较于上海大量集中设置服务点的布局模式，香港的服务设施设置更加分散，能够以较少的服务点数量满足更多市民在步行范围内获得服务。建议将使用更频繁更注重可达性的公共性质功能设置在沿街面，这样既能提高城市的服务效率，同时还能作为城市“街道眼”提升城市安全[15]，塑造更多的生活化步行街道。

4.4 公共交通策略

在案例研究对比中，香港平均步行至地铁站的距离远低于上海，其公共交通站点布置也更加密集,这确保了香港居民能够更加便捷地到达公共交通站点,间接提高了居民选择公共交通出行的比例。在高密发展的核心区域,建议缩小车站的站距,提高公共交通的覆盖范围。参考案例城市站点间平均站距数据和以公共交通为导向的发展模型(TOD)[31-32],建议高密度城市地铁站距宜在500～800 m,公交车站站距在300～500 m。

5 结语

本文从城市健康的角度出发,探究城市在进行高密度发展的过程中,城市建成环境营造应如何同时满足城市高强度发展与居民健康生活的需求;并从城市基本行为活动需求和高密度城市面临的健康隐患出发,提出一种整体健康的发展理念并通过现状的案例研判后提出相应的设计策略,期望在城市高密度开发过程中构建一种平衡。

由案例分析可知,高密度的城市发展不一定只带来空间竞争与健康威胁,人口密度的提升可以带动城市一系列基础设施的提升从而打造更健康便捷的宜居环境。但是在这个过程中,需要进行良好的城市规划设计与后期管理。因此,对于高密城市的健康发展,不仅需要通过科学研究明晰城市建成环境与健康之间的影响关系与路径,更需要通过好的设计策略与管理手段将好的方法落实至实际建设过程当中。

本文仅从两个典型高密城市切片进行探讨,问题的普遍性以及量化指标的广度仍有局限。下一步可扩大研究样本的案例,并且加入居民感知相关的评价以获得更加精确的评价结果。

参考文献

[1] 陈威.高密度城市设计中的健康策略及重要研究问题[J].西部人居环境学刊,2018,33(4):60-66.

[2] 庄宇,周玲娟.上海中心城街区形态及其密度指标的量化研究[J].同济大学学报(自然科学版),2019,47(8):1090-1099.

[3] 马尔温,杨俊宴,等.关联·机制·治理:基于微气候评价的高密度城市步行适宜性环境营造研究[J].国际城市规划,2019,34(5):16-26.

[4] Frank L d, Iroz-Elardo, Macleod K E, et al. Pathways from built environment to health: A conceptual framework linking behavior and exposure-based impacts[J]. Journal of Transport & Health, 2019,12: 319-335.

[5] Nieuwenhuijsen M J. Influence of urban and transport planning and the city environment on cardiovascular disease[J]. Nature Reviews Cardiology, 2018,15:432-438.

[6] Giles-Corti B, Vernez-Moudon A, Reis R, et al. City planning and population health: A global challenge[J]. The Lancet, 2016, 388(10062): 2912-2924.

[7] 张延吉,邓伟涛,赵立珍,等.城市建成环境如何影响居民生理健康?:中介机制与实证检验[J].地理研究,2020,39(4):822-835.

[8] 于一凡,胡玉婷.社区建成环境健康影响的国际研究进展:基于体力活动研究视角的文献综述和思考[J].建筑学报,2017(2):33-38.

[9] Vlahov D, Galea S. Urbanization, urbanicity, and health[J]. Journal of Urban Health. 2002, 79(4):S1-S12.

[10] Sallis J F, Bull F, Burdett R, et al. Use of science to guide city planning policy and practice: How to achieve healthy and sustainable future cities[J]. The Lancet, 2016, 388(10062): 2936-2947.

[11] Ewing R, Cervero R. Travel and the built environment: A meta-analysis[J]. Journal of the American Planning Association, 2010, 76(3):265-294.

[12] Corbusier L, Eardley A. The Athens Charter[M]. New York: Grossman Publishers, 1973.

[13] 张灵珠,晴安蓝.三维空间网络分析在高密度城市中心区步行系统中的应用:以香港中环地区为例[J].国际城市规划,2019,34(1):46-53.

[14] 中原地图.2016 年中期人口统计数字[EB/OL].[2021-11-01]. https://census.centamap.com/%E9%A6%99%E6%B8%AF.

[15] 张灵珠,晴安蓝,崔敏榆,等.立体化超高密度亚热带城市的老年群体休憩用地使用偏好研究[J].国际城市规划,2020,35(1):36-46.

[16] 上海市统计局. 2020 年上海统计年鉴[EB/OL].[2022-02-01]. http://tjj.sh.gov.cn/tjnj/nj20.htm? d1=2020tjnj/C0202.htm.

[17] 上海市人民政府发展研究中心.新形势下破解上海发展空间瓶颈、提高经济密度问题研究[EB/OL].[2022-02-01]. http://www.fzzx.sh.gov.cn/qkcg_2019/20190909/0053-10366.html.

[18] 上海市城乡建设和交通发展研究院.2020 年上海市综合交通年度报告[R].上海:上海市城乡建设和交通发展研究院,2020.

[19] Leisure and Cultural Service Department. Statistics report of recreation and sports facilities[EB/OL].[2021-11-01]. https://www.lcsd.gov.hk/en/aboutlcsd/ppr/statistics/leisure.html#fac.

[20] 上海市人民政府. 截至 2020 年底上海人均公园绿地面积达 8.5 平方米[EB/OL].[2021-11-01]. https://www.shanghai.gov.cn/nw4411/20210115/4432b5c1337245fca21e1aed2a43766b.html.

[21] 香港特区政府. 2016 中期人口统计[EB/OL].[2021-11-01]. https://www.bycensus2016.gov.hk/tc/index.html.

[22] 上海市统计局. 都市生活[EB/OL].[2021-11-01]. http://tjj.sh.gov.cn/dssh/20180819/0014-216834.html.

[23] 香港运输署.二〇一一年交通习惯调查研究报告[R/OL].2011. https://www.td.gov.hk/filemanager/tc/content_4652/tcs2011_chin.pdf.

[24] 中国城市规划设计研究院.2021 年度中国主要城市通勤检测报告[EB/OL].[2021-11-01]. http://www.chinautc.com/upload/fckeditor/2021tongqinjiancebaogao.pdf.

[25] 叶宇,殷若晨,胡杨,等.精准城市形态对街道温度的影响测度与设计应对[J].风景园林,2021,28(8):58-65.

[26] 叶宇,黄鎔,张灵珠.多源数据与深度学习支持下的人本城市设计:以上海苏州河两岸城市绿道规划研究为例[J].风景园林,2021,28(1):39-45.

[27] Stevenson M, Thompson J, de Sá T H. et al. Land use, transport, and population health: Estimating the health benefits of compact cities. The Lancet, 2016, 388(10062): 2925-2935.

[28] Chiaradia A, Crispin C, Webster C. sDNA: A software for spatial design network analysis v01[EB/OL].[2019-11-08]. https://www.cardiff.ac.uk/sdna/software/download/.

[29] Zhao P, Lü B, De Roo G. Impact of the jobs-housing balance on urban commuting in Beijing in the transformation era[J]. Journal of transport geography, 2011, 19(1): 59-69.
[30] 叶丹,蒋希冀.基于多源数据的香港城市功能区综合识别研究[J].城市建筑,2020,17(31):64-67.
[31] 薛求理,孙聪.香港轨交站与周边发展[J].建筑学报,2020(1):102-109.
[32] 任春洋.美国公共交通导向发展模式(TOD)的理论发展脉络分析[J].国际城市规划,2010(4):96-103.

空间治理视角的城市设计创新

Urban design innovation from the view of space governance

王世福　刘联璧
Wang Shifu　Liu Lianbi

摘　要：自20世纪90年代以来，治理概念已成为空间规划研究的一个组成部分。城市设计作为空间规划中直接面向空间品质提升的技术手段，也在治理概念的渗透下不断扩充着自己的概念内涵，优化自身的技术方法，并衍生出子学科——设计治理。本文重新审视了空间与治理的结合过程，并构建了一个空间治理视角的城市设计治理分析框架，进一步分析治理理论对城市设计的关键贡献。本文认为，在新发展阶段面向空间治理的设计治理具有功能目标复合化、治理界面扩大化、参与主体多元化、治理关系网络化、治理工具多样化、治理过程伴随式的发展趋势。
关键词：空间治理；城市设计治理；公共政策；创新

Abstract: Since the 1990s, governance concepts have become an integral part of spatial planning research. As a technical means for the improvement of spatial quality in spatial planning, urban design is influenced by the concept of governance. It also continuously expands its own conceptual connotation, optimizes its own technical methods, and derives a sub-discipline—design governance. This paper have re-examined the process of combining space and governance, and constructed a urban design governance analysis framework from a spatial governance perspective to further analyze the key contribution of governance theory to urban design. It is believed that in the new development stage, the design governance for space governance has a series of development trend, such as compounding of functional goals, expansion of governance interface, diversification of participating subjects, networked governance relations, diversification of governance tools, and accompanying type of governance process.
Key words: space governance; urban design governance; public policy; innovation

1 引言:以城市设计支撑空间治理

"治理"的概念一经提出,迅速受到国内外学界业界的广泛关注。面对当代复杂多变的政治、社会环境,治理能更为灵活地调节与平衡各方利益关系,从而超越了国家调控与自由市场简单的二元对立,具有了广泛的理论解释能力[1]。

我国自党的十八届三中全会提出"国家治理体系与治理能力现代化"的重大命题后,空间规划作为国家治理体系的重要组成部分,在新的时代背景下积极寻求制度改革[2]。2018年,我国国务院机构改革方案出台,组建了自然资源部,并明确要求"整合相关空间规划职能,建立空间规划体系并监督实施"。此次空间规划体系的重构包含着生态文明与国家治理的美好期待与愿景。一方面以人、自然、社会三者和谐共生、良性循环、全面发展、持续繁荣为宗旨,调整资源的空间分配,对以往快速工业化过程中出现的资源环境问题进行纠偏;另一方面调节横向政府、市场、社会间利益关系及纵向府际间权利分配——水平与垂直治理体系的全面重构[2]。

城市设计向上可以承载空间规划理想,向下可以指导具体空间营造实践,是空间治理过程中重要的环节与媒介。在过往的实践中,城市设计在总体形态与公共空间管控、景观风貌与特色塑造、历史人文保护与活力创造等方面总结了相当程度的经验。其作为面向空间品质提升的技术方法与公共政策,为空间治理从宏观的、抽象的政策框架转向精细的、具体的空间实践提供了具体的方法路径,同时也为各利益相关者在具体的实践活动中提供了沟通的语言与协商平台。城市设计如何在新的时代背景下继续发挥优势,借鉴国外空间治理经验,创新升级理论内涵与技术方法,与当下国土空间规划体系改革相对接,同时直面美丽中国、品质提升与人民城市等议题,支撑更"善"的空间治理,仍需要进一步讨论。因而,将城市设计置于空间治理的大视角下进行研究,具有重要的理论与现实意义。

2 治理与空间的结合

从理论渊源来看,治理的概念源于公共管理理论,面对日益复杂的经济社会背景,治理主张以分权合作的新方式代替以往的命令和控制来处理公共事务,受到了广泛的关注。随着研究的不断深入,治理的概念也被引入空间研究。具体而言,"空间"与"治理"的结合含有社会研究领域的空间转向及规划学科的治理转向两条线索。

2.1 公共管理的治理转向:从统治到治理

在公共管理以及社会政策领域,从"统治"(government)到"治理"(governance)的转变存在一个清晰的演进过程。

纵观其理论与实践的变迁,在两大领域古典理论建制时期,受益于西方国家构建、扩展及巩固的过程,国家中心得到推崇,理论与实践关注单一集权型政府体系如何通过一个高度中央化的结构来贯彻实施政府决策[3]。此时,科层制的"统治"以其效率性、等级性和组织性成为核心机制[4]。经过20世纪30年代的经济危机,西方发达资本主义国家开始运用凯恩斯主义经济学指导国家运作，试图依靠政府的力量来弥补市场的不足。然而科层统治下出现的官僚主义、机构臃肿、效率低下等问题使政府难以应对多样化的社会需求。到了20世纪80年代，新自由主义(neo-liberalism)大行其道，提倡将市场的思维逻辑和管理(management)方法融入公共服务中去，重视可实施性与行政的结果。在此基础上，新治理理论被提出，用以应对过往出现的"政府失灵"及"市场失灵"。治理(governance)，最初译为"管治"，更加强调未来解决公共问题的核心——合作性质，即给予政府以外的行动者一席之位[5]。联合国全球治理委员会1995年进一步将治理概括为"各种公共或私人的个人和机构管理其共同事务的诸多方式的总和，是利益调和的持续过程"[6]。

治理使国家一定程度让渡出绝对权威，容纳了市场与社会的逻辑，并倡导以各种正式及非正式的制度安排进行利益的协商，从而超越了"科层制"与"市场制"两种理论制度的局限，将公共政策的施行扩大到"多元"与"多维"且"持续"的层面[7]。

2.2 社会领域的空间转向：物质空间与社会关系的连接逻辑

第二次世界大战结束后，西方国家普遍进入了凯恩斯时代，在科学技术的推动和国家干预的调控下，城市建设大量兴起，经济高速发展。但到了六七十年代，随着西方发达国家城市化进程进入中后期，"文化实践与政治、经济实践出现了一种剧烈变化"[8]：失业率、通货膨胀率上升，政治经济矛盾加剧，人类生存环境恶化，空间的非均衡发展导致的居住拥挤、治安混乱等"城市病"问题突出。在此现实背景下，社会理论家们逐渐意识到传统社会理论的"空间失语"限制了社会理论的解释力和想象力，从而开始将空间要素引入社会理论，进行学科整合，并对工具理性下经济效率优先的城市实践进行反思[9-10]。

1974年法国学者亨利·列斐伏尔(Henri Lefebvre)出版著作《空间的生产》。在书中，列斐伏尔提出空间本身就是生产力和生产资料、社会活动的资源[11]。他认为，资本主义以交换价值为目的的剩余价值积累过程，造成了城市空间的均质化、抽象化、碎片化等问题，从而提出社会主义性质的空间生产，开创了以政治经济学视角分析人文地理学科的先河。在这一时期，戴维·哈维(David Harvey)[8]、米歇尔·福柯(Michel Foucault)[9]、德·赛托(de Certeau)[12]等理论家分别将空间纳入自己的理论框架之中，集中讨论了空间及权力关系，空间的变化过程以及空间的影响因素。一方面，社会关系与物质空间形态、规模、类型演变的逻辑关系被构建了起来；另一方面，空间的人文性、社会性、生活性因素被纳入空间的考量。

在此意义上的空间治理，就是从空间生产的宏观层面出发，对物质空间背后的社会性、人文性、生活性因素进行利益的权衡，以多元主体间的权力与权利互动过程来调整空间的形态和资源的使用与交换。

2.3 空间设计的治理转向：维护公共利益的公共政策

关注空间形态的现代主义规划学科也在二十世纪六七十年代同样的时代背景下出现了社会转向。回溯历史，近代城市规划学科起源于19世纪末20世纪初，为了应对快速工业化带来的城市环境恶化、生活品质低下等空间问题，城市改革家从视觉美学出发对城市形象和秩序进行设计。然而到了20世纪60年代，面对日益衰败的新城与日益突出的贫富差距、犯罪率居高不下等社会问题，人们逐渐意识到优美的视觉形态并不等于井然有序的社会组成。历史文脉、社会文化及经济活动等要素逐步被纳入空间研究的范畴,研究对象也由物质空间转向更广泛的社会空间。与此同时,城市设计也逐步从重视土地经济及政策协调的规划学科和重视单体设计的建筑学科中分离出来,成为研究城市空间综合品质的技术方法。其评价标准也不再局限于单一的美学维度,而是扩展到了人、文化、社会、环境的多维度上[13]。

随后,乔纳森·巴奈特(Jonathan Barnett)提出城市设计作为公共政策的理念,指出城市设计是塑造建成环境的连续决策过程[14],拓展了城市设计的政策属性。约翰·庞特(John Punter)在英国、美国和其他国家的设计控制和设计政策方面比较研究的基础上,提出"设计控制"理念,强调了城市设计的管控属性[15];而 R. 瓦克·乔治(R. Varkki George)将城市设计进一步概括为"二次订单",认为城市设计不直接创造物质空间环境,但构建了影响城市形态的一系列"决策环境"[16],描述了城市设计的干预过程。

马修·卡莫纳(Matthew Carmona)在城市设计与公共政策关系研究的基础上,将城市设计治理定义为"为了使设计过程与结果更符合公众利益,在建成环境设计方法和过程中介入的国家认可的干预过程"[17],从而将治理理论引入城市设计,意在通过治理工具的使用,界定多元参与的角色与权利,以提供更高品质的空间环境。

综上所述,空间研究和治理理论的发展与社会经济历史的发展过程息息相关,面对日益多元化的空间利益相关者和多样化的空间需求,治理理论提供了一个解决空间问题的新思路,以制度性和的技术性安排,来促进多元主体间的利益协商和合作过程,对空间表象下的需求和关系进行调整,使空间资源与收益得到合理的利用与分配。

3 空间治理视角下城市设计治理分析框架

正如前文所述,空间治理超越了国家与市场的二元对立,跨越了社会与空间学科的边界,从而具有了广泛的解释能力。然而,空间治理仍是一个相对模糊和复杂的概念。为了更清晰地论述当前我国空间治理的目标与需求,以及城市设计如何以自身创新来支撑空间"善治"的目标理想,本文在界面治理分析框架[18]的基础上,以空间治理的视角来构建城市设计治理分析框架,重新思考城市设计作为提升空间品质的技术方法与政策安排,如何更好地支撑空间治理。

界面治理分析框架的核心架构来自赫伯特·亚历山大·西蒙(Herbert Alexander Simon)和文森特·奥斯特罗姆(Vincent Ostrom)提出的人工科学思想以及用人工物的角度对公共行政进行研究。西蒙认为"人工物可以被想象成为一个汇合点,一个界面(interface),这一界面处于内部环境和外部环境之间,内部环境是人工物的实质和组织模式,外部环境是人工物运行的环境"[19]。因此,外部环境、目标功能、内部结构构成了分析城市设计创新的三个核心要素,而界面则可以理解为开展工作的维度(图 1)。

在此框架结构下,本文将从外部环境、目标功能、治理界面、内部结构四个要素对空间治理视角下的城市设计治理创新进行解构分析(图 2)。外部环境要素可以看作是城市设计治理外部的输入条件,是直接或间接作用于治理活动的各种因素的总和,本文将从行政制度、经济发展、社会文化、自然生态、科学技术等不同方面分析我国当前的空间治理需求。目标功能则是

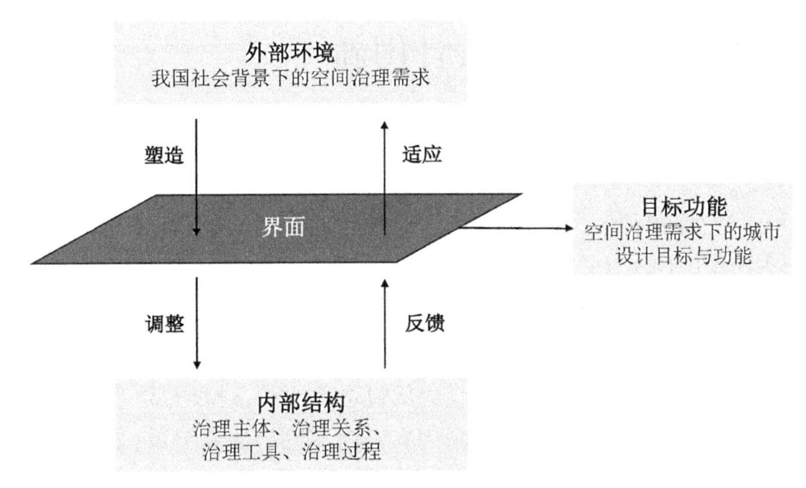

图1 界面治理分析框架

对外部环境需求的具体回应,进一步指出空间治理需求下城市设计的具体目标与功能。治理界面是内外的连接点,通过在不同层级及类型的治理界面中开展城市设计工作以达到特定目标,回应外部需求。内部结构则是城市设计运作的具体组织方式及工具手段,包含治理主体、治理关系、治理工具、治理过程四个方面。值得注意的是,治理界面的不同会导致其内部组织结构的变化。因此,整个空间治理系统是处在动态平衡与变化过程中,各要素间相互制约,不断调整。

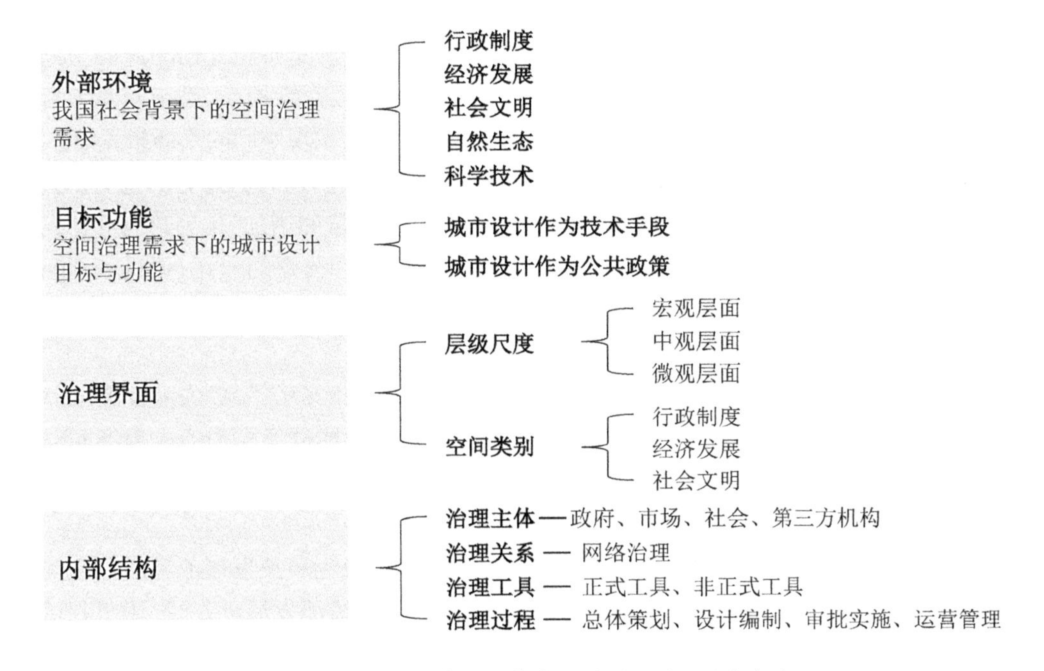

图2 空间治理视角下的城市设计界面治理分析框架

4 空间治理视角下的城市设计创新

4.1 外部环境:我国政治经济社会背景下的空间治理需求

不同国家地区的行政制度、经济发展状态、社会文明程度、自然生态情况及科学技术的发展都对空间治理提出了不同的需求,这些来自不同角度的需求共同组成了城市设计所要面对的外部环境,是影响城市设计运作的重要因素。

在行政制度方面,我国虽不像西方资本主义发达国家经历过凯恩斯主义和新自由主义之争,但自新中国成立以来,我国的政治体制也经历过多次改革,对权力关系进行了多次调整[20]:新中国成立初期,中央高度集权,政府结合医用自上而下进行资源配置;改革开放初期,计划经济与市场经济双轨并行,地方自主性增强;20 世纪 90 年代起,我国发展进入高速增长时期,权力进一步下放,地方政府基于对"土地财政"的依赖,与市场结成增长联盟,主导着空间建设;进入新世纪,面对日益复杂的国内外环境与高速增长中出现的问题,我国政府再度尝试从宏观层面加强管制,对过往的发展进行纠偏。在此背景下,我国提出治理现代化,就是以制度的科学化、规范化,逐步实现政府的有效限权、放权和分权,实现社会公正,达到社会共治[21]。在此维度上,空间治理需要依靠制度和技术安排,对府际间、多元主体间的关系进一步优化,对其职能、角色、权力、权利进行界定划分,实现政府对于空间有限但有效的管理。

在经济发展方面,我国经济发展进入新常态。以规模速度和增量扩张为主的城镇化第一阶段已基本结束,城镇化正迈向以存量调整、做优增量为主的第二阶段[22]。以往盲目的高速发展助长了对空间数量的追求,忘记了对美学品质、项目品质、场所品质和过程品质等空间品质的关注。空间的发展需要更加重视存量空间的优化与日常的运营维护,注重空间表象背后社会关系的整体协调,以人为本进行设计引导和生活情景的营造,实现空间的高质量发展。

在社会文明方面,呈现出多元发展的大趋势。近年来,公民意识的普遍觉醒也使得公众参与公共事务的积极性、自主性提高。非政府组织和民间组织数量的增加,也为政府和市民间的沟通搭起一座桥梁,在利益表达和协调的过程中,推动了政府和公众的合作,促进了善治。在此基础上,空间治理需要通过机制方法和治理过程创新,进一步培育自主的社会,促进空间治理过程中的平等对话与公开透明的利益协商。

在生态发展方面,生态文明建设成为主旋律。人类社会进步经历了从"农业文明"到"工业文明"再到"生态文明"的发展过程。对以往的快速工业化的发展过程中为追求短期利益而造成的生态环境破坏进行反思,新阶段的空间治理需要重新重视山川河海的保护与合理利用,以更加集约和高效的方式实现人和自然两者的协调可持续发展。

最后在科学技术方面,大数据、人工智能等信息技术应用成为科技发展的前沿。空间治理的复杂性与多样性需要前沿技术的支撑,使空间治理能够实时监测发展动态,准确研判城市发展方向,科学划定发展底线,包容更加多元的价值取向。

综上所述,在新发展阶段,我国政治、经济、社会、生态、科技等外部环境的变化对空间治理提出了新的挑战。在此语境下的空间治理,需要以制度建设和技术创新明确多元主体间权责利划分,完善治理体系,提升治理能力,并以建设美丽中国为目标,按照生态文明要求,调节生态、经济、政治、文化及社会多维度和谐发展所需空间资源及使用与收益分配,实现人民对"美好生活"的向往。

4.2 目标功能:空间治理需求下城市设计目标与功能扩展

由城市设计的发展历程可以看出,城市设计具有作为技术手段及公共政策的双重属性,并在不同时期的社会环境背景下发挥着不同的功能。在学科发展之初,城市设计作为技术手段,一方面以物质空间为研究对象,通过改善建筑和广场、街道等开放空间的形态布局,提升了基于视觉的美学品质和基于功能与使用的项目品质;另一方面逐步扩大关注层面,将政治、经济、社会、文化、生态等共同纳入空间影响因素进行设计考虑,指向基于整体的场所品质的提升。而后,城市设计的研究重心从设计转移到控制管理,人们意识到如果不对空间的开发使用进行管控,资本则会出于对自身利益最大化的目的而损害他人继续平等使用公共空间的权益。因而城市设计作为公共政策,具有维护公共利益的功能。

在当前我国社会主义发展进入新阶段,国土空间规划体系面临全面改革的背景下,城市设计作为空间治理的组成部分,需要根据需求扩大自身的目标功能,为空间治理提供支撑。首先,城市设计作为提升空间品质的技术方法,为空间治理从宏观的、抽象的政策框架转向空间的具体落实提供了方法路径。在落实生态、政治、经济、社会、文化五位一体,和谐发展所需基本空间指标的基础上,城市设计需要扩大治理界面,在区域、国域尺度上对整体形态、空间结构、风貌特色进行创造性的凝练,以更美的方式对空间资源进行统筹,提升区域、国域空间品质,助力美丽中国目标的实现。其次,城市设计作为公共政策,并不直接改变空间环境,而是通过制度性安排,改变利益主体互动和决策的过程。因此需要将城市设计目标扩展到过程品质的提升上,适时适当地引入治理主体,为多元协商合作提供决策平台,提升空间治理能力。

由此可见,城市空间品质的提升优化早已不再停留在美学阶段,而成为一个多元多维的品质治理过程,面向空间治理"公序善治"的"美丽国土"目标,城市设计作为协商合作的治理过程也将扩大治理界面、提升过程品质,以促进和谐发展所需的空间利益共识的达成。

4.3 治理界面:在不同层级及类型的治理界面中回应外部需求

治理界面是分析城市设计治理的核心变量,可以理解为工作开展的维度。治理界面不同,其所具有的功能与需要应对的外部挑战也就不同,内部要素的组织和运行结构也将随之做出相应的调整。因此,划分城市设计治理界面层级与类型,辨析治理要点与治理权责,并与正在进行的国土空间规划体系重构相配合,面向空间治理对多类型的国土空间在多尺度上进行统筹协调具有重要意义

面向空间治理需求,需要将城市设计的空间逻辑有机融入国土空间规划体系,发挥城市设计的空间治理效能。本文参照国土空间规划"五级三类"的层级和类型划分,将城市设计治理界面按照治理尺度及治理类型两个方面,从纵向及横向进行分类(图3):纵向分为宏观、中观、微观三个层级尺度;横向则按照空间产生及使用逻辑分类,分为生态空间、农业空间、城镇空间三种空间类型,与国土空间规划中的"三区"相对应。

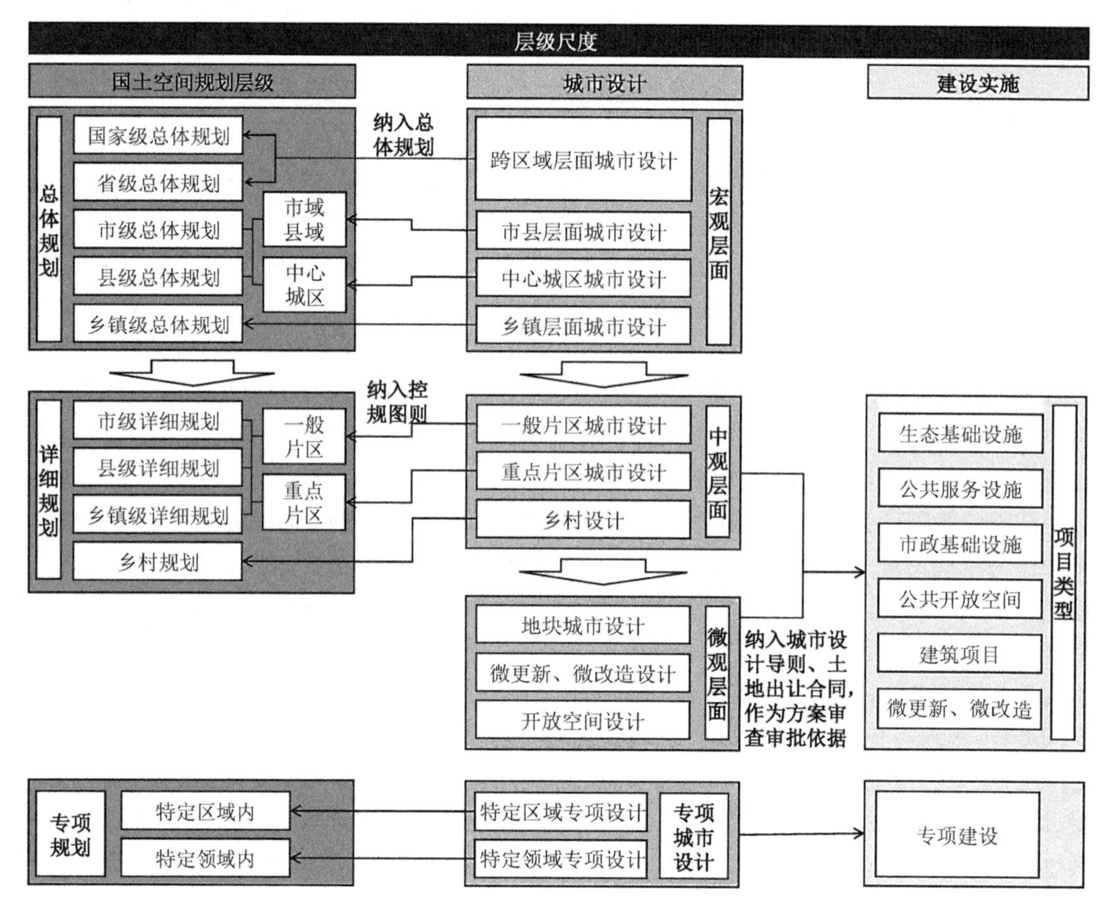

图3　城市设计治理界面

宏观层面的城市设计治理界面对应国土空间总体规划,细分为跨区域层面城市设计、市县层面城市设计、中心城区城市设计、乡镇层面城市设计四个层级,分别与各层级总体规划协同编制,其主要内容可采用专章的形式,纳入总体规划报批实施。在编制内容上,宏观层面城市设计应在各层级尺度上对全域全要素空间格局进行统筹,对整体空间形态、风貌特色进行设计,对自然山水、历史文化遗产及重大基础设施的空间落位进行研究,并提出相应的保护导控要求。

中观层面城市设计治理界面对应详细规划,开发边界内的市、县、乡镇中一般片区和重点片区需要进行城市设计,其成果纳入控制性详细规划及图则。中观城市设计更面向落地实施,通过三维方案模拟进一步落实总体规划要求,合理化功能布局,细化公共空间及建筑设计要求。

微观层面城市设计治理界面是指地块或多地块方案优化、更新改造设计及开放空间设计等微观尺度的设计,直接面向建设项目实施,更加注重全流程的城市设计服务的提供。其成果可纳入城市设计导则、土地出让合同,并作为方案审查审批的依据,为各方利益协商提供交流平台。

在治理界面类型上，以往城市设计的治理界面仅停留在城镇空间上，对城市的建设行为进行管控，然而面向空间治理新阶段，需要将城市设计治理的工作界面扩大到全域全要素，在生态空间及农业空间治理中运用城市设计的思维及方法，避免单纯以底线思维进行管控而导致的重指标轻布局的现象，在国土空间规划中辅助"三线"的划定及保护自然生态及景观格局。

在生态空间设计治理界面上，运用城市设计技术手段对生态斑块、廊道进行系统性梳理，优先搭建蓝绿空间生态网络，并以其为骨架引导后续农业及城镇开发边界的划定及建设。同时，对主体功能区定位进行研判，将不同类型的生态空间进行细分，分类提出管控要求。

对于农业空间设计治理界面，城市设计可以辅助国土规划以农业景观的视角优化永久基本农田保护红线，对整体的农业景观及村落风貌进行设计指引，并对农业空间类型进行细化分类，例如对临近城镇空间的农业用地、村庄进行适度的休闲旅游开发，以满足人们多样化的空间需求。

城镇开发边界则应在以生态、农业为本底的空间骨架之上进一步划定。城镇空间设计治理界面的工作对象及内容与传统城市设计大致相同，侧重以发展格局演进、综合优势度、景观视线的角度，对空间形态、开敞空间和慢行网络、景观风貌系统进行结构性指引。

城市设计的治理界面不再是单一的城镇空间类型，也不仅面向控规编制与项目实施导控，而需要在横向及纵向上进行扩大，以面向多尺度全类型的空间治理。

4.4 内部结构优化

4.4.1 治理主体创新：多元化的行动主体

城市设计治理主体是指城市设计利益相关者，即与空间设计的需求和实现存在直接或间接利益关联的个人和组织的总称，如政府、市场、社会组织、市民、设计咨询机构、新闻媒体等。而城市设计行动主体，是指实际参与城市设计治理过程的行动者[23]。

治理主体的多元已经成为国内外空间治理的共识与需求。在空间治理中，将有效的权力分由不同的主体共享、交换和博弈[24]，可以发挥各主体间的智慧与能动性，进而使治理效能最大化[25]。同时，分散的权力也意味着创造城市的知识来源和价值观多元化，使城市更加包容[26]。此外，不同主体间的对话可以更公平地分配城市化的负担和利益，并在社会和政府之间建立信任，化解潜在冲突，促进"善治"并为更公平的城市做出贡献[27]。

出于空间的公共性和维护公共利益的需要，以及我国现行政治经济制度的影响，在所有的治理主体中，我国政府城市设计主管部门将始终处于设计治理的主导地位。而近年来，随着经济社会的发展，城市设计所面临的外部环境发生了较大变化：一方面社会环境的发展使公众的声音得以凸显；另一方面，面向空间治理的多维需求，"智慧城市""韧性城市""健康城市"等理念要求城市设计从空间形态设计延展到系统性、综合性的空间设计。传统城市规划及建筑学积累的理论与实践并不足以支撑新的发展需求。为了应对这种变化，城市设计治理过程需要引入更加多元的行动主体，其中既包具有不同空间诉求的利益行动主体，也包括来自跨专业、跨部门的知识行动主体。

行动主体的数量及参与方式受公共空间范围、制度安排、技术条件、公民意识、治理阶段等多因素影响[23]。在设计治理的过程中，需要尽可能全面地识别治理主体，并通过制度与技术创新，按治理阶段、治理类型、治理对象的不同分别引入各行动主体。例如在策划阶段，通过数字社交媒体增加公众的参与度，收集意见及共享空间信息；方案编制时采用论坛、游戏等方式促进设计的联合生产及问题的解决;在审批实施时,引入第三方机构和地理信息系统辅助联合决策;在运营管理阶段利用监测技术,对使用状况进行追踪,明确各部门间的管理权责。

4.4.2 治理关系创新:网络化的协同治理

多元化的行动主体也为治理带来了挑战。多元的行动主体意味着多元的空间诉求与行动目标,彼此之间存在非对称性依赖。随着时间的推移和治理状态的变化,多元行动主体的行为动机与行为方式很可能做出调整改变。在这种情况下,城市设计治理关系需要随之调整。治理关系是指参与主体间的组织形式,涉及多元力量在共治过程中的角色、任务、责任与互动机制,其间的有序互动和充分合作能够有效提升治理的效能。传统城市设计治理中,依靠行政命令在单一主体、单一部门层级间的纵向传导,显然无法控制多元的行动。治理关系需要向多主体、多部门间网络化的协同治理转变。

在城市设计的治理转型下,相较于传统的政府管控,协同治理构建起府际间、政府与市场和社会组织间、政府与社会公众间等多重合作关系。由于网络中的行为主体保留着各自的资源与优势,通过合作便可形成资源的共享与优势的互补。

目前,我国城市设计实践中已经广泛出现了依赖于第三方机构的合作关系,例如学校机构、设计咨询机构等。在此关系中,政府通常掌握着决策的权力,市场提供了实践的资本,社会占有了空间的使用权,而第三方机构则具有更为专业的城市设计知识及更加中立的立场。因此第三方机构能够有效作为公众、市场与政府沟通的桥梁,提升多元参与的能力与效果,维护公共利益并促成多元共识。

在府际关系之间,需要推动城市设计政府部门间的"共编、共管"合作。在设计编制过程中,以城乡规划学科、建筑学为基础,实现多专业多学科的技术内容共享,实现专业知识互补;在实施管理过程中,以"一张图"系统的信息共享促进城市设计实施的横向纵向联动,并建立相应信息交流、传递与反馈机制,实现审查、审批的技术互补;在日常运营过程中,以动态信息监测为辅助,实现空间的日常管理互补。

4.4.3 治理工具创新:多样化的治理工具

治理概念的引入,将城市设计研究的重心从好的设计方案本身转移到设计治理工具的应用上。新的治理观点认为,多种类的政府项目实际上只使用了数量有限的基本工具。工具的使用定义了行动主体的数量与角色。在此基础上,卡莫纳总结英国建筑与建成环境委员会(Commission for Architecture and the Built Environment, CABE)1999—2010年间的设计治理经验,提出"比起对特定设计方案的间接监管,对设计过程中工具的选择及管理才是国家主导干预的合理焦点,是塑造一个积极有效的决策环境的关键。"他首先按照政府职责将设计治理工具分为"正式"和"非正式"两大类。"正式"工具指在法律中规定的政府必须履行的职责。由于正式的工具及程序被限定在法律框架以内,正式的设计治理仍然具有强烈的控制属性,并由政府及行业专家等精英阶层所主导。"非正式"工具则是可以自由选择使用的工具,可由"独立的"或非政治性的机构来使用。其次,他将治理工具按照干预程度进一步细分,最终形成了包含"引导、激励和控制"三大类12项正式工具、"证据、知识、促进、评价、辅助"五大类15项非正式工具的"设计治理工具箱"。

自从将治理的概念引入城市设计领域,国内学界、业界也尝试以设计治理理念对中国的实践进行解释。对于正式工具使用,在控规层面形成了控规加图则和控规加导则的管理方式;在实施层面形成了以技术文件、管理文件和专项规划为指引的工具包。而对于非正式工具，目前采用较多的是评价类工具，包括非正式的设计咨询、影响评估及设计竞赛：设计咨询机构往往具有较强的专业能力，在方案编制及深化过程中为开发团队提供批评和建议，但不具有直接决策权；影响评估以问题预测、利弊分析、多维权衡为主要内容，对把控城市设计决策中的不确定性起到积极作用；设计竞赛则可以激发具有创造力的解决方案，寻求最为公平的空间使用方案，提升空间的品质。

多样化的治理工具为城市空间品质的提升提供了一个新的思路：一个兼收并蓄的设计方案可遇而不可求，一般性政策也难逃僵化管控的诟病，而通过多样化工具的使用让更加广泛多元的主体参与其中，以集体智慧促成良好的空间治理，则是未来的破题之径。

4.4.4 治理过程创新：伴随式的设计服务

空间治理并非静态的、线性的、因果关系的，因此并不存在一劳永逸的治理；“设计”也不仅仅指设计师的行为，而是包括所有共同塑造人工环境的行为总和，即连续的场所塑造元过程[27]。因此，对空间设计的治理应该是一个连续的动态的过程。

针对我国城市设计中出现的“重管控，轻协调；重建设，轻运营”问题，需要全过程伴随式的城市设计服务提供支撑与帮助。

伴随式的服务应具有全过程咨询、全过程协调、全过程审查、全过程监测等服务功能（图4）。咨询重在提供决策建议，鼓励以创新的设计解决项目问题；协调意在了解各方空间诉求，提供平等对话机会；审查是对项目品质进行底线把控，判断是否满足空间目标规范；监测则是动态的监测与反馈，使城市设计及时做出调整。

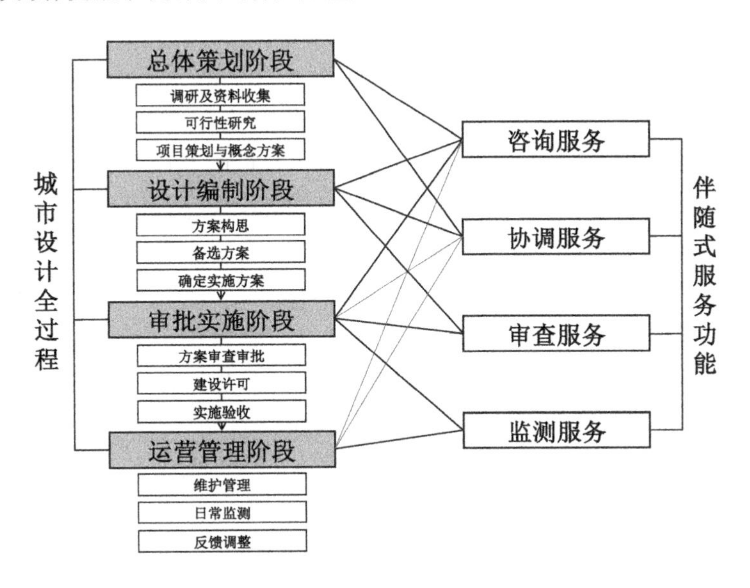

图4 城市设计全过程伴随式服务

结合我国目前的开发建设流程，可以进一步将城市设计全过程划分为“总体策划—设计编制—审批实施—运营管理”4个主要阶段。各阶段治理需求有所差异，所需的城市设计服务因而也各有侧重。在总体策划阶段，城市设计主要任务是调查与了解政治、经济、社会等多因素的空间发展诉求,对外部发展环境做出研判,对项目的空间目标和计划策略做出决策。这一阶段主要需要协调、咨询等服务。在设计编制阶段,城市设计承上启下地将空间目标落实为一系列具体的设计意图和空间形式。城市设计服务需要进一步协调各利益主体诉求的空间落实,激发创造性的解决方案,并对方案成果进行技术审查。在审批实施阶段,工作重点是将设计方案转化为管理政策和管控导则,通过一系列审批决策与实施引导实现具体的空间方案。此阶段更加重视对项目方案的审查,为方案改进与实施工艺技术提供咨询,以及对实施过程进行动态监测。运营管理阶段,城市设计需对运营状况进行动态监测,开展定期检查与回顾,不断完善与修复空间成果,因而更需要监测服务予以保障。

近年来我国在具体实践中对伴随式制度与伴随式技术进行了探索应用。总设计师制度面向城市重点地区,扮演设计者、协调者、管理者等多重角色,为城市设计方案的高品质实施提供了保障。社区规划师是公众参与的制度化形式,体现专业知识的在地性。在技术方面,"一张图"及大数据信息技术应用打通了城市设计与各层次规划联动的信息通道,实现了数据的共享及信息的实时获取,有效地传导城市设计的管控要求,提高了决策的科学性和治理效率。

5 讨论与展望

治理理论自20世纪90年代起逐渐成为西方空间研究的一个组成部分,用以解释传统国家主导的规划设计如何应对日益多元的主体在空间上的利益博弈以及府际间空间决策权的分配。由于历史发展、国家制度和基本国情等外部环境的不同,我国空间治理所面向的目标、面临的挑战都与西方国家具有很大的差异。因此,需要在充分理解治理与空间结合所产生的创新力的基础上,结合我国的实际国情,探讨契合中国特色社会主义制度的设计治理路径。

我国城市设计实践伴随国家城镇化进程,与规划体系协同运作,已经在城市形态与公共空间、景观风貌管控等方面积累了一定经验。但在生态文明新时代国土空间规划体系全面改革的背景下,面向新阶段建设美丽中国和治理现代化的空间治理目标,面对"多元、多维、持续"的治理需求,城市设计的理论方法需要进一步创新。

本文从空间治理的视角对城市设计理论与实践进行再检视,对其空间品质敏感的方法内涵进行再认识。未来,城市设计治理过程需要纳入更加多元的行动主体,建立合作共赢的协同关系,选择适宜的治理工具,提供伴随式的治理服务,并与新的国土空间规划框架进行对接,通过多尺度、多类型的设计治理,实现空间的"善"治。

参考文献

[1] 王诗宗.治理理论及其中国适用性:基于公共行政学的视角[D].杭州:浙江大学,2009.

[2] 张京祥,夏天慈.治理现代化目标下国家空间规划体系的变迁与重构[J].自然资源学报,2019,34(10):2040-2050.

[3] Heady F. Bureaucratic theory and comparative administration [J]. Administrative Science Quarterly, 1959,3(4):509-525.

[4] 刘涛.共同富裕治理的制度主义方法论[J].治理研究,2021,37(06):22-32+2.

[5] Salamon L M, Elliot O V. Tools of government: A guide to the new governance[M]. Oxford: Oxford University Press, 2002: 8.

[6] The UN Commission on Global Governance. Our global neighborhood[M]. Oxford: Oxford University Press, 1995.

[7] Bailey S J. Public choice theory and the reform of local government in Britain: From government to governance[J]. Public Policy and Administration, 1993,8(2): 7-24.

[8] 哈维.后现代的状况:对文化变迁之缘起的探究[M].阎嘉,译.北京:商务印书馆,2003.

[9] 何雪松.社会理论的空间转向[J].社会,2006,26(02):34-48+206.

[10] 徐冠男.空间治理:一个政府治理的新视角[D].南京:东南大学, 2016.

[11] Lefebvre H. The production of space[M]. Translated by Donald Nicholson-Smith. Oxford: Blackwell, 1991: 30-31.

[12] Certeau M D. The practice of everyday Life[M]. Translated by Steven F. Redall Berkeley: University of California Press,1984.

[13] 卢济威,郑正.城市设计及其发展[J].建筑学报,1997(4):4-8.

[14] Barnett J. Urban design as public policy: Practical methods for improving cities[M]. New York: McGraw-Hill, 1974.

[15] Punter J. Developing urban design as public policy: best practice principles for design review and development management[J]. Journal of Urban Design, 2007, 12(2): 167-202.

[16] 金广君,金敬思.城市设计与当代城市设计[J].城市建筑,2014(10):20-23.

[17] Carmona M. Design governance: Theorizing an urban design subfield[J]. Journal of Urban Design, 2016, 21(6): 705-730.

[18] 李文钊.当代中国治理与发展:基于界面治理框架的视角[J].教学与研究,2020(7):51-64.

[19] Simon H A. The sciences of the artificial[M]. 3rd ed. Cambridge: MIT Press, 1996: 5-6.

[20] 黄晓晗.浅议我国中央政权与地方政权的关系[J].商业文化(下半月),2011(12):339.

[21] 竹立家.国家治理体系重构与治理能力现代化[J].中共杭州市委党校学报,2014(1):19-21.

[22] 邹兵.存量发展模式的实践、成效与挑战:深圳城市更新实施的评估及延伸思考[J].城市规划,2017,41(1):89-94.

[23] 陈伟东,李雪萍.社区治理主体:利益相关者[J].当代世界与社会主义,2004(2):71-73.

[24] Held D, McGrew A, Goldblatt D, et al. Global transformations: Politics economics culture[M]. Cambridge: Polity Press, 1999.

[25] Pierre J. Models of urban governance: The institutional dimension of urban politics[J]. Urban Affairs Review, 1999, 34(3): 372-396.

[26] 张京祥,陈浩.空间治理:中国城乡规划转型的政治经济学[J].城市规划,2014,38(11):9-15.

[27] Nadin V, Stead D, Dąbrowski M, et al. Integrated, adaptive and participatory spatial planning: Trends across Europe[J]. Regional Studies,2021,55(5):791-803.

城市信息模型(CIM)与参数化联动设计

The city information modeling and parametrically interactive design

杨 滔

Yang Tao

摘　要:本文探讨了城市信息模型(CIM)的演进,并提出了基于场景学习的 CIM 建构;在此基础之上,辨析了城市应用场景之一就是跨专业协同,而参数化联动设计方法集(UrbanXTools)则提供了一种新路径,适用于城市设计的生成。

关键词:数字孪生城市;城市空间形态;生成式城市设计;空间句法

Abstract: This paper explores the evolution of the City Information Modeling (CIM) and proposes the construction of the CIM based on scene learning. On this basis, it discusses about multi-disciplinary collaboration as one of the urban scenes. The parametrically interactive design tools (UrbanXTools), suggested by this paper, offer a new way of generating urban design schemes.

Key words: Digital Twins City; urban spatial form; generative urban design; space syntax

1 引言

2017 年雄安新区提出"数字孪生城市"的理念[1],即"坚持数字城市与现实城市同步规划、同步建设,适度超前布局智能基础设施,推动全域智能化应用服务实时可控,建立健全大数据资产管理体系,打造具有深度学习能力、全球领先的数字城市"[2]。其中强调三点:一是建立智能化的基础设施,支撑数字孪生城市的智慧化运行;二是搭建全域智能化的环境,提供室内室外人机优化互动的智能界面,服务于老百姓的日常智慧化生活;三是创新数据资源向数据资产与资本转化的路径,探索基于数据为驱动力的新时代城镇化模式。2017 年 8 月雄安新区管理委员会开始筹建基于数字孪生理念的雄安数字规划建设平台。2018 年 5 月雄安新区管理委员会授权中国城市规划设计研究院、阿里巴巴集团、河北雄安块数据科技有限公司等与雄安新区合作开发,之后又引入多家合作机构,共同参与建设雄安新区规划建设管理平台。2018 年 11 该项目被列为住房和城乡建设部"运用建筑信息模型(BIM)系统进行工程项目审查审批和城市信息模型(CIM)平台建设"5 个试点之一,其一期于 2020 年 11 月通过终验评审。来自住房和城乡建设部、交通运输部、国家信息中心、中国电子技术标准化研究院、清华大学的专家对平台建设给予高度评价,认为该平台实现了从零到一的突破,在国内率先提出了贯穿数字城市与现实世界映射生长的建设理念与方式,在国内 BIM/CIM 领域实现了全链条应用突破,具有领先性与示范性。

2021 年《中华人民共和国国民经济和社会发展第十四个五年规划和 2035 年远景目标纲要》提出:“完善城市信息模型平台和运行管理服务平台,构建城市数据资源体系,推进城市数据大脑建设。探索建设数字孪生城市。”[3] 其中,城市信息模型平台是建设数字孪生城市的重要支撑,成为我国城市信息化和智能化发展的新方向之一。此外,2020 年 3 月 31 日,习近平总书记在考察杭州城市大脑运营指挥中心时提出:“运用大数据、云计算、区块链、人工智能等前沿技术推动城市管理手段、管理模式、管理理念创新,从数字化到智能化再到智慧化,让城市更聪明一些、更智慧一些,是推动城市治理体系和治理能力现代化的必由之路,前景广阔。”[4] 这也表明了城市信息模型平台作为城市时空操作系统,其重大目标之一是服务于城市治理能力现代化,聚焦于城市规建管全生命周期的创新实践。

2 CIM 的演进

为规范城市信息模型(CIM)基础平台建设和运维,推动城市转型和高质量发展,推进城市治理体系和能力现代化,2021 年 5 月住房和城乡建设部颁布了《城市信息模型(CIM)基础平台技术导则》(修订版),其中城市信息模型(CIM)被定义为:“以建筑信息模型(BIM)、地理信息系统(GIS)、物联网(IoT)等技术为基础,整合城市地上地下、室内室外、历史现状未来多维多尺度空间数据和物联感知数据,构建起三维数字空间的城市信息有机综合体。”[5] 因此,一些学者认为城市信息模型至少是服务于城市的时空信息基础设施,支撑数字孪生城市的时空操作系统[6-7]。

CIM 的概念一直在发展之中,大体可以分为四大类,分别对应于城市理论、城市设计、建设产业、数字孪生(图 1)。第一类与城镇化密切相关,CIM 被认为是城市理论的可操作性工具,适用于城市规划、地理学、城市社会、城市经济、城市认知、交通等方面,这在于城市理论本身就是万花筒[8]。从技术的角度而言,CIM 被认为是 3D GIS 和城市模型的结合[9]。而城市模型一直就相对较为丰富,例如,威尔逊提出了经验性模型,即随着起讫点的人口和就业增加,两两地点之间的出行随之增加,出行费用随之降低。大量区位选择的模型由此产生。这种经典模型至今仍然在应用之中[10]。又如,UrbanSIM 模型基于经济与空间互动模型,依赖于跨行业的均衡理论,预测随时间变化的用地变化。该模型包括每个地点上对住宅的需求、影响城市发展模型的选择过程和相关方,以及房地产价格变化。UrbanSIM 输入政策与假设,生成并比较不同场景,计算评估变量,并输出结果。场景包括一系列开发政策、总体规划图、市政规划图、城市增长边界以及环境限制条件[11]。UrbanSIM 的场景与之不同,包括城市物质形态、用地混合、密度以及出行模式对于规划成果的影响。它给出了可获得的政策、消费与收益,以及与之有关的政策影响。这并不是优化政策,而是推动支持互动式、参与式的规划过程。整体而言,这些城市模型在宏观和中观尺度上较多。

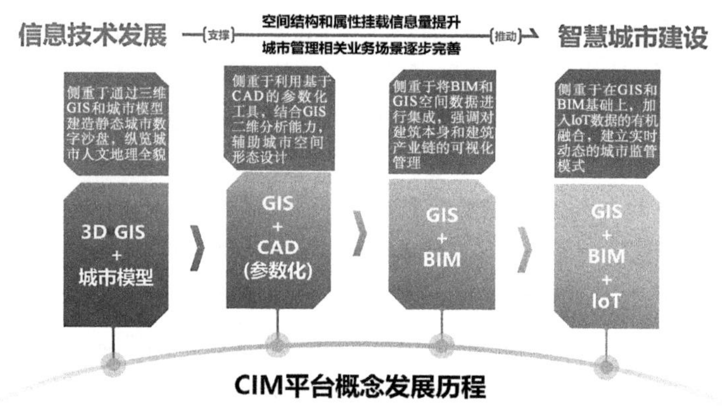

图1　CIM概念发展类型

(来源:作者自绘)

第二类主要面向城市设计,特别强调参数化设计,在南欧的学术团体之中探讨较多。这是由于城市信息模型呈现出了三维的信息,属于城市设计主要关注的要素。从城市设计角度而言,几何信息作为参数化系统,使用者可提出不同的解决方案,用于生成并评估城市设计方案。因此,与BIM类似,建立起参数化的CIM模型,并将数据实时连接到设计环境与分析环境,适用于整个城市设计过程。于是,在这种意义上,CIM被认为包括三部分,即方案策划、设计生成、方案评估,用于城市设计的全周期。这也称之为城市归纳法,用于支撑城市设计过程之中的协商与决策,包括如下步骤[12]:一是数据汇聚,用于描述方案的目标和发展愿景,包括地段及周边的人口、特征、业主需求、未来发展等数据;二是诠释模块,这是模型的核心部分,建立基础数据和方案描述机制,形成方案生成的过程;三是方案模块,用于描述生成的设计方案内容、要求,以及技术指标等。如果数据组织是依据生成方案模块的逻辑,那么方案生成的规则或模型则又成为CIM探讨的重点。

在这个领域之中,生成的规则或模型基本上延续了20世纪70—80年代的一系列形态学理念,包括建筑与建成环境的几何学[13]、形状语法(Shape Grammars)[14]、模式语言[15],以及空间句法[16]。模式语言是典型的类型学与形态学的结合,包括一系列要素或符号,以及连接符号的规则;空间句法则关注诸如房间、走廊、街道、广场等空间之间的复杂连接关系,用于定量地描述不定形的空间结构及其行为模式。一般而言,形态分析基于三种基础物理要素,即建筑物及其与公共空间之间的关系、街坊块、街道。生成式模式必须依赖于城市分析模型,CIM需要结合城市模式的定量要素,告知城市设计师去如何设计。当今这种过程模型包括GIS的复杂拓展,如CityEngine,不过它们与计算机辅助设计(CAD)或Revit的不同在于缺乏清晰的设计要素工具箱[17];而最新版本的CityGML 3.0则在空间定义和组织方面,借鉴了空间句法关于空间的定义及框架,认为这融通了室内外空间结构、导航识路、土地利用管理三方面的场景应用。

第三类面向建筑行业及其产业链管理,强调BIM与GIS的技术融合。2007年,早期研究者(如Khemlani)往往认为,CIM是BIM在城市尺度的应用,或者BIM的汇聚就构成了CIM,适用于城市规划的可视化和简单模拟[18]。这种理念是从建筑设计的角度来看待城市,将城市视为某种放大的建筑物,然而忽视了城市属于更为开放而复杂的系统,存在更为丰富的社会经济环境等巨系统,其模拟方式与建筑物有本质差异。之后,不少学者或实践者提出GIS与BIM或CAD的融合[19],因为GIS广泛地适用于大尺度的城市规划领域或地球环境科学领域,而BIM或CAD则应用于中微观的建筑物和市政建设领域,而这两者的结合将有助于描述城市多种尺度的信息。从技术路线而言,GIS的通用标准是城市地理标记语言(City Geography Markup Language, CityGML),而BIM的通用标准是工业基础类(Industry Foundation Class, IFC),那么这两种标准的融合就构成了CIM[20]。

其融合建立在两种标准具有类似的语义分类体系。CityGML是开源数据模型,基于可拓展标记语言(XML)来实现虚拟三维城市模型的数据存储与交换。其目标是对三维城市模型的基础实体、属性以及关联进行通用定义。CityGML也提供了标准模型和机制,从几何、拓扑、语义、外形来描述三维物体,并定义了5种精度。这包括普遍特征、专题图之间的层次、聚合、物体关联,以及空间属性。IFC是面向对象的开源数据模型,从几何、分类以及语义信息等角度对室内外的建筑物体进行了描述,作为一种中间格式,将不同厂商的BIM(如Revit、Bentley、Catia等)进行有效的转换。IFC包括4层,即资源、核心、交换、领域层,每一层又包括系列模块组件,其中又分为多种类型,共包括900多种,其中60~70种描述类型与CityGML有类似的语义信息,因此IFC与CityGML就有了进行融合的基础[21]。于是,当IFC映射到CityGML之后形成城市信息模型,三维数字模型包括不同的城市实体(如建筑物、道路、城市家具、植被、水体等)、关系以及行为;每个实体具备几何形状、外形、拓扑联系以及语义特征或行为。

第四类面向数字孪生城市,强调城市全要素和全生命周期的运营[18]。随着城市感知体系或IoT的发展,结合5G、空天地一体化网络、边缘计算、区块链等,实时数据的获取成了现实,因而传统意义上的模型建构方式发生了变化,特别是人工智能技术的引入,使得模型可以对实时数据进行学习,不断地调整,乃至生成新的模型[22]。这被称为模型建构范式的变化。例如,通过倾斜摄影或激光扫描作为感知方式,获得不同类型的地物模型,并开展中微观尺度的单体化,建立起基于几何实体化的感知应用系统,从而连接了实体部件与运行功能之间的实时情景,聚焦对设施安全、稳定运行、产业创新等方面的信息采集及综合应用,并提供共享服务,为城市规划建设运营的决策提供实时性支撑[9]。从这个角度,“GIS + BIM + IoT”的模式又被得以广泛探讨,其中从业务场景的角度以松耦合的方式,去组织数据和建构模型,成为热点之一,如数据中台和模型中台的探讨[6]。在一定程度上,这种模式的CIM被视为是数字孪生城市的初始状态,支撑未来智慧城市的运行。

3 基于场景学习的CIM

CIM如何从场景的角度去进行构建?场景本身为数据采集或机器学习提供了一种参考系,以此来推动数据的重组,以及搭建不同模型之间的参数联系;数据的融合或模型的迭代又构成多层场景的学习过程。CIM通过这种学习过程,将真实世界之中的人、事、物抽象为数字世界之中知识,并在真实的空间场景中得以再生产,加速知识的迭代,孕育出人机互动的智慧[22]。这体现为敏捷感知、开放流通、创新应用三大部分;与之同时,这三大部分也在个人、企业、区县、市、省等不同的尺度上彼此交织,构成了多层次、多精度、多模态的复杂场景系统。

从空间场景出发，每条行业或部门条线，如土地、规划、文化、金融、治理等，都是空间场景的一个维度，并构成了彼此交织的复杂空间块体，如卧室、车站、社区等(图 2)。在很大程度上，基于空间块体的场景源于行业或部门条线彼此互动流通的过程，并建构起更为复杂而开放模糊的知识体系。因此，CIM 基于物联感知体系以及人本身的感知能力，从真实世界之中及时地获取要素，并转化为多源异构数据，汇聚起来。不过，数据汇聚不是简单的堆积，而是根据空间场景进行分类和重组，形成了灵活组合的分布式数据库结构，从而数据根据知识体系而获得了语义标签，并加以深度管理。这称为数据中台，或数据自我学习的第一个层次。

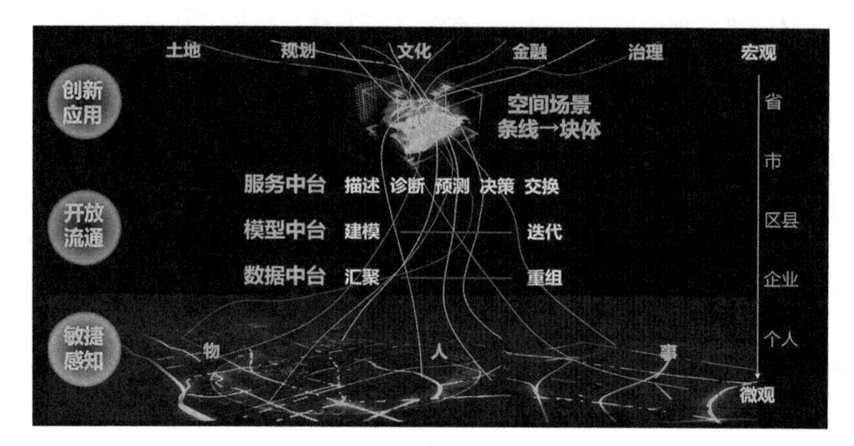

图 2　场景驱动下的 CIM 架构

(来源：作者自绘)

对于数据要素，不管是物质实体要素，如门或窗等，还是社会经济要素，如人口或收入等，都根据空间场景及其知识体系，建构起内在的联系，形成了各自的模型，如 BIM、交通模型、微气候模型、产业链模型等。它们内部的计算规则，以及彼此的联动机制，都承接了数据中台的分类体系，也同时吸收了行业条线或场景块体的逻辑结构。围绕场景的实现，不同模型之间定制化地组合，共同从不同的维度去模型空间场景的功能运行，也推动了数字化的场景搭建，并最终在应用过程之中不断迭代和验证。这称为模型中台，或模型自我学习的第二层次。

对于不同类型的模型，它们以微服务的方式，根据空间场景的需求，彼此组合在一起，提供共性的服务，如描述、诊断、预测、决策、交换等，从而建构起数字化的空间场景，提供人们进行操作互动的界面，于是 CIM 才有可能让数字化的场景得以检验，适用于真实的人类活动。这称之为服务中台，或服务自我学习的第三层次。于是，依赖于空间场景的条线与块体之间的实时转换，三个中台中的数据、模型、服务模块不断流转，构成了平台的核心功能，支撑各种创新应用，覆盖宏观与微观、桥接微观的感知与宏观的决策。

在这种意义上，场景迭代是 CIM 的驱动力，也是 CIM 进行人工智能学习的起讫点。真实世界之中的场景是人们进行日常感知的最直接方式，这往往是日常模糊的语言或行为模式，如热闹的商业购物或安宁的水边沉思等。这也是人们感知过程之中自发生成的高度抽象概括，包括社会、经济、文化、环境等维度，往往构成了城市发展政策与目标。在 CIM 之中，这种多元的空间场景往往被不同的指标进行描述性解析，转化为定量的指标体系，抽象地对应于空间场景本身。不过，这些指标有可能直接来源于对数据的深度学习，也可能来自模型的计算结果的深度挖掘。换言之,数据和模型的自我学习过程支持着空间场景的生成和变迁。与之同时,空间场景本身的全生命周期变动与其流程密切相关,业务或部门流程在场景之中进行重塑,彼此交织为更为复杂的网络体系,最终沉淀到 CIM 平台之上,体现为学习本身的智慧。在这个过程之中,数据、模型、服务都与空间场景深度互动,共同构成了 CIM 的知识体系生成器。

4　参数化联动设计

基于上述探讨,本文总结出一套以场景为驱动参数化联动设计的核心理念:协同城市多专业场景联动系统,构建复合图网络结构,在各层级的网络内部和外部,以各类专业模型为核心探究资源供需动态平衡关系(表 1);并以此为核心,调整城市复合空间结构、用地性质和开发强度,优化城市设计方案[23]。此处所说的资源包含物质资源,如供电、供水等,同时也包含社会资源,比如公共服务设施等。本质上,这属于新一代的第二类 CIM,适用于城市设计。城市设计方案作为形态基底,承载了不同属性、类型的资源的流动,同时更是串联各系统的重要媒介。不同系统的基础设施规模、布局与城市用地性质、开发强度、人口荷载等因素成强因果关系,因此可以人口为中心,基于业务逻辑进行抽象建模,并借助相关算法完成资源配置的科学优化,探索城市空间本身的复杂性与动态性。整体上,平台的架构也根据松耦合的方式展开,不少学者也有类似的探索[24]。

表 1　多专业的模型

系统	模型	系统	模型
景观系统	自然资源分析模型	交通系统	公共交通指标统计模型
	地形地貌分析模型		城市交通出行链模拟模型
	水文地质分析模型		道路系统指标分析模型
	区位条件分析模型		道路系统造价模型
	植被覆盖指标分析模型		停车系统指标分析模型
	生态景观破碎计算模型		交通系统堵塞模型模拟
	区域生态景观分析模型		城市交通经济成本模型
	绿色生态敏感分析模型		城市交通环境成本模型
能源系统	城市用电量需求计算模型	水系统	海绵城市雨洪管理模型
	城市相应电能供应碳排放量计算模型		海绵城市可持续排水模型
	能源选型及投资回报周期计算模型		城市排涝标准模型
	能源相关新技术利用效率计算模型		地下水水量及水质模拟工具
	太阳能铺装年产生电量计算模型		城市用水节眯需求量计算模型
	太阳能铺装车产生电量价值计算模型		供水管网水力模型
	太阳能铺装占总需求电量比例计算模型		供水管网水质模型
	能源相关设施选址布局模型		用不相关设施选址布局模型

续 表

系统	模型	系统	模型
固废系统	生活垃圾收集覆盖率计算模型	空间系统	城市视廊分析模型
	生活垃圾无害化处理率计算模型		街道曝光度分析模型
	垃圾清运路线模拟模型		城市全域曝光度模型
	垃圾填埋成本计算模型		建筑天际线分析模型
	垃圾焚烧成本计算模型		建筑高度动态演变模型
	垃圾相关工程总投资模型		建筑指标综合统计模型
	垃圾处理相关效益计算模型		建筑环境分析控制模型
	垃圾相关设施选址布局模型		公共服务设施选址布局模型
微气候系统	城市热岛效应分析模型		
	城市风环境模拟模型		
	城市热舒适度计算模型		
	城市环境辐射量计算模型		
	气候信息可视化模型		
	大气评价分析模型		
	大气污染检测模拟模型		
	大气扩散模拟模型		

基于参数化联动的方法,结合多专业协同的理念,本文试图连通控制性详细规划方案与城市设计方案,并在此阶段实现方案核心内容的量化建模,如路网结构、开发强度、用地性质、资源荷载、设施选址、建设成本等。基于上述理念,本文提出一套设计方法集(UrbanXTools),即基于上位方案(控规方案参数)快速自动生成城市设计草模(城市设计师参与),并对生成的结果进行方案多维评估,然后针对评估结果由城市设计师对方案进行优化与修改,修改后参数反馈给上位控规。该过程不断迭代,形成控规方案与城市设计方案的高频反馈迭代机制。在此过程中,为实现设计、评估、优化流程的有效迭代,须保证各阶段数据连通;方案生成、评估等模块可快速完成;同时对于优化算法而言,需要保证其符合业务逻辑并可真实解决相应问题。

功能具体流程包括六个部分:空间结构潜力评估、公共服务设施选址、城市设计草模生成、资源荷载容量核定、城市系统评估以及优化迭代设计。一是空间结构潜力评估。使用空间句法模型分析城市现状或规划路网结构,明确城市不同尺度下片区中心和重点路段,计算各地块可达性评分,综合判断城市各区发展潜力,提出各区域推荐项目类型、开发强度、功能混合比例等弹性指标。为辅助项目选址提供量化分析和研究基础。二是公共服务设施选址。依据公共服务设施类型和服务半径,使用路网距离计算设施服务覆盖范围,其结果分析可用于辅助项目选址,分析服务区域的人口特点、产业特点和其他因素,为项目后期详细规划设计提供研究基础。三是城市设计草模生成。根据控规方案的路网数据、地块数据以及相关控制性参数,如容积率、建筑密度、用地性质、建筑限高等，通过自主研发算法自动生成建筑体块，即城市设计草模；可通过调整参数，快速完成方案修改；该功能可直观地将控规参数表达为空间体块，为决策提供几何载体，最终完成城市建设容量分析。四是资源荷载容量核定。根据自动生成方案的几何数据和属性信息，整合国家标准和地方标准，如《城市居住区规划设计标准》等，精细化计算各地块资源荷载情况，包括但不限于需水量、耗电量、生活垃圾产量等。结果可辅助决策者从资源层面对城市建设容量进行深入分析。五是城市系统评估。根据自动生成方案的几何数据和属性信息，结合各专业成熟物理方案引擎，对方案进行针对性评估和分析。主要涉及交通系统、供水系统、能源系统、空间系统等。此部分功能实施路径为引用移植成熟物理引擎和自主研发评估算法模型结合的方式(图3)。六是优化迭代设计。依据方案评估结果，通过调整输入参数完成对方案的修改和优化；也可设定优化目标，由算法自动完成(需重点开发)。提取优化、甄选后的城市设计方案(或多方案)的主要参数，返回控规方案，从而细化、固化控规成果。

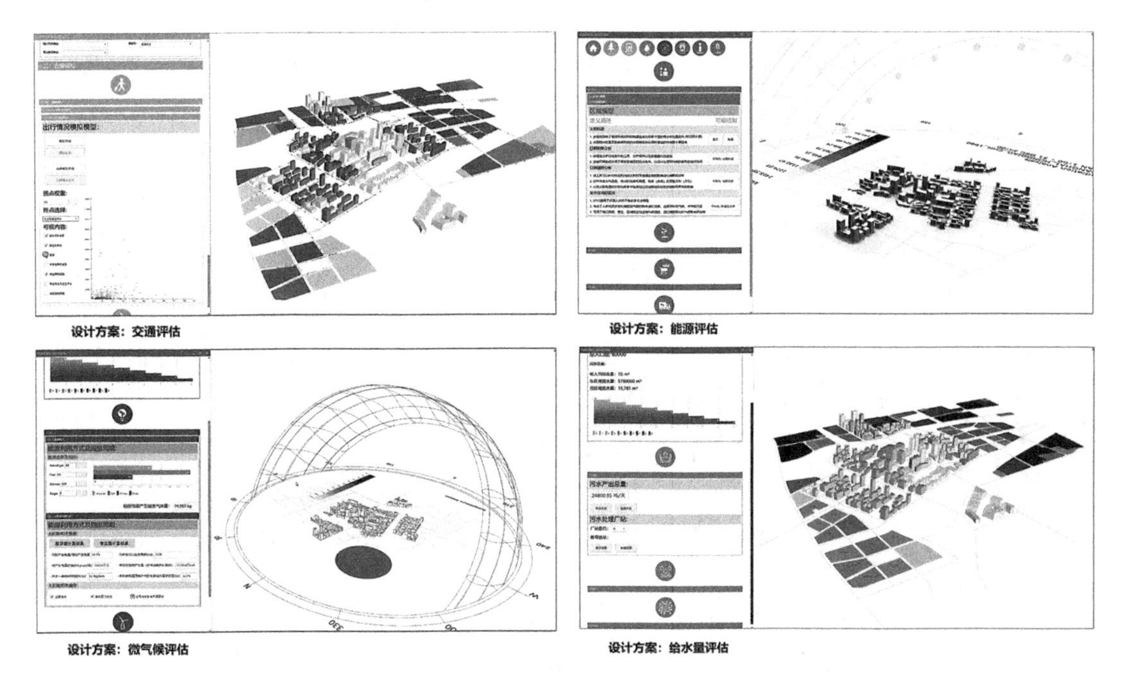

图3　三维城市形态生成与多专业评估

(来源：作者自绘)

在三维场景之中，UrbanXTools采用人的视角去分析街景三维可视域(图4)，结合街道行走序列，建构起街景三维可视域信息序列，用于识别出哪些街道的立面信息在城市之中更容易被感知到，从而从街道信息序列的角度对空间结构展开进一步的挖掘。同时，UrbanXTools也综合考虑不同标高的空间结构与用地布局之间的互动影响，甚至考虑地下水网与地面街道网之间的互动关系，优化管径、管段压力、流量、流速、节点水头与能耗等(图5)，推动更为可持续发展的空间结构探索与有机生成。

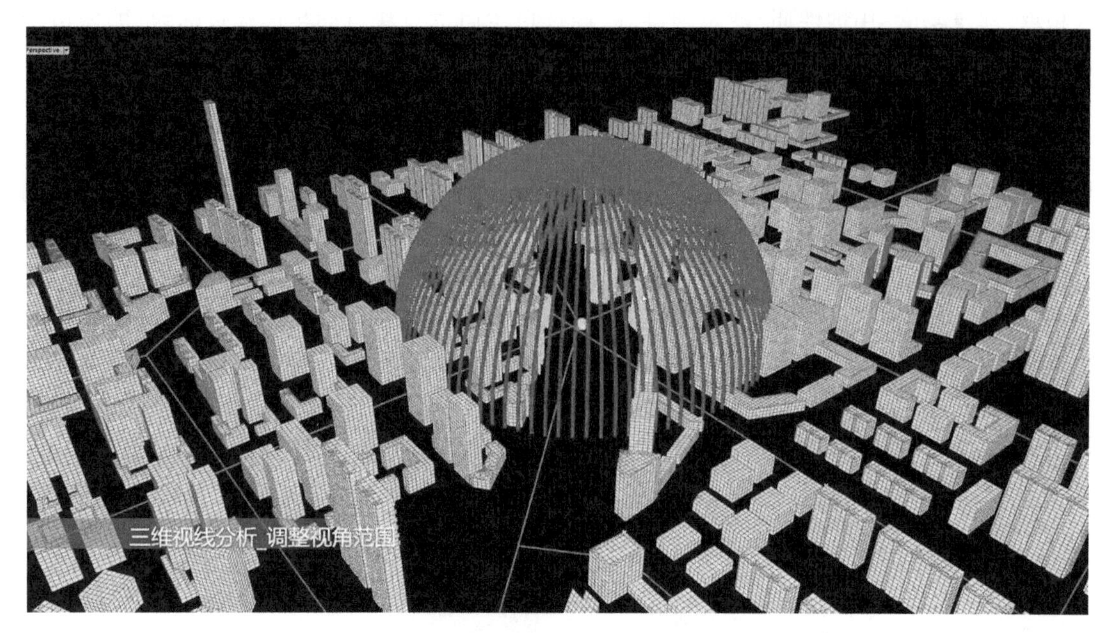

图4　三维视线分析
(来源:作者自绘)

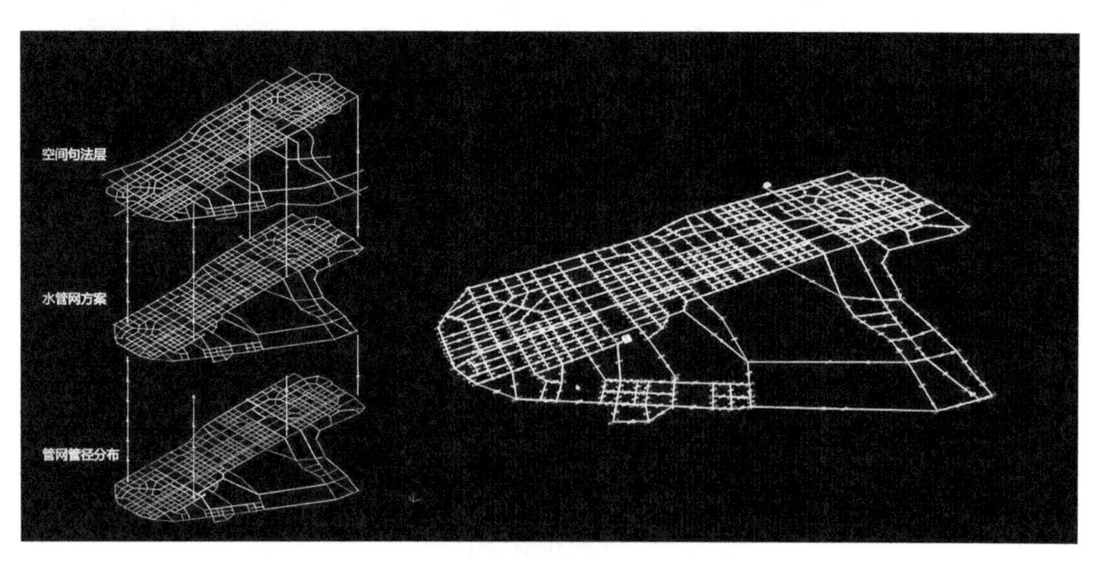

图5　地下水网与地面路网的整合分析
(来源:作者自绘)

5　讨论

基于上述关于城市多专业的参数化互动设计模型,本文认为城市信息模型(CIM)的核心是模型或建模本身,其初衷是尽可能地整合城市多专业的模型,揭示城市本身动态运转的机制,并借助此去推演并有可能控制城市下一步的运行情况[25]。从维度、精度、粒度等方面,城市信息模型本意是尽可能地与真实城市一致,且使得人们有能力去调整参数,参与到“虚拟化”的城市信息模型本身的演进之中,辅助人们在真实世界之中做出相应的及时决策。因此,城市信息模型(CIM)在本质上是为城市动态运行服务提供多专业模拟仿真的信息支撑,揭示城市运行的多维度、多尺度、多粒度的现象、问题与规律,辅助真实城市运行的及时响应[26]、高效治理、协同处置;而参数化联动设计方法集(UrbanXTools)则为多专业协同的城市设计提供了一种智能化路径,探究城市空间形态作为城市社会、经济、环境、文化等综合涌现的几何表征,使城市回归到形式与功能的可持续互动与迭代机制之中。

参考文献

[1] 周瑜,刘春成.雄安新区建设数字孪生城市的逻辑与创新[J].城市发展研究,2018,25(10):60-67.

[2] 中共河北省委,河北省人民政府.河北雄安新区规划纲要[EB/OL].(2018-04-21)[2022-06-07]. http://www.xinhuanet.com/politics/2018-04/21/c_1122720132.htm.

[3] 新华社.中华人民共和国国民经济和社会发展第十四个五年规划和2035年远景目标纲要[EB/OL].(2021-03-13)[2022-06-07].http://www.xinhuanet.com/2021-03/13/c_1127205564.htm.

[4] 钱祎,翁浩浩.浙江深入推进社会治理体系和治理能力现代化纪事[EB/OL].(2021-03-20)[2022-06-07].http://zj.people.com.cn/n2/2021/0320/c186806-34631785.html.

[5] 住房和城乡建设部.住房和城乡建设部印发《城市信息模型(CIM)基础平台技术导则》(修订版)[EB/OL].(2021-06-11)[2022-06-07].http://www.mohurd.gov.cn/zxydt/202106/t20210611_250445.html.

[6] 许镇,吴莹莹,郝新田,等.CIM研究综述[J].土木建筑工程信息技术,2020,12(3):1-7.

[7] 杨滔,杨保军,鲍巧玲,等.数字孪生城市与城市信息模型(CIM)思辨:以雄安新区规划建设BIM管理平台项目为例[J].城乡建设,2021(2):34-37.

[8] Stojanovski T. City information modeling (CIM) and urbanism: Blocks, connections, territories, people and situations[C]//Proceedings of the Symposium on Simulation for Architecture and Urban Design. San Diego: Symposium on Simulation for Architecture and Urban Design, 2013.

[9] 杨滔,张晔珵,秦潇雨.城市信息模型(CIM)作为“城市数字领土”[J].北京规划建设,2020(6):75-78.

[10] Wilson A G. A statistical theory of spatial trip distribution models[J]. Transportation Research, 1967,1(3): 253-269.

[11] Waddell P. UrbanSim: Modeling urban development for land use, transportation and environmental planning[J]. Journal of the American Planning Association, 2002,68(3). 297-314.

[12] Montenegro N, Beirão J N, Duarte J P. Public space patterns: Towards a CIM standard for urban public space[M]//Respecting Fragile Places[29th eCAADe Conference Proceedings]. Ljubljana: 29th eCAADe Conference, 2011: 79-86.

[13] March L, Steadman P. The geometry of environment: An introduction to spatial organization in design[M]. Cambridge: MIT Press, 1974.

[14] Stiny G. Introduction to shape and shape grammars[J]. Environment and Planning B: Planning and Design, 1980, 7(3): 343-351.

[15] Alexander C, Ishikawa S, Silverstein M. A pattern language: Towns, buildings, construction[M]. Oxford: Oxford University Press, 1977.

[16] Hillier B, Leaman A, Stansall P, et al. Space syntax[J]. Environment and Planning B: Planning and Design, 1976, 3(2): 147-185.

[17] Beirão J, Duarte J, Stouffs R. Monitoring urban design through generative design support tools: A generative grammar for Praia[C]//Proceedings of the APDR Congress, 2009.

[18] Simonelli L, Amorim A L. City Information Modeling: General aspects and conceptualization[J]. American Journal of Engineering Research. 2018, 7(10): -319-324.

[19] Douay N. Urban planning in the digital age[M]. Hoboken, USA: John Wiley & Sons, Inc, 2018.

[20] Laat R, Berlo L. Integration of BIM and GIS: The development of the CityGML GeoBIM extension[M]//kolbe T H, König G, Nagel C. Advances in 3D Geo-Information Sciences: 211-225.

[21] Irizarry J, Karan E P, and Jalaei F. Integrating BIM and GIS to improve the visual monitoring of construction supply chain management[J]. Automation in Construction, 2013, 31: 241-254.

[22] 秦潇雨,杨滔.智能城市的新型操作平台展望:基于多层场景学习的城市信息模型平台[J].人工智能,2021,8(05):16-26.

[23] 杨滔,罗维祯,林旭辉,等.城市空间设计的数字化创新方法探讨[J].城市设计,2021(4):18-23.

[24] 杨俊宴,刘志远,王桥,等.城市设计数字化平台关键技术研究与应用[J].建设科技,2021(13):117-120.

[25] Wiener N. Cybernétique et société[M]. Éditions des Deux-rives: Paris, 1952.

[26] Batty M. The new science of cities[M]. Cambridge: The MIT Press, 2013.

第五部分

作者简介

段进 中国科学院院士、东南大学教授、全国工程勘察设计大师。主要从事城市规划设计与理论的研究。创建了城市空间发展理论，提出“空间基因”并建构了解析与传承技术，较好地解决了当代城市建设中自然环境破坏和历史文化断裂的技术难题，并成功应用在雄安新区、长三角一体化示范区、苏州古城、南京2014青奥会等重大项目以及广泛的古城保护与新区建设中。研究成果被多部国家行业技术规定、指南、导则采用，曾获全国优秀规划设计一等奖5项、省部级科技进步奖一等奖2项、国际城市与区域规划师学会(ISOCARP)卓越设计奖、欧洲杰出建筑师论坛(LEAF)最佳城市设计奖等。

克劳斯·昆兹曼教授（Klaus R. Kunzmann，生于1942年）在慕尼黑工业大学学习建筑和城市规划。1971年在奥地利维也纳工业大学获得城市规划博士学位。1974—1993年，他担任多特蒙德工业大学空间规划研究所主任；1993—2006年退休，在多特蒙德工业大学空间规划学院、大欧洲空间规划让·莫内(Jean Monnet)教席的讲座教授。他同时是伦敦大学学院巴特雷规划学院的名誉教授。他曾被麻省理工学院、加州大学洛杉矶分校、苏黎世联邦理工学院、巴黎第八大学、波兰弗罗茨瓦夫工业大学和东南大学等高校邀请为客座教授。他是德国空间科学研究院院士、英国皇家城市规划研究所和欧洲规划学校联合会的名誉成员。1996年获英国纽卡斯尔大学荣誉博士学位。自1998年以来，昆兹曼教授经常访问中国高校，并应邀发表演讲。他撰写和主编出版了20多本书，在德文、英文、法文、意大利文和中文期刊上发表了200多篇文章。目前，他的研究重点集中在探讨欧洲和中国空间发展趋势方面的相互影响与意义。

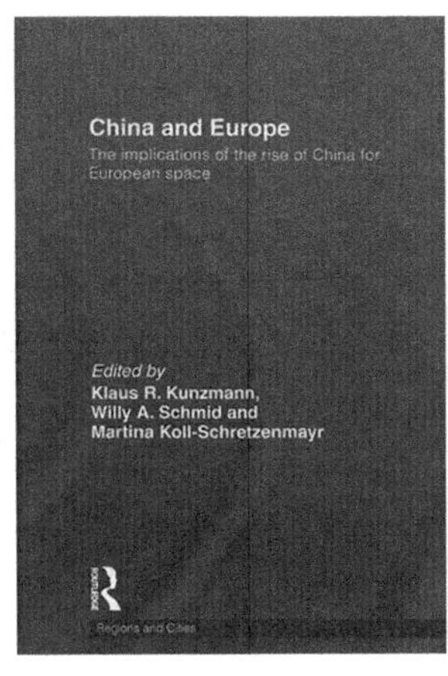

陈天 天津大学建筑学院教授、博导,城市空间与城市设计研究所所长,天津城市规划设计大师。中国城市规划学会第六届理事会常务理事,教育部高等学校建筑类专业教学指导委员会委员、城乡规划专业教学指导分委员会副主任委员,中国建筑学会城市设计分会理事,中国城市科学研究会韧性城市专业委员会常务理事。主持或参与国家级、省部级科研课题20余项;主持建筑规划设计实践项目80余项。培养硕博士研究生百余名。出版专著译著12部。

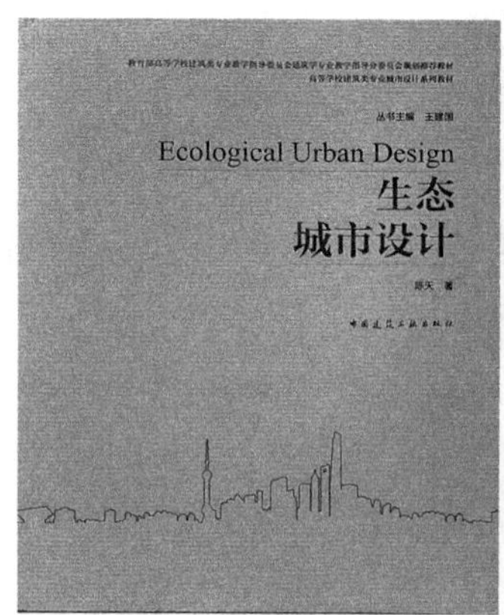

乔纳森·巴奈特(Jonathan Barnett) 宾夕法尼亚大学城市研究所的研究员,宾夕法尼亚大学韦茨曼设计学院城市和区域规划系荣休实践教授。曾担任宾夕法尼亚大学城市设计项目主任。出版和发表了许多关于城市设计理论和实践的书籍和文章,包括最近的两部作品:《设计巨型区域》《重新发现开发法规》。

作为一名城市设计顾问和教育家,乔纳森·巴奈特曾担任查尔斯顿(南卡罗来纳州)、克利夫兰、堪萨斯城、迈阿密、纳什维尔、纽约、诺福克、奥马哈和匹兹堡等美国城市以及厦门和天津等中国城市的顾问。还曾任美国、韩国、巴西、澳大利亚多所大学的客座教授,并兼任东南大学客座教授。

乔纳森·巴奈特毕业于耶鲁大学建筑学院和剑桥大学。作为城市设计教育的先驱,他曾获得戴尔城市设计和区域规划卓越奖、新城市主义大会雅典娜奖章和威廉·H.怀特奖。他是美国建筑师协会和美国注册规划师协会的会员。

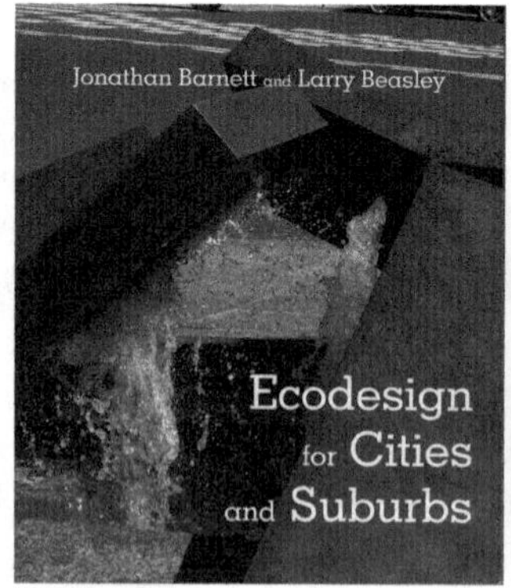

康斯坦丁诺斯·塞拉奥斯（Konstantinos Serraos）（希腊）国立雅典理工大学（NTUA），建筑工程学院城市规划与设计教研室教授。建筑师，城市和区域规划师。自1995年起，任国立雅典理工大学“城市规划研究实验室”研究员，2016年至今担任主任。还被任命为希腊开放大学“城市和建筑的环境设计”专业（2001—2017年）和色萨利大学“城市规划”专业（2001—2005年）的教授。还曾任私营机构“Antonis Tritsis环保意识公园”管理委员会主席（2010—2011年），希腊环境与气候变化部下属公共企业“绿色基金”管理委员会主席（2011—2013年）。研究、科学工作和出版物主要涉及城市规划与城市增长、城市环境规划、土地利用规划、开放空间管理、城市更新、系统与设计方法、城市转型、城市规划制度框架、城市空间影响下的社会经济转型。

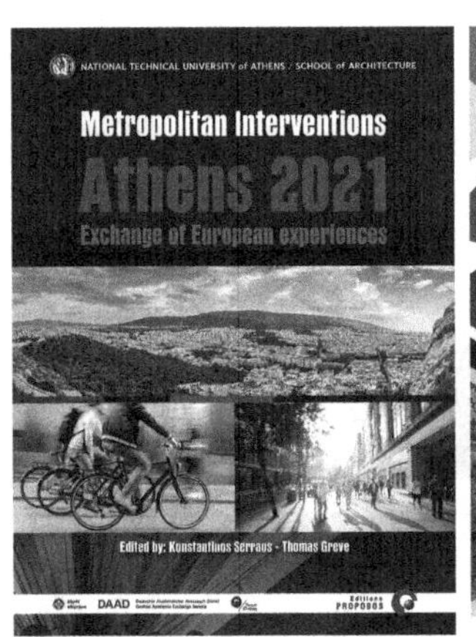

吴蔚

合伙人兼执行总裁

吴蔚曾在重庆建筑工程学院学习建筑学，1992—1994年在兰州及上海从事建筑设计工作。1995年开始在瑞士苏黎世联邦理工学院（ETH）建筑系继续学习，并于2000年在马里奥·坎培（Mario Campi）教授指导下完成毕业设计，获得建筑学硕士学位。在瑞士苏黎世Skyline Architecture建筑师事务所工作后，吴蔚于2001年起加入冯·格康—玛格及合伙人建筑师事务所（gmp），并任北京及上海办公室的首席代表，2004年起任gmp建筑师事务所项目合伙人，2009年成为中国区合伙人，2019年成为合伙人。同时担任《建筑细部》《建筑技艺》《城市·环境·设计》杂志编委，中国建筑学会主动式建筑学术委员会副理事长，中国建筑学会创新产业园区规划学术委员会理事，中国建筑学会2016、2018建筑设计奖评委，全国注册建筑师管理委员会委员。

易鑫 东南大学建筑学院副教授、硕导，东南大学中德城乡与建筑研究中心主任，欧洲规划院校联合会(AESOP)—欧洲和中国的城市转型学术委员会主任，中国城科会历史文化名城委员会数字名城学部常务副主任。主要从事城市更新与历史保护、遗产数字化、城市设计相关领域的研究。主持自然科学基金 2 项，省部级课题多项，共出版著作 9 部(其中 1 部为德文独著)，在国内外核心刊物上共发表期刊和会议论文 40 余篇，其中 SSCI 检索论文 3 篇。作为项目负责人，先后主持和参加了 20 余项工程项目设计，担任“城市愿景 1910|2010：柏林·巴黎·伦敦·芝加哥·南京·北京·青岛·广州·上海”国际城市设计巡展创始策展人。

王引 1962 年出生。教授，北京市城市规划设计研究院总规划师，中国城市规划学会常务理事，中国城市规划学会城市设计专业委员会副主任委员。具有 30 多年的城乡规划工作经历，开展了大量总体规划、详细规划等各层次、多专项的规划编制与研究；主要研究方向为城市设计及控制性详细规划。主持完成了《北京城市总体规划(2004—2010 年)》之《中心城规划》《北京中心城控制性详细规划(2006 年)》《北京市土地储备规划》《北京市气象与城市空间布局研究》《北京中心城高度控制方案》等大型规划项目，多次获得中国工程勘察设计金奖及住建部(中国城市规划协会)优秀规划设计奖项。

北京中心城高度控制规划方案

展二鹏 德国汉堡工业大学工学博士。曾任青岛市规划局总工程师、2014 青岛世园会执委会规划设计部副部长、中国城市规划学会理事，中国海洋大学特聘教授；现为中国城市规划学会城市生态规划学术委员会委员、城市更新学术委员会委员，青岛国际经济合作区（中德生态园）管理委员会总规划师，青岛市中德交流合作协会会长。

曾出版《青岛潍坊日照区域空间布局与协调发展战略研究》等专著，校译《近代青岛的城市规划与建设》。

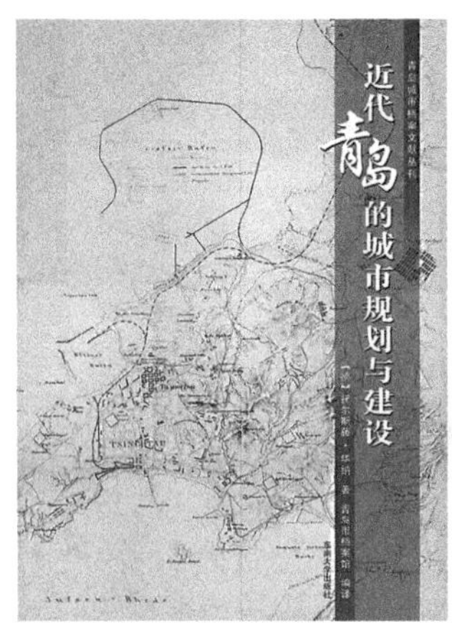

科德莉亚·波琳娜（Cordelia Polinna ） 1975 年生。曾在柏林和爱丁堡学习城市与区域规划、城市设计等课程，于 2007 年获得博士学位。2008—2010 年，参与了柏林—纽约跨大西洋研究生院项目的工作。自 2008 年以来，在波琳娜·豪克景观 + 城市设计事务所任职，领导规划部门的工作。2011—2013 年任柏林工业大学规划与建筑社会学教研室的客座教授。德国城市与州域规划学会会员，作为顾问在多个科学顾问机构任职。研究重点包括对汽车导向型城市的重建和战略规划的新方法。

董慰 哈尔滨工业大学建筑学院教授，副院长。兼任全国城市规划专业学位研究生教育指导委员会委员、高等学校城乡规划专业课程教材与教学资源专家委员会委员、中国建筑学会计算性设计学术委员会秘书长、中国城市规划学会青年工作委员会委员、中国城市规划学会城市设计学术委员会青年委员、中国建筑学会城市设计学术委员会委员、中国城市科学研究会健康城市专业委员会委员、中国自然资源学会教育工作委员会委员等。长期从事城市设计研究和实践工作，主持和参与纵向科研项目15项；出版专著2本、发表学术论文60余篇；获得省部级以下科研奖项近10项；连续多年指导学生获得国家级设计竞赛奖项。

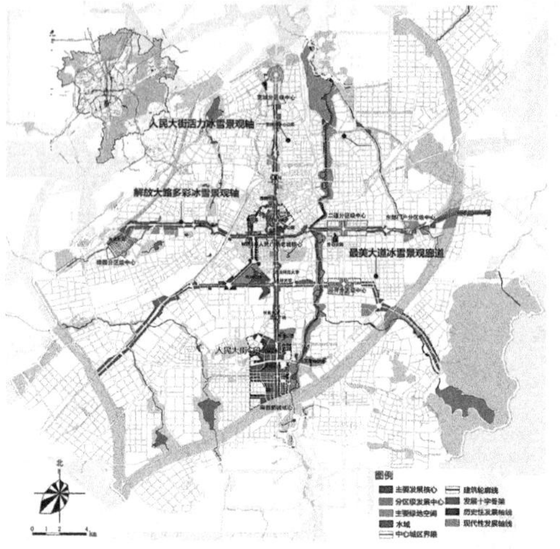

潘芳 教授级高级工程师，注册城市规划师。北京市勘察设计协会副理事长，北京市规划学会城市更新与规划实施专业委员会秘书长，中国城市科学会城市更新专委会副主任委员。长期从事国土空间规划、城乡治理与城市更新、规划实施与政策研究等领域项目实践及课题研究，具备扎实的专业理论基础和较强的科研能力及业务水平。作为课题负责人完成数十项国家及省部级、北京市委市政府课题，完成项目实践百余项，多个项目获得北京市优秀城乡规划一等奖。

房山分区规划（国土空间规划）
（2017年 —2035年）

2019年11月

北京市战略留白管理办法制定研究

北京市规划和自然资源委员会
北京清华同衡规划设计研究院有限公司

赵一青 西安交通大学助理教授，米兰理工大学跨国建筑与城市化实验室兼职研究员。在*Habitat International*、*URBAN DESIGN International*等国际期刊发表论文3篇，主持省部级课题2项，参与国家级省部级课题5项。研究方向与兴趣包括城乡遗产保护与再生、城市与区域治理、城市规划与设计理论、城乡发展与规划工具等。

Habitat International

The policy networks of heritage-led development in Chinese historic cities: The case of Xi'an's Big Wild Goose Pagoda area

Yiqing Zhao, Davide Ponzini, Rui Zhang

URBAN DESIGN International

ORIGINAL ARTICLE

A typological approach to the transformation of cave dwellings in Baishe Village, Shaanxi, China

Longpeng Cui · Yiqing Zhao · Dongbo Li · Ruoyan Jing · Tong Zhou

Accepted: 6 September 2021

Abstract

With the recent boom in rural tourism, many Chinese historic villages are experiencing a rapid transformation process in which traditional residences are shifted to become mixed-use zones of residential and commercial functions. This rapid transformation process presents threats to local villagers' daily lives. Cave villages in the Loess Plateau of China have historically benefited from adaptability to social, historical, and natural conditions and have retained their living function for over a thousand years. However, in the present time, the increasing tourism needs caused contradiction on how to sustain the living needs in the transformation process. It follows that the cave villages are an appropriate case study by which to illustrate the transformation of historic villages in China. Based on a field survey that addressed the practical needs of residents in Baishe village, Shaanxi, this paper provides a practical typological approach to demonstrate how future interventions in traditional dwellings could be implemented through prototyping the formation and spatial structure evolution of cave-dwellings. This paper contributes to integrating historical values into modern residents' needs through spatial evolutionary analysis and provides an analytic perspective on the construction of people-oriented communities in China.

Keywords Cave dwellings · Historic village · Sustainable tourism · Spatial structure evolution · Typology

阿兰·蒂尔斯坦因（Alain Thierstein），瑞士圣加仑大学(HSG)经济学博士，慕尼黑工业大学(TUM)工程与设计学部建筑学院城市发展教研室教授。他同时还供职于苏黎世EBP Schweiz AG咨询公司，担任城市和区域经济发展的合伙人和高级顾问。他参与了一系列城市和大都市发展研究，包括：知识经济的空间影响，特别是企业关系的本地化网络；居住、工作和交通在区位选择过程中的空间互动；铁路基础设施与城市发展的空间功能联系；明星建筑在中小城市重新定位过程中的贡献。

法比安·温纳（Fabian Wenner），工学博士，他是慕尼黑工业大学（TUM）城市发展教研室的研究和教学助理。他的研究重点包括综合交通、城市发展、土地政策，以及城市规划中的信息技术工具。

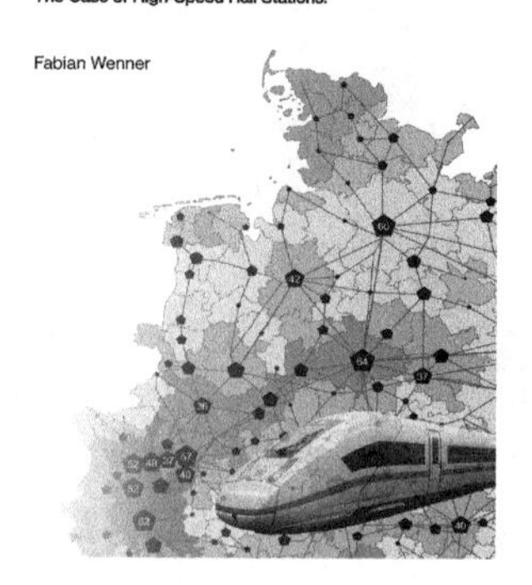

约翰内斯·莫泽（Johannes Moser）文学硕士，慕尼黑工业大学（TUM）城市发展教研室的研究助理。他的研究重点关注综合交通、城市发展与实证经济学领域。

Technische Universität München

TUM

Which Regions Benefit from Rail Accessibility? Germany 1990-2030

A Brief Journey with Maps and Diagrams

Working Paper
Chair of Urban Development
at the Department of Architecture at Technical University of Munich

Authors	Fabian Wenner M.Sc. Johannes Moser M.A. Chair of Urban Development
Version	14.08.2020

The Corona pandemic and working from home

Where could residents in the Munich Metropolitan Region move to?

Johannes Moser, Fabian Wenner and Alain Thierstein
Chair of Urban Development, TUM School of Engineering and Design, Technical University of Munich
johannes.moser@tum.de
f.wenner@tum.de
thierstein@tum.de
24 September, 2021

Cite this paper as: Moser, Johannes, Fabian Wenner, and Alain Thierstein (2021): The Corona pandemic and working from home. Where could residents in the Munich Metropolitan Region move to? Working Paper, Chair of Urban Development, Technical University of Munich.

Abstract —
As a protective measure against the Covid-19 pandemic, a substantial share of the workforce had to relocate their workplace to their home, some for the first time. Recent surveys suggest that for many of both employees and employers, a continued higher share of Working from Home (WFH) than before the pandemic would be desirable in the longer run as well. However, classical geographical economic theory suggests that a reduced need for commuting might lead to a reorientation of residential preferences for employees towards less urban areas, as households trade off the disamenity of commuting against housing costs and living space. This raises the question how such consequences could unfold in space, particularly on a regional scale. A metropolitan region with a high share of knowledge-based employment suitable for WFH is the Munich Metropolitan Region (MMR), which serves as our case study. We collect data on municipality-level for relevant aspects of residential locational choices and develop an index for the potential of additional residential demand through increased WFH for each municipality in the MMR. Crucially, a municipality's potential depends on the number of commuting days per week. Keeping the weekly commuting time budget constant, an increase in WFH (or reduction in commuting days) allows for longer commute duration per trip. We visualise our results and sensitivities on maps. We observe a gradual yet discontinuous spread of potentials from the region's core to the fringes with an increase in WFH days.

1 Introduction

Before digitisation, spatial proximity of residential and workplace locations had been the norm for almost all professions, limiting the dimensions of city-regions. The rigidity of this spatial relation may be in the process of disintegration with the advent of the phenomenon of working from home (WFH). Already before the Covid-19 pandemic in 2020, WFH had been an occasional practice particularly in knowledge-intensive sectors of the economy, whose tasks often only require a computer with internet access, with a small and exceptional share of 'digital nomads' with full flexibility of work location. Government measures to enforce physical distancing as a precaution against Covid-19 in many countries made WFH mandatory for those jobs that could be fulfilled outside of the office, and pushed large shares of the population into WFH. This often challenged employers to implement the required technological infrastructure and new flexible work arrangements. Already now, there are strong signs that a higher share of WFH will become more firmly established in the future. As a consequence of the decreased importance of physical proximity to places of work, individuals have increasing freedoms for residential choices at their disposal. At the same time, an outright abandonment of the classical office and any physical interaction is unlikely in the long term. Knowledge creation will require – even more intensely than before – the complementarity of being (temporally) close yet being outwardly connected. The density of physical interaction is not only crucial for creative processes in firms, but is a constituent of cities in general (Weinig and Thierstein (2021)). Nevertheless, the nearer future will require that the frequency and intensity of individuals' work-related physical presence be reduced, and it is likely that a lower level of presence at fixed

1

庄宇 同济大学建筑与城市规划学院城市更新与设计学科团队主持教授、博导，兼任中国城市规划学会城市设计学术委员会副主任委员、住房和城乡建设部城市设计专家委员会委员。主要研究聚焦在高密度城市的可持续城市设计方法，提出了“站城协同发展”理论并展开大量实践，主持2项国家自然科学基金研究项目，在城市设计和建筑设计方面的作品获得香港建筑师学会“两岸四地”卓越奖等10多个奖项，出版《站城协同——轨道车站地区的空间形态与人流活动》《城市设计的运作》《城市设计实践教程》等8部专著和教材。

王世福　现任华南理工大学建筑学院副院长、二级教授，国务院学科评议组成员；全国城乡规划专业教学指导委员会委员。中国城市规划学会理事、学术工作委员会副主任委员、城市设计学术委员会副主任委员。中美富布赖特麻省理工学院高级访问学者、比利时鲁汶大学高级访问学者。长期关注城市设计实践性的理论与方法。

杨滔　清华大学建筑学院副教授，发表论文 128 篇。兼任国际空间句法指导委员会委员、住建部新城建专家组成员、清华大学主办的期刊《城市设计》副主编等。历任中规院未来城市实验室执行副主任、中规院雄安研究院总架构师、北京市建筑设计研究院副总建筑师等。曾主持雄安新区与苏州市 CIM 平台建设、北京副中心行政办公区控规与城市设计等。获全国地理信息产业优秀工程金奖、全国优秀城市规划设计奖、北京市优秀工程勘察设计奖人文建筑单项奖等。